Wettbewerb zum Wiederaufbau der Rheinbrücke Köln-Mülheim

1948/49

Im Auftrage des Fachverbandes Stahlbau, Deutscher Stahlbau-Verband,

bearbeitet von

Karl Schaechterle
Professor Dr.-Ing. E. h., Stuttgart

und

Wilhelm Rein
Professor Dr.-Ing. E. h., Tübingen

Mit 180 Abbildungen

Springer-Verlag
Berlin Heidelberg GmbH 1950

ISBN 978-3-540-01492-8 ISBN 978-3-662-13430-6 (eBook)
DOI 10.1007/978-3-662-13430-6

Ursprünglich erschienen bei Springer-Verlag OHG., Berlin-Göttingen-Heidelberg 1950
Gedruckt im Druckhaus Tempelhof, Berlin.

Vorwort.

Die vom deutschen Stahlbau bestrittenen Brückenwettbewerbe des In- und Auslandes fanden stets größte Beachtung und ergaben neben neuen schöpferischen Leistungen wichtige Fortschritte in der Brückenbaukunst.

In der nachstehenden Abhandlung wird nach einer kurzen geschichtlichen Betrachtung der im Weichbild der Stadt Köln ausgeführten Eisenbahn- und Straßenbrücken über den Rhein und deren Zerstörung durch Kriegseinwirkungen der Wettbewerb in den Jahren 1948/49 zum Wiederaufbau der ehemaligen Straßenbrücke über den Rhein zwischen Köln und Mülheim ausführlich behandelt. Die eingereichten Entwürfe sind im Rahmen dieser Abhandlung in allgemeiner und technischer Hinsicht kritisch gewürdigt und erläutert. In einer Schlußbetrachtung wird zunächst auf die neueste Entwicklung der Fahrbahnen eingegangen. Die Wettbewerbsentwürfe werden sodann mit den zu dem Wettbewerb von 1926 für das gleiche Bauwerk eingereichten Vorschlägen verglichen. Abschließend werden die sehr bemerkenswerten Fortschritte in der Entwicklung des Großbrückenbaues und die umfangreichen und sorgfältigen Arbeiten der beteiligten Firmengemeinschaften gekennzeichnet.

Die Verfasser haben es gern übernommen, dem Auftrage des Fachverbandes Stahlbau, Deutscher Stahlbau-Verband, nachzukommen, den Wettbewerb Köln-Mülheim 1948/49 für die Fachwelt in gleicher Weise auszuwerten, wie es mit dem entsprechenden Wettbewerb 1927 für das an gleicher Stelle errichtete Bauwerk geschah.

Stuttgart und Tübingen, im Mai 1950

Die Verfasser.

Inhaltsverzeichnis.

I. Vorgeschichte.

Die Zerstörung aller Rheinbrücken in Köln hat an die Daseinsgrundlagen der einst so blühenden Stadt gerührt. Die Verkehrsverbindung zwischen den links- und rechtsrheinischen Stadtteilen war unterbrochen, der lebenswichtige Güteraustausch zwischen dem Westen und Osten gelähmt. Für die im Kriege hart getroffene Stadt Köln mit ihren weitreichenden Verkehrs- und Handelsbeziehungen gehörte die Wiederherstellung der Brücken über den Rhein zu den vordringlichsten Bauaufgaben. In einer Zeit bitterster Not wurde der Neubau der Straßenbrücke Köln-Mitte—Deutz in Angriff genommen und im Oktober 1948 abgeschlossen. Das vollendete Werk zeugt von dem ungebrochenen Lebenswillen der Stadt.

I.

Die Anfänge des Brückenbaues in Köln gehen bis auf die Zeit der Römerherrschaft zurück. Aus der Geschichte sind die hölzernen Jochbrücken zwischen Köln und Koblenz bekannt, auf denen Julius Cäsar 55—53 v. Chr. gegen Gallien zog. Sie sind in seinen Commentarii de Bello Gallico beschrieben. Im Stadtgebiet von Köln soll bis zur Wende des IX. Jahrhunderts eine unter dem Kaiser Konstantin erbaute Holzbrücke gestanden haben. Nach ihrem Verfall ist bis in das XIX. Jahrhundert hinein der Verkehr über den Rhein mit Nachen, Schiffen und Fähren vermittelt worden. Im Jahr 1822 wurde an Stelle einer fliegenden Brücke, welche mit langen Ketten an einem Pfahlbock in Strommitte befestigt war und durch die Strömung von einem Ufer zum anderen getrieben wurde, eine Schiffbrücke zwischen Köln und Deutz erstellt. Als mit dem Bau der Eisenbahnen der Verkehr stark zunahm, war es die Köln-Minder Eisenbahngesellschaft, welche mit einem Baukostenzuschuß der Stadt in den Jahren 1855—59 die erste feste Eisenbahn- und Straßenbrücke über den Rhein mit 2 getrennten Überbauten aus schweißeisernen Gitterfachwerkträgern von 4×99 m Stützweite (Abb. 2 und 1, I, II) erbaute. Die Gitterbrücke erforderte rd. 5000 t Eisen. Im Jahre 1888 wurde eine weitere Schiffbrücke zwischen Köln und Mülheim erstellt.

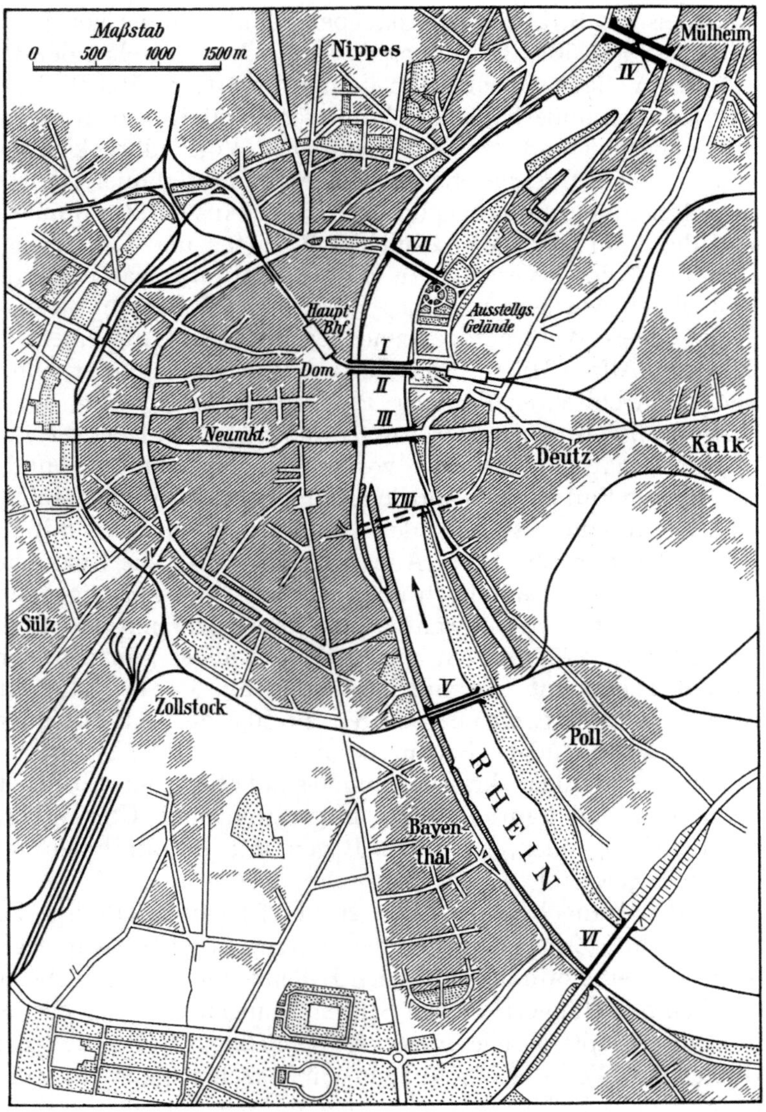

Zur Erlangung von Entwürfen für eine zweite, feste Straßenbrücke zwischen Köln und Deutz als Ersatz für die überlastete Schiffbrücke wurde 1910/11 von der Stadtverwaltung ein allgemeiner Wettbewerb[1] und 1912/13 ein beschränkter Wettbewerb[2] ausgeschrieben. Unter den vom Preisgericht ausgezeichneten Entwürfen wurde dann der von der M·A·N, Maschinenfabrik Augsburg-Nürnberg A.G., Werk Gustavsburg, gemeinsam mit Grün & Bilfinger, Mannheim, ausgearbeitete Entwurf, einer in sich verankerten Kettenhängebrücke, zur Ausführung bestimmt. Diese in den Jahren 1913/15 erbaute Straßenbrücke Köln-Deutz war ein Meisterwerk deutscher Brückenbaukunst, welches über die Grenzen Deutschlands hinaus Beachtung gefunden und Anregung zu gleichartigen Ausführungen gegeben hat (Abb. 3 und 1, III).

Zehn Jahre nach Vollendung der Köln-Deutzer Brücke folgte ein neuer Wettbewerb zur Erlangung von Entwürfen und Angeboten für den Bau einer festen Straßenbrücke über den Rhein zwischen Köln und Mülheim als Ersatz für die dort 1888 erstellte Schiffbrücke. Über das Ergebnis dieses Wettbewerbs, der wertvolle Ideen und Gestaltungen brachte, haben Dr.-Ing. KOMERELL und Dipl.-Ing. W. REIN im Bauingenieur 1927, S. 233ff ausführlich berichtet. Da von unserem technischen Schrifttum durch Kriegseinwirkungen vieles verlorengegangen ist, erscheint es angezeigt, die 1926 eingegangenen Entwürfe zur Lösung der schwierigen und reizvollen Brückenaufgabe kurz zu beschreiben, um den damals erreichten Stand des deutschen Brückenbaues zu kennzeichnen. Für die bauliche und künstlerische Gestaltung waren den Bewerbern von der Stadtverwaltung sorgfältig ausgearbeitete Unterlagen zur Verfügung gestellt worden. Die Strombauverwaltung verlangte eine Hauptschiffahrtsöffnung von 200 m lichter Weite auf der Mülheimer Seite. Gefordert waren vollständig ausgearbeitete Entwürfe und bindende Angebote. Für den ersten Ausbau waren 2 Straßenbahngleise in Straßenmitte, daneben 2 Fahrdämme von je 5,20 m Breite und beiderseitige Bürgersteige von je 3,50 m Breite vorgesehen, welche zwischen den Hauptträgern unterzubringen waren. Im späteren Vollausbau sollten in Fahrbahnmitte zusätzlich 2 Stadtschnellbahngleise durchgeführt und die Gehwege außerhalb der Hauptträger auf Konsolen verlegt werden. Eine Grenze zwischen dem Stromüberbau und den linksrheinischen Vorlandbrücken war nicht festgelegt. Etwaige Beschränkungen des vorgeschriebenen Hochwasserabflußquerschnitts sollten durch Abtragungen im linksrheinischen Vorland ausgeglichen werden. Aus der Zusammenstellung der Schaubilder (Abb. 4 bis 27) sind die mannigfaltigen Lösungen, Bauarten und Gestaltungen der 38 eingereichten Entwürfe und aus Tafel I deren Verfasser zu ersehen. Darunter waren 7 Balken-, 18 Bogen- und 13 Hängebrücken. Von diesen wurden durch das Preisgericht 1 Balkenbrücke, 5 Bogenbrücken und 3 Hängebrücken in die engere Wahl gezogen und der Entwurf „Aus einem Guß" (Abb. 8) der Fried. Krupp A.G., Friedrich-Alfred-Hütte, Rheinhausen, der Tiefbauunternehmung Franz Schlüter A.G., Dortmund, und des Architekten Prof. Dr. PETER BEHRENS, Berlin, zur Ausführung empfohlen.

Die Balkenbrücken (Abb. 4—7) mit weitmaschigen, die Fahrbahn hoch überragenden Fachwerkträgern ergaben durch die vorhandene Unsymmetrie und die harten Übergänge zu den linksrheinischen Flutbrücken und den Rampenbauten auf der Mülheimer Seite kein befriedigendes Brückenbild. Die Gesamtkosten für den 1. und 2. Ausbau waren mit 10,3 bis 13,8 Millionen RM veranschlagt.

Von den Bogenbrücken (Abb. 8 bis 19) waren die Entwürfe „Aus einem Guß" (Abb. 8) und „Ein Sprung" (Abb. 9) mit hoch über die Fahrbahn aufsteigenden Bogen von 333,2 m Spannweite ausgezeichnete Lösungen, während die Entwürfe mit Zwischenpfeilern im Strom und Stützweiten von 209 bis 270 m vom Preisgericht weniger günstig beurteilt wurden. Die Gesamtkosten der Bogenbrücken mit Strompfeiler waren zu 9,4 bis 11,0 Millionen RM, mit großen, das ganze Strombett überspannenden Bogen zu 10,8 bis 12,9 Millionen RM veranschlagt. Die das Brückenbild beherrschenden Bogen betonten die Hauptschiffahrtsöffnung und brachten den Überbrückungsgedanken kraftvoll und sinnfällig zum Ausdruck. Die weite Hängerteilung ließ die Sicht von der Fahrbahn aus auf Strom und Ufer offen, jedoch wurden die über die Fahrbahn aufsteigenden, schweren Bogen mit Portalrahmen und oberem Windverband vielfach als Nachteil gewertet.

Bei den Hängebrücken (Abb. 20 bis 27) hat das Preisgericht denen mit freier Überspannung des Stroms ohne Zwischenpfeiler den Vorzug gegeben. Nur gegen die straff gespannten Rückhaltseile über den Seitenöffnungen wurden Bedenken geäußert, wobei auf die bessere Wirkung kleiner Hängebrücken mit Hängern in den Seitenöffnungen und gleichartiger Seilschwingung hingewiesen wurde. Für die Haupttragseile waren ausschließlich Kabel aus patentverschlossenen Seilen der Felten-Guilleaume Werke, Köln-Mülheim, in Vorschlag gebracht worden. Der Entwurf „Von Ufer zu Ufer", Hängebrücke 1, Abb. 20, zeigt eine in sich verankerte Hängebrücke, der Entwurf „Von Ufer zu Ufer", Hängebrücke 2, Abb. 21, eine teilverankerte Hängebrücke; alle übrigen Entwürfe waren

[1] Z. d. V. D. I. 1911, S. 1409 ff. 1912, S. 539 ff. [2] Z. d. V. D. I. 1913, S. 1085 ff.

Abb. 2. Die alten, festen Eisenbahn- und Straßenbrücken (Dombrücken).

Abb. 3. Ehemalige Straßenbrücke Köln-Deutz.

Abb. 4. Entwurf „Stufenweise".

Abb. 5. Entwurf „Von Ufer zu Ufer“, Balkenbrücke.

Abb. 6. Entwurf „Wahrheit“, Balkenbrücke „a“.

Abb. 7. Entwurf „Wahrheit“, Balkenbrücke „c“.

Abb. 8. Entwurf „Aus einem Guß“.

Abb. 9. Entwurf „Ein Sprung“.

Abb. 10. Entwurf „Colonia magna“.

Abb. 11. Entwurf „Deutschlands Strom“.

Abb. 12. Entwurf „Bogen 1“.

Abb. 13. Entwurf „Bogen 2“.

Abb. 14. Entwurf „Rheinmetropole 1“

Abb. 15. Entwurf „Rheinmetropole 2“.

Abb. 16. Entwurf „Gespannter Bogen“.

Abb. 17. Entwurf „Drei goldene Kronen 1“.

Abb. 18. Entwurf „Drei goldene Kronen 2“.

Abb. 19. Entwurf „Drei goldene Kronen 3“.

Abb. 20. Entwurf „Von Ufer zu Ufer", Hängebrücke 1.

Abb. 21. Entwurf „Von Ufer zu Ufer", Hängebrücke 2.

Abb. 22. Entwurf „Freier Strom".

Abb. 23. Entwurf „Weltstadt 1".

Abb. 24. Entwurf „Weltstadt 2".

Abb. 25. Entwurf „Das größere Köln“.

Abb. 26. Entwurf „Alaaf Kölle“.

Abb. 27. Entwurf „Wahrheit“, Hängebrücke a.

Abb. 28. Die ehemalige Hängebrücke zwischen Köln und Mülheim.

Tafel I. Entwürfe aus dem Jahre 1926.

Lfd. Nr.	Kennwort	Verfasser	Balken-brücken	Bogen-brücken	Hänge-brücken
I	„Ein Sprung“	Fried. Krupp A.-G., Friedrich-Alfred-Hütte, Rheinhausen/Niederrhein. Unter Mitwirkung von: Prof. Dr. Peter Behrens, Berlin, und Franz Schlüter A.-G., Dortmund		1	
	„Aus einem Guß“			1	
	„Stufenweise“		1		
II	„Von Ufer zu Ufer“	M.A.N, Werk Gustavsburg. Unter Mitwirkung von: Baudirektor Adolf Abel, Köln, und Grün & Bilfinger, A.-G., Köln	3		4
III	„Colonia magna“	Hein, Lehmann & Co., A.-G., Düsseldorf. Unter Mitwirkung von: Dipl.-Ing. M. Faber, Architekt, B.D.A., Köln, und Wayss & Freytag, A.-G., Düsseldorf		1	
IV	„Deutschlands Strom“	C. H. Jucho, Dortmund und Reg.- und Baurat Dr.-Ing. e. h. Voß, Kiel. Unter Mitwirkung von: Architekt G. Falck, Köln, und Siemens-Bauunion, Berlin		2	
V	„Bogen“	Flender A.-G., Benrath. Unter Mitwirkung von: Dr.-Ing. e. h. Koerfer, Köln, und Dyckerhoff & Widmann, A.-G., Zweigniederlassung Düsseldorf		2	
	„Freier Strom“				1
VI	„Weltstadt“	Gesellschaft Harkort, Duisburg. Unter Mitwirkung von: Prof. Bruno Paul, Köln, und Philipp Holzmann, A.-G., Zweigstelle Köln			3
	„Rheinmetropole“	Gesellschaft Harkort, Duisburg. Unter Mitwirkung von: Prof. E. Fahrenkamp, Köln, und Philipp Holzmann, A.-G., Zweigstelle Köln		2	
VII	„Das größere Köln“	Prof. Dr.-Ing. W. Schachenmeier †, München. Unter Mitwirkung von: Stadtbaudirektor Verbeek und Architekt Endler, Köln, B.D.A. Anbieter: Felten & Guilleaume Carlswerk A.-G., Köln-Mülheim, und Fritz Pilgram, Köln (für Unterbauten)			2
VIII	„Gespannter Bogen“	Aug. Klönne, Dortmund. Unter Mitwirkung von: Stadtbaurat Hans Mehrtens, Köln, und Heinrich Butzer, Köln		2	
IX	„Drei goldene Kronen“	Gutehoffnungshütte, Oberhausen Rhld. Unter Mitwirkung von: Prof. Carl Wach, Düsseldorf, und Dyckerhoff & Widmann, A.-G., Biebrich a/Rh.		7	
	„Alaaf Kölle“				1
X	„Wahrheit“	Vereinigte Stahlwerke A.-G., Dortmunder Union, Abt.: Brückenbau, Dortmund. Unter Mitwirkung von: B.D.A. Moritz & Betten, Köln, „Hochtief“ A.-G., Köln-Essen, und Beuchelt & Co., Grünberg/Schles.	3		2
		Zusammen:	7	18	13

Abb. 29. Ehemalige Südbrücke.

Abb. 30. Ehemalige Autobahnbrücke Köln-Rodenkirchen.

sogenannte echte bodenverankerte Hängebrücken. Die Versteifungsträger waren teils vollwandig, teils fachwerkartig mit und ohne Vouten ausgebildet. Die Gesamtkosten der großen Hängebrücken bewegten sich bei Fortfall der Schnellbahn zwischen 19,5 und 22 Millionen RM, der kleinen Hängebrücken zwischen 12 und 14 Millionen RM.

Die Brückenfrage löste in der Öffentlichkeit lebhafte Erörterungen und Auseinandersetzungen aus. Die Stadtverwaltung entschied sich für den Bau einer in sich verankerten Kabelhängebrücke mit 315 m Stützweite nach dem Entwurf der M·A·N, Werk Gustavsburg, und erteilte den Bauauftrag an die Firmengemeinschaft Harkort, Duisburg, M·A·N, Werk Gustavsburg, Dortmunder Union-Brückenbau, Dortmund, Felten und Guilleaume, Karlswerk A.G. in Köln-Mülheim, Philipp Holzmann A.G., Frankfurt/Main, und Grün & Bilfinger A.G., Mannheim. Die in den Jahren 1927 bis 1929 erbaute Straßenbrücke über den Rhein bei Köln-Mülheim war damals die weitestgespannte Brücke des Kontinents (Abb. 28 und 1, IV).

Abb. 31. Reste der zerstörten Rheinbrücke Köln-Mülheim.

Mit der Zunahme des Eisenbahnverkehrs war die alte, 1855 bis 1859 erbaute Gitterbrücke, über welche 1907 bis zu 400 Züge täglich verkehrten, den Anforderungen nicht mehr gewachsen und mußte durch neue Überbauten ersetzt werden. Diese neuen sog. Dombrücken, bestehend aus 2 Stahlbrücken mit je 2 Gleisen und einer Straßenbrücke mit 10,40 m Fahrbahnbreite, 2 Straßenbahngleisen und beiderseitigen Gehwegen von 3,0 bzw. 2,5 m Breite, wurden 1907 bis 1911 erbaut und zur Entlastung gleichzeitig die Südbrücke für den Güterverkehr erstellt (Abb. 29 und 1, V). An dem Bau der Dombrücke waren die Gutehoffnungshütte, Oberhausen, die Dortmunder Union, Dortmund, M·A·N, Werk Gustavsburg, Harkort, Duisburg, August Klönne, Dortmund, Hein Lehmann & Co., Düsseldorf, Flender, Benrath, Grün & Bilfinger, Mannheim, und Fritz Pilgram, Köln; am Bau der Südbrücke die Dortmunder Union, Dortmund, Harkort, Duisburg, Grün & Bilfinger, Mannheim, Josef Fischer, Köln, und Philipp Holzmann & Co., Frankfurt/Main beteiligt.

Der tägliche Gesamtverkehr auf den Eisenbahnbrücken war bis 1928 bei den Dombrücken auf 520 Züge und bei der Südbrücke auf 192 Güterzüge gestiegen. Über die Deutzer, Dom- und Mülheimer Straßenbrücke wurden 1929 insgesamt rd. 200000 Personen täglich mit der Straßenbahn befördert, und auf der Köln-Deutzer Brücke täglich bis zu 6000 Autos, 8000 Motor- und Fahrräder und 1050 sonstige Fahrzeuge gezählt.

Die fortschreitende Motorisierung der Straßenverkehrsmittel und der Bau der Autobahnen gaben dem Brückenbau einen starken Auftrieb. Köln wurde an das Autobahnnetz angeschlossen und im

Abb. 32. Die zerstörte Südbrücke.

Süden der Stadt bei Rodenkirchen wurde der Rhein mit einer 378 m weit gespannten, in Widerlagern verankerten, echten Hängebrücke überquert. Die in den Jahren 1938 bis 1941 von der Firma August Klönne, Dortmund, erbaute Autobahnbrücke bildete einen Markstein in der Entwicklung des deutschen Großbrückenbaues (Abb. 30 und 1, VI).

Abb. 33. Reste der zerstörten Autobahnbrücke Köln—Rodenkirchen.

Tafel II enthält eine Zusammenstellung der vor dem letzten Kriege im Weichbild der Stadt Köln vorhandenen festen Rheinbrücken mit Angaben über Bauarten, Stützweiten usw.

Von den sieben Brücken über den Rhein in Köln fielen im zweiten Weltkrieg 4 den Bombenangriffen zum Opfer, während 3 durch Sprengung zerstört wurden (Abb. 31 bis Abb. 35). Nach der Besetzung haben amerikanische Besatzungstruppen eine Pontonbrücke oberhalb der Südbrücke erstellt, welche nach der Fertigstellung einer Pfahljochbehelfsbrücke oberhalb der Köln-Deutzer Brücke wieder beseitigt wurde. Die „Amerikanerbrücke“ mit 19 Doppelpfahljochen im Strom hatte eine Schiffahrtsöffnung von nur 25 m Lichtweite. Sie mußte 1946 wegen drohender Einsturzgefahr abgebrochen werden. Auch die 1946 erstellte „Pattonbrücke“ unterhalb der Dombrücke bedeutet eine Notlösung, welche den Verkehrsansprüchen nicht genügt. (Abb. 1, VII).

Im Oktober 1945 gab Oberbürgermeister Dr. Adenauer den Auftrag zur Vorbereitung einer Dauerbrücke an Stelle der zerstörten Köln-Deutzer Straßenbrücke. Köln war die erste Stadt am Rhein, welche statt der unzulänglichen Behelfsbrücken den Bau einer endgültigen, neuzeitlichen Straßenbrücke in Angriff nahm. Die neue Straßenbrücke Köln-Mitte-Deutz wurde nach dem Entwurf von Dr.-Ing. Fritz Leonhardt, Stuttgart, und Architekt Gert Lohmer, Köln, auf den noch stehengebliebenen Strompfeilern und Widerlagern der alten Brücke als Hohlkastentragwerk (Abb. 36 u. 37) durch die Gutehoffnungshütte, Oberhausen,

Tafel II. Rheinbrücken in Köln.

Name der Brücke	Bauzeit	Bauart	Stützweiten m	Pfeilhöhe m Pfeilverhältnis im Mittelfeld	Stahlgewicht	Bemerkungen	Bezeichnung im Lageplan
Straßenbrücke Köln-Deutz (Hindenburgbrücke)	1913/15	In sich versteifte Kettenhängebrücke	92 + 184 + 92	21,5 1 : 8,5	8263	Pendelpylone, Versteifungsträger 3,20 m hoch	III
Straßenbrücke Köln-Mülheim	1927/29	In sich versteifte Kabelhängebrücke	91 + 315 + 91	34,5 1 : 9,1	14808	desgl. Versteifungsträger 6,00 m hoch	IV
Autobahnbrücke Köln—Rodenkirchen	1938/41	Echte Hängebrücke, in Widerlagern verankert	94,5 + 378 + 94,5	42 1 : 9,25	12500	Standpylone, Versteifungsträger 2,52 m hoch	VI
Dombrücke 2 Eisenbahnbrücken 1 Straßenbrücke	1907/11	Bogenfachwerkträger mit Zugband	118,88 + 167,75 + 122,56	$H = 25$ * $h_m = 5$ 1 : 6,1	16500	Zweigelenkfachwerkbogen mit Zugband	I II
Südbrücke Eisenbahnbrücke	1908/10	desgl.	101,5 + 165,0 + 101,5	$H = 25,5$ * $h_m = 6$ 1 : 5,8	5350	Zusammenhängendes Bogentragwerk	V

* Mittlere Öffnung. H = Systemhöhe der Bogen. h_m = mittlere Bogenhöhe.

Abb. 34. Reste der zerstörten Straßenbrücke Köln-Deutz.

Abb. 35. Die zerstörten Dombrücken.

in Arbeitsgemeinschaft mit der Demag A.G., Duisburg, sowie unter Beteiligung der Klöckner-Humbold-Deutz A.G., Werk Kalk, Stahlbau Liesegang, Köln, und Schwarze Söhne, Köln, ausgeführt und im Oktober 1948 dem Verkehr übergeben. Die neue Brücke fügt sich mit ihrer schnittigen Linienführung und Form harmonisch in das ehrwürdige Stadtbild ein.

Die weitsichtige Verkehrsplanung der Kölner Stadtverwaltung sieht neben dem Wiederaufbau aller zerstörten Brücken eine weitere Verbindung der Innenstadt mit Deutz über eine weitere feste, etwas stromauf gelegene Straßenbrücke vor (Abb. 1, VIII).

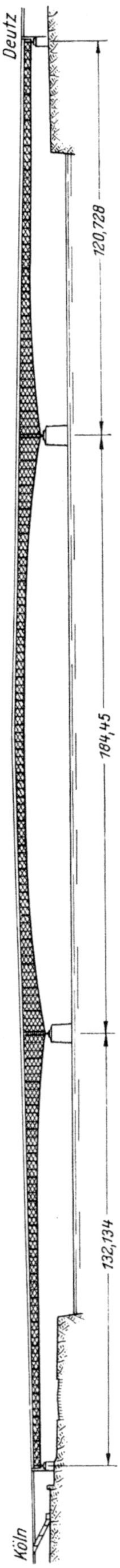

Abb. 36. Die neue Köln-Deutzer Straßenbrücke.

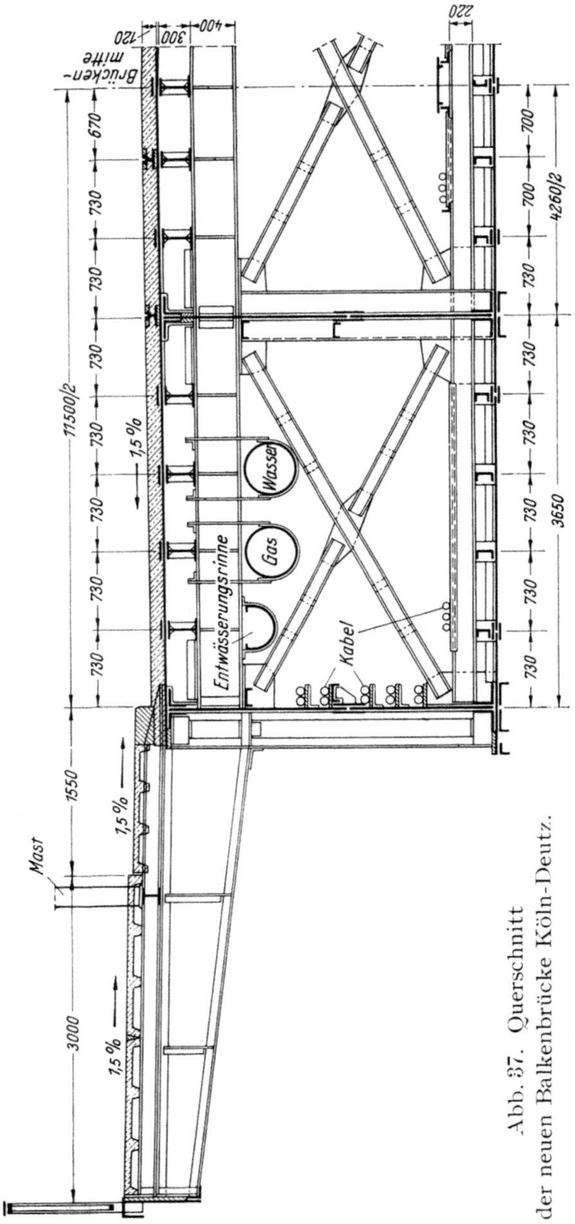

Abb. 37. Querschnitt der neuen Balkenbrücke Köln-Deutz.

II. Die Ausschreibung eines Wettbewerbes zum Wiederaufbau der Rheinbrücke Köln-Mülheim.

Zum Wiederaufbau der zerstörten Mülheimer Brücke hat die Stadtverwaltung im Dezember 1947 einen allgemeinen Wettbewerb auf Grund von eingehend und sorgfältig bearbeiteten Unterlagen ausgeschrieben. Die große Aufgabe ließ eine rege Beteiligung der deutschen Stahl- und Tiefbaufirmen, von Ingenieuren und Architekten erhoffen. Die Erwartungen wurden noch weit übertroffen. Insgesamt sind bis zu dem festgesetzten Zeitpunkt, dem 21. Juni 1948, 58 Entwürfe eingereicht worden. Die meisten der am Wettbewerb beteiligten Firmen haben sich nicht auf einen Entwurf beschränkt, sondern verschiedene Lösungen der Brückenaufgabe versucht und mehrere vollständig durchgearbeitete Entwürfe eingereicht.

Die neue Brücke sollte auf den noch vorhandenen Unterbauten von Anfang an in voller Breite errichtet werden. Bauart und Bauform waren freigestellt. Im Ausschreiben wurden prüfungsfähige und vollständige Entwürfe mit statischen Berechnungen, Massen- und Gewichtsermittlungen, Aufstellungsvorgängen, Baustoffbedarfslisten und Kostenanschlägen verlangt, außerdem Angebote auf die gesamten Bauarbeiten bis zum Anschluß an die bestehenden und noch brauchbaren Widerlager und Rampenbauwerke. Durch die Verbindung von Ideenwettbewerb mit Angeboten wurden außerordentliche Anforderungen an die Beteiligten gestellt.

Die zerstörte Hängebrücke Köln-Mülheim (Abb. 28) überspannte den Strom in einer Öffnung mit 315 m Stützweite von Mitte zu Mitte Pylonen-Pfeiler, an welche sich zu beiden Seiten Nebenöffnungen von 91,03 m Stützweite anschlossen. Auf der linken Rheinseite folgten 2 Flutbrücken mit je 52,10 m Stützweite und eine Vorlandbrücke mit 4 Öffnungen von 23,20 + 23,20 + 22,04 + 25,40 m Stützweite landwärts des Deiches. Auf der Mülheimer Seite schloß sich an die „Mülheimer Freiheit" ein für Nutzzwecke ausgebautes Rampenbauwerk an. Die Brücke besaß eine 6-spurige Straßenfahrbahn und 2 in der Mitte liegende Straßenbahngleise mit insgesamt 17,20 m Breite zwischen den Bordsteinen, beiderseitig Radfahrwege von je 1,50 m Breite und Gehwege von je 3,50 m Breite. Damit ergab sich auf der Hängebrücke eine Gesamtbreite von 30,55 m zwischen den Geländern.

Als Planungsunterlagen waren dem Ausschreiben angefügt: ein Lageplan 1:5000, Ansicht und Grundriß der zerstörten Brücke 1:1000, ein Querschnitt durch die Strombrücke 1:50, ein Längenprofil in der Brückenachse $\frac{1:1000}{1:2000}$ mit Angabe der Wasserstände und der frei zu haltenden Schiffahrtsöffnung, Zeichnungen der Pylonenpfeiler, Widerlager und Rampenbauwerke, Angaben über die Gründung, Bohrergebnisse, dazu einige Lichtbildaufnahmen und Schaubilder.

Für die Berechnung und Bemessung des Gesamtbauwerkes und der Einzelteile waren neben den Regellasten der Brückenklasse I A entsprechend Din 1072 (Belastungsannahmen für Straßenbrücken) vorgeschrieben, der Lastenzug der städtischen Straßenbahnen bestehend aus Triebwagen und zwei Anhängerwagen mit 4,9 t + 8,6 t Achslasten bei 40,50 m Zuglänge, ein Transformatorenwagen mit 36,5 t bei 3,40 m Länge und ein 70-t-Raupenfahrzeug in Einzelfahrt.

Im übrigen war in den Ausschreibungsbedingungen auf die einschlägigen Din-Vorschriften verwiesen:

- Din 1072 Belastungsannahmen für Straßenbrücken.
- Din 1073 Berechnungsgrundlagen für stählerne Straßenbrücken.
- Din 1079 Grundsätze für die bauliche Durchbildung stählerner Straßenbrücken.
- Din 4101 Berechnungsvorschriften für geschweißte, vollwandige stählerne Straßenbrücken.
- Din E 4114 (Entwurf 4a) Knick- und Beulvorschriften für Baustahl.
- Din 1033 Zulässige Druckspannungen für Mauerwerk aus natürlichen Steinen.
- Din 1047, Din 1045, Din 4225 Bestimmungen für Ausführung von Bauwerken aus Beton, Stahlbeton und Fertigbauteilen.
- Din 1054 Bestimmungen betr. Baugrund und Pfahlgründungen.
- Din 1052 Bestimmungen für die Ausführung von Bauwerken aus Holz.
- Din 1074 Holzbrücken.
- Din 1960 Allg. Bestimmungen für die Vergebung von Bauleistungen.
- Din 1961 Allg. Vertragsbedingungen für die Ausführung von Bauleistungen.

Für die Schiffahrt war die Einhaltung von 9,10 m Lichthöhe über dem höchsten schiffbaren Wasserstand (HSW = + 7,30, KP = + 42,58 m über NN, früher 43,02 m) auf 100 m Breite gefordert. Außerhalb des Schiffahrtsprofils durfte die Konstruktionsunterkante nach den Pfeilern zu herabgezogen werden. Dabei mußten die Durchbiegungen des Tragwerks bei einer Belastung mit 400 kg/m² und einer Temperaturänderung von 35° C gegenüber der Aufstellungstemperatur (+ 10° C) berücksichtigt und für die Öffnungsmitte sowie die Begrenzungspunkte der Hauptschiffahrtsöffnung nachgewiesen werden. Über der „Mülheimer Freiheit" war eine lichte Höhe von 4,60 m frei zu halten.

Nach § 15 der Bau- und sonstigen Vorschriften sollten beim Wiederaufbau einer Hängebrücke die Lichtweiten der Öffnungen der früheren Brücke beibehalten werden. Der Satz „Der Einbau eines weiteren Strompfeilers ist nicht ausgeschlossen" ließ auch die Möglichkeit anderer Tragsysteme zu. Beim Einbau dieses weiteren Zwischenpfeilers im Strom forderte die Wasserstraßendirektion auf der Mülheimer Seite eine Stromöffnung von 185 m lichter Weite zwischen Uferkante und Strompfeiler und die Einhaltung von 9,10 m Lichthöhe über HSW auf 80 m Breite. Der Gesamtdurchflußquerschnitt mit 4570 m² bei HHW = + 9,69, KP = 44,90 m über NN sollte durch neue Einbauten nicht eingeschränkt werden.

Zu erwähnen sind noch zwei wichtige Einzelbestimmungen.

1. Bei der Verwendung von Tragkabeln war eine mindestens 3-fache Sicherheit, bezogen auf die Bruchfestigkeit der Gußstahldrähte, gefordert.

2. Bei einer erdverankerten Hängebrücke sollte der Krümmungshalbmesser des unter Verkehrsbelastungen in ungünstigster Stellung verformten Versteifungsträgers 1500 m nicht unterschreiten.

Eine Sonderbestimmung über größtzulässige Durchbiegungen war in den Ausschreibungsbedingungen nicht enthalten.

Die Entwürfe und Angebote waren verschlossen und mit Kennwort versehen bis zum 3. Mai 1948 beim Tiefbauamt der Stadt Köln, Dischhaus, abzugeben. Da die neuen Peilungsergebnisse erst gegen Ende März zur Verfügung gestellt werden konnten, mußte dieser Zeitpunkt für die Vorlage auf den 21. Juni 1948 verschoben werden.

Die eingereichten Entwürfe wurden zunächst von der Stadtverwaltung unter Hinzuziehung von Sachbearbeitern hinsichtlich Einhaltung der Wettbewerbsbedingungen überprüft. Die Vorprüfung und gründliche Bearbeitung erstreckte sich auf Konstruktion, Berechnung, Bemessung und bauliche Durchbildung bis in die Einzelheiten, weiterhin auf Stahlgewichte, Baustoffe und Kosten. Die Ergebnisse der Vorprüfung wurden in Tafeln übersichtlich zusammengestellt, in gemeinsamen Besprechungen der Sachbearbeiter unter dem Vorsitz von Baudirektor SCHUESSLER verglichen und die für eine Beurteilung und Wertung maßgebenden Gesichtspunkte klar herausgearbeitet.

Nach der Bauart konnten die Entwürfe in 7 Gruppen zusammengefaßt werden.

1. Balkenbrücken, Vollwandbalkenbrücken, 12 Entwürfe,
Fachwerkbalkenbrücken, 2 Entwürfe.
2. Echte Hängebrücken, 12 Entwürfe.
3. In sich versteifte Hängebrücken mit aufgehobenem Horizontalschub, 8 Entwürfe.
4. Teilverankerte Hängebrücken, 2 Entwürfe.
5. Versteifte Stabbogenbrücken, 5 Entwürfe.
6. Zügelgurtbrücken, 2 Entwürfe.
7. Stahlbetonbrücken, 1 Entwurf.

Bei der großen Zahl von Entwürfen und dem Umfang der zu bewältigenden Arbeiten konnte die Vorprüfung erst Mitte August abgeschlossen werden.

Das Preisgericht trat am 19. August, vorm. 8.30, in folgender Besetzung zusammen:

1. Oberbürgermeister a. D. Dr. h. c. KONRAD ADENAUER, Röhndorf.
2. Oberbürgermeister Dr. SCHWERING, Stadtverwaltung Köln.
3. Oberstadtdirektor SUTH, Stadtverwaltung Köln.
4. Bürgermeister GOERLINGER, Stadtverwaltung Köln.
5. Beigeordneter GIESSEN, Stadtverwaltung Köln.
6. Baudirektor SCHUESSLER, Stadtverwaltung Köln.
7. Prof. Dr.-Ing. SCHWARZ, Wiederaufbaugesellschaft.
8. Abt.-Präsident SCHENKELBERG in Vertretung von Ministerialrat KEYSER.
9. Oberregierungsbaurat HEIM, Wasserstraßenamt Köln.

10. Architekt BDA NOECKER, Köln.
11. Stadtverordneter PFITSCH, Köln.
12. Stadtverordneter BELLMES, Köln.
13. Stadtverordneter BINOT, Köln.
14. Stadtverordneter FINK, Köln.
15. Stadtverordneter NOELZE, Köln.
16. Prof. Dr.-Ing. E. h. SCHAECHTERLE, Stuttgart.

Zum Vorsitzender des Preisgerichts wurde Herr Oberstadtdirektor SUTH gewählt.

Von den 58 eingereichten Entwürfen wurden 17 Entwürfe für die engere Wahl ausgewählt, davon 5 Entwürfe preisgekrönt, weitere 5 Entwürfe angekauft und 1 Entwurf durch Belobigung ausgezeichnet. Das Preisgericht traf die Entscheidung in allen Fällen einstimmig.

1. Preis 14000 DM. „Hängebrücke 48". Entwurf I. Teilverankerte Hängebrücke. MAN, Maschinenfabrik Augsburg-Nürnberg A.G., Werk Gustavsburg; J. Gollnow & Sohn, Stahlbau Höxter, Klöckner-Humboldt-Deutz A.G., Werk Köln-Kalk; Grün & Bilfinger, Mannheim, Entwurfsführung MAN, Architektonische Bearbeitung: Architekt WILHELM RIPHAHN, Köln, und Dipl.-Ing. H. MENNE, Prof. HAERTER, Mainz, Prof. BRUNO PAUL, Frankfurt/Main.

2. Preis 12000 DM. „Oho". Echte Hängebrücke. Zivilingenieur Dr.-Ing. Fritz Leonhardt, Stuttgart; Gutehoffnungshütte A.G. Oberhausen, Werk Sterkrade; Philipp Holzmann A.G., Frankfurt/Main; Architekt Dipl.-Ing. GERT LOHMER, Köln.

3. Preis 8000 DM. „Orion". Echte Hängebrücke. Stahlbau Rheinhausen, Fritz Pilgram, Köln-Mülheim; Wiemer & Trachte, Dortmund. Architektonische Gestaltung: Prof. FRITZ MEHRTENS, Aachen.

3. Preis 8000 DM. „Freie Bahn". Vollwandige Balkenbrücke, Dortmunder Union Brückenbau AG., Dortmund; Polensky & Zöllner, Zweigniederlassung Köln. Architektonische Mitarbeiter: Reg.-Baumstr. a. D. KARL HABERAECKER, Iserlohn, Baurat a. D. J. T. HOVER, Köln-Dellbrück, Wuppertal.

3. Preis 8000 DM. „Arcus". Stabbogenbrücke, Demag A.G., Duisburg; Philipp Holzmann A.G., Zweigniederlassung Köln. Architektonische Gestaltung: Architekt Dipl.-Ing. HEIN NOECKER, Köln.

Ankauf 5000 DM. „Die Brücke". Echte Hängebrücke. Aug. Klönne, Dortmund; Dyckerhoff & Widmann, K.G., Niederlassung Köln. Architektonischer Mitarbeiter: Baurat TEICHEN, Köln.

Ankauf 5000 DM. „Tradition". In sich versteifte Hängebrücke. Demag AG., Duisburg; Philipp Holzmann AG., Zweigniederlassung Köln. Architektonische Gestaltung: Architekt Dipl.-Ing. HEIN NOECKER, Köln.

Ankauf 5000 DM. „Colonia nova". Vollwandige Balkenbrücke. Dortmunder Brückenbau C. H. Jucho, Dortmund-Wambel; Wayss & Freytag AG., Niederlassung Düsseldorf. Architekt BDA GEORG WELLHAUSEN, Hamburg.

Ankauf 5000 DM. „Pons renatus". Vollwandige Balkenbrücke. Hilgers AG., Rheinbrohl; Hochtief AG. vorm. Gebr. Helfmann, Essen, Zweigniederlassung Köln. Architektonische Mitwirkung: VON HOLY und SCHWARZBURGER, Bonn.

Ankauf 5000 DM. „Die Betonbrücke". Stahlbetonfachwerkbrücke, Dyckerhoff & Widmann KG., Niederlassung Köln. Architektonischer Mitarbeiter: Baurat TEICHEN, Köln.

Lobend bewertet: „Aha". Echte Hängebrücke, Zivilingenieur Dr.-Ing. Fritz Leonhardt, Stuttgart; Gutehoffnungshütte AG. Oberhausen, Werk Sterkrade, Architekt Dipl.-Ing. GERT LOHMER, Köln; Tiefbau: Philipp Holzmann AG., Frankfurt/Main.

Sämtliche Entwürfe waren in der Zeit vom 22. August bis 1. September und vom 17. bis 27. Oktober öffentlich ausgestellt.

Tafel III. Die eingelieferten Entwürfe

Vollwandbrücken mit Strompfeiler

Nr.	Kennwort	Bauart Stützweiten	Konstruktionsgewicht t	Gesamtkosten in Millionen RM	Entwurfsverfasser
1	„Colonia nova"	Kastentragwerk 4 Hauptträger 2 Hohlkasten außen 91 + 47 + 198 + 91	5 826	11,4	Dortmunder Brückenbau C. H. Jucho, Dortmund; Wayss & Freytag AG., Düsseldorf; Architekt BDA GEORG WELLHAUSEN, Hamburg.

Tafel III (Fortsetzung)

Nr.	Kennwort	Bauart Stützweiten	Konstruktionsgewicht t	Gesamtkosten in Millionen RM	Entwurfsverfasser
2	„Pons renatus"	Hohlkastentragwerk 4 Hauptträger 51 + 51 + 115 + 200 + 91	7 157	12,4	Hilgers AG., Rheinbrohl; Hochtief AG. vorm. Gebr. Helfmann, Essen; Architekten von Holy und Schwarzburger, Bonn.
3	„Balken 48" Entwurf I	Kastentragwerk unten offen, 6 Hauptträger 91 + 115 + 200 + 91	8 465	12,7	MAN Maschinenfabrik Augsburg-Nürnberg AG., Werk Gustavsburg; J. Gollnow & Sohn, Höxter; Klöckner-Humboldt-Deutz AG., Köln-Kalk; Wilhelm Riphahn, Köln, mit Dipl.-Ing. Menne, Prof. Hartter, Mainz, Prof. Bruno Paul, Frankfurt/Main.
4	„Freie Bahn"	Hohlkastentragwerk 6 Hauptträger 91,08 + 111,18 + 203,82 + 91,03	7 918	13,3	Dortmunder Union Brückenbau AG., Dortmund; Polensky & Zöllner, Zweigniederlassung Köln; Architekten Reg.-Baum. a. D. Karl Haberacker, Iserlohn und Baurat a. D. J. T. Hovek, Köln-Dellbrück und Wuppertal.
5	„Panther"	Trägerrostbrücke mit Tonnenblechen 5 Hauptträger 50,02 + 50,02 + 90,99 + 222,984 + 90,99	8 429 7 828 (St60)	13,6 13,4	Stahlbau Rheinhausen; Fritz Pilgram, Köln-Mülheim; Wiemer & Trachte, Dortmund; Prof. Dr. Fritz Mehrtens, Aachen.
6	„Freie Sicht" 28 713	Hohlkastentragwerk 5 Hauptträger 91,03 + 105 + 210 + 91,03	8 026	14,3	Hein, Lehmann & Co. AG., Düsseldorf; Neußer Eisenbau Bleichert, Neuß; Peter Bauwens, Köln; P. F. Schneider, Essen-Köln.
7	„Kaba"	Hohlkastentragwerk 2 Hohlkasten 4 Hauptträger 91,03 + 115 + 200 + 91,03	9 410	14,2	GHH Oberhausen AG., Werk Sterkrade; Dr.-Ing. Fritz Leonhardt, Stuttgart; Philipp Holzmann AG., Frankfurt/M. Gert Lohmer, Köln.
8	„Die Linie"	Kastentragwerk 7 Hauptträger 50,515 + 50,515 + 118,16 + 195,84 + 91,05	9 210	15,8	Aug. Klönne, Dortmund; Dyckerhoff & Widmann K G.,Niederlassung Köln; Baurat Th. Teichen, Köln.
9	„Segment"	Kastentragwerk 80,05 + 112,5 + 202,5 + 91,5	9 411	15,8	Demag AG., Duisburg; Philipp Holzmann AG., Niederlassung Köln; Hein Noecker, Köln.
		Vollwandbalkenbrücken ohne Strompfeiler			
10	„Balken 48" Entwurf II	Hohlkastentragwerk 6 Hauptträger 91,56 + 313,92 + 91,65	12 656	16,1	MAN Maschinenfabrik Augsburg-Nürnberg AG., Werk Gustavsburg; J. Gollnow u. Sohn, Höxter; Klöckner-Humboldt-Deutz AG., Köln-Kalk; Wilhelm Riphahn, Köln, mit Dipl.-Ing. Menne, Prof. Hartter, Mainz, Prof. Bruno Paul, Frankfurt/Main.
11	„Geba"	Hohlkastentragwerk 4 Hauptträger 91 + 315 + 91	16 970	21,4	GHH Oberhausen AG., Werk Sterkrade; Philipp Holzmann AG., Frankfurt/M.; Gert Lohmer, Köln.
		Fachwerkbrücken			
12	„Fachwerk"		9 000	13,8	
13	„Die Betonbrücke"	Kragträger 50 + 50 + 110 + 205 + 91	8,580	11,6	Dyckerhoff & Widmann AG., Niederlassung Köln; Architekton. Mitarbeiter Baurat Teichen, Köln.
		Zügelgurtbrücken			
14	„Viergespann"	Kastentragwerk 5 Hauptträger 91,03 + 91,03 + 223,97 + 91,03	8 600	16,4	Hein, Lehmann & Co. AG., Düsseldorf; Neußer Eisenbau Bleichert, Neuß; Peter Bauwens, Köln; P. F. Schneider, Essen-Köln.
15	„Colonia magna"	Kastentragwerk 5 Hauptträger 91,03 + 315 + 91,03	10 946	15,1	Hein, Lehmann & Co. AG., Düsseldorf; Neußer Eisenbau Bleichert, Neuß; Prof. Dr.-Ing. Pfannmüller, Hannover; P. F. Schneider, Essen-Köln.

Tafel III (Fortsetzung)

Teilverankerte und echte Hängebrücken

Nr.	Kennwort	Bauart	Konstruktions-gewicht t	Gesamtkosten in Millionen RM	Entwurfsverfasser
16	„Hänge-brücke 48“ Entwurf I Entwurf II	teilverankert Portalpylone Einzelpylone	 7 780 9 170	 15,3 16,6	MAN Maschinenfabrik Augsburg-Nürnberg AG., Werk Gustavsburg; J. Gollnow u. Sohn, Höxter; Klöckner-Humboldt-Deutz AG., Köln-Kalk; Grün & Bilfinger AG., Mannheim; Entwurfsführung MAN Architekt WILHELM RIPHAHN, Köln, mit Dipl.-Ing. H. MENNE, Prof. HA·RTER, Mainz und Prof. BRUNO PAUL, Frankfurt/Main.
17	„Hänge-brücke 48“ Entwurf III Entwurf IV	bodenverankert Portalpylone Einzelpylone	 7 380 7 137	 16,0 16,4	
18	„Die Brücke“	bodenverankert Pendelpylone Standpylone	7 747	16,7 17,1	Aug. Klönne, Dortmund; Dyckerhoff & Widmann KG., Niederlassung Köln; Architekton. Mitarbeiter Baurat TH. TEICHEN, Köln.
19	„Orion“	bodenverankert Standpylone	6 330	17,2	Stahlbau Rheinhausen; Fritz Pilgram, Köln-Mülheim; Wiemer & Trachte, Dortmund; Architekt Prof. FRITZ MEHRTENS, Aachen.
20	„Diana“	bodenverankert Standpylone	6 532	17,7	Stahlbau Rheinhausen; Fritz Pilgram, Köln-Mülheim; Wiemer & Trachte, Dortmund; HANS MEHRTENS, Aachen.
21	„Oho“	bodenverankert Portalpylone	6 850	18,5	Dr.-Ing. Fritz Leonhardt, Stuttgart; GHH Oberhausen AG., Werk Sterkrade; Gert Lohmer, Köln; Philipp Holzmann AG., Frankfurt/Main.
22	„Colonia docet“	bodenverankert Portalpylone	8 176 6 964	17,9 17,4	Ingenieurbüro Baurat Bock, Köln; Dortmunder Union Brückenbau AG., Dortmund; Polensky & Zöllner, Niederlassung Köln; KARL HABERÄCKER, Iserlohn; Baurat a. D. J. T. HOVER, Köln-Dellbrück und Wuppertal.
23	„Zukunft I“	bodenverankert Portalpylone	7 270	18,6	Demag AG., Duisburg; Philipp Holzmann AG., Niederlassung Köln; HEINNOECKER, Köln.
24	„Zukunft II“	bodenverankert Portalpylone	8 323	18,8	
25	„Rivalin“	bodenverankert Portalpylone	7 814	18,9	Hein, Lehmann & Co. AG., Düsseldorf; Neußer Eisenbau Bleichert, Neuß; Herbert Droste, Holzwickede; PETER BAUWENS, Köln; P. F. SCHNEIDER, Essen-Köln.
26	„Tor des Westens“	bodenverankert Portalpylone	6 239	19,2	Dortmunder Brückenbau C. H. Jucho, Dortmund; Wayss & Freytag AG., Niederlassung Düsseldorf; Architekt BDA GEORG WELLHAUSEN, Hamburg.
27	„Notzeit Aufstieg“	zweistufiger Ausbau	5 472 4 586 7 792	14,6 13,0 20,9	Dr.-Ing. Karl Hoening, Düsseldorf-Kaiserswerth i. Verbindg. m. Dortmunder Union Brückenbau-AG., Dortmund; Polensky & Zöllner, Niederlassung Köln; Baurat a. D. J. T. HOVER, Köln-Dellbrück-Wuppertal; Architekt Reg.-Baum. a. D. KARL HABERAECKER, Iserlohn.
28	„Aha“ Große Hängebrücke	bodenverankert Portalpylone	9 220	22,1	Dr.-Ing. Fritz Leonhardt, Stuttgart; GHH Oberhausen AG., Werk Sterkrade; Philipp Holzmann AG., Frankfurt/Main; Arch. GERT LOHMER, Köln.
		In sich verankerte Hängebrücken			
29	„Stadt und Strom“	Standpylone	9 833	16,4	Dortmunder Union Brückenbau AG., Dortmund; Polensky & Zöllner, Zweigniederlassung Köln; Baurat a. D. J. T. HOVER, Köln-Dellbrück-Wuppertal; Arch. Reg.-Baum. a. D. KARL HABERAECKER, Iserlohn.
30	„Der Aufbau“	Pendelpylone Standpylone	10 880 9 100	17,3 17,4	Aug. Klönne, Dortmund; Dyckerhoff & Widmann KG., Köln; Baurat TH. TEICHEN, Köln.
31	„Stets bewährt“ 333	Portalpylone	10 131	19,1	Hein, Lehmann & Co. AG., Düsseldorf; Neußer Eisenbau Bleichert, Neuß; Dipl.-Ing. LORENZONI, Hannover; PETER BAUWENS, Köln; P. F. SCHNEIDER, Essen-Köln.

Tafel III (Fortsetzung)

Nr.	Kennwort	Bauart	Konstruktionsgewicht t	Gesamtkosten in Millionen RM	Entwurfsverfasser
32	„Reno"	Standpylone	11 247	18,6 18,1	GHH Oberhausen AG., Werk Sterkrade; Philipp Holzmann AG., Frankfurt/M.; Gert Lohmer, Köln.
33	„Tradition"	Pendelpylone	10 989	18,9	Demag AG., Duisburg; Philipp Holzmann AG., Niederlassung Köln; Hein Noecker, Köln.
34	„Dresden"	Teils Stahlbeton, teils reine Stahlkonstruktionen	8 700	19,9	Stadtoberbaurat Dr. Hans Sievers, Duisburg; Demag AG., Duisburg; Prof. Dr. Fritz Mehrtens, Aachen.
35	„Kombination"	Teils Stahlbeton, teils reine Stahlkonstruktionen	9 700	18,6	Stadtoberbaurat Dr. Hans Sievers, Duisburg; Demag AG., Duisburg.
36	„Neues Bauen"	Stahlbeton Hängebrücke	10 989	18,9 20,4	Prof. Dr.-Ing. Dischinger, Berlin-Grunewald; Prof. Dr.-Ing. Schleicher, Berlin; Dyckerhoff & Widmann AG., Köln; Arch. Mitarbeit: Baurat Teichen, Köln.
		Stabbogenbrücken Stützweiten			
37	„Neptun"	50 + 51 + 55 + 55 + 202 + 50 + 40	4 735	12,5	Stahlbau Rheinhausen; Fritz Pilgram, Köln-Mülheim; Wiemer & Trachte, Dortmund; Arch. Prof. Fritz Mehrtens, Aachen.
38	„Neue Wege"	91 + 103 + 212 + 91	6 815	13,8	Dortmunder Union Brückenbau AG., Dortmund; Polensky & Zöllner, Zweigniederlassung Köln; Arch. Reg.-Baum. a. D. Karl Haberaecker, Iserlohn; Baurat a. D. J. T. Hover, Köln-Dellbrück-Wuppertal.
39	„Arcus"	50 + 51 + 52 + 258 + 51 + 40	7 228	14,7	Demag AG., Duisburg; Philipp Holzmann AG., Frankfurt/M.; Hein Noecker, Köln.
40	„Saldo"	91 + 105 + 210 + 91	7 780	15,1	Hein, Lehmann & Co. AG., Düsseldorf; Neußer Eisenbau Bleichert, Neuß; Peter Bauwens, Köln; P. F. Schneider, Essen-Köln; Hein Noecker, Köln.
41	„Stemmbogen"	91 + 315 + 91	10 008	18,5	Dipl.-Ing. Georg Lewenton, Duisburg; Dipl.-Ing. Hans Bühmann, Duisburg; Demag AG., Duisburg; Philipp Holzmann AG., Niederlassung Köln.

III. Übersicht über die eingegangenen Entwürfe.

Die fristgemäß eingelieferten Entwürfe sind in Tafel III getrennt nach Vollwandbalkenbrücken mit und ohne Strompfeiler, Fachwerkbrücken, Zügelgurtbrücken, echte und in sich verankerte Hängebrücken und Stabbogenbrücken mit Angaben über Konstruktionsgewichte und Gesamtkosten zusammengestellt. In einer weiteren Spalte sind die nach Abschluß des Preisgerichts festgestellten Entwurfsverfasser, die beteiligten Unternehmungen und die architektonischen Mitarbeiter angegeben. Die mit Preisen ausgezeichneten, zum Ankauf ausgewählten Entwürfe sowie der vom Preisgericht lobend bewertete Entwurf sind durch Sperrdruck hervorgehoben.

Für die Haupttragkonstruktionen wurde fast ausschließlich die Verwendung von Baustahl St 52 vorgesehen.

Die in RM angegebenen Gesamtkosten sind heute nicht mehr zutreffend und sollen lediglich eine Vergleichsmöglichkeit bieten.

Das Preisgericht hat davon abgesehen, einen der preisgekrönten Entwürfe zur Ausführung zu empfehlen. In dem Ausschreiben hatte sich die Stadtverwaltung hinsichtlich der Vergebung und Ausführung freie Hand vorbehalten.

IV. Allgemeines Ergebnis des Wettbewerbs.

Wie zu erwarten war, ergab sich die „Balkenbrücke" mit neuem Strompfeiler und rd. 200 m Stützweite über der Hauptschiffahrtsöffnung als billigste Lösung. Ein über gemauerten Pfeilern durchlaufendes schlankes Kasten- oder Hohlkastentragwerk paßt gut in die weite und flache Stromlandschaft. Neben freier Bahn und freier Sicht haben die Kastentragwerke den Vorzug, daß ein Teilausbau möglich ist. Insgesamt sind 12 Entwürfe mit Vollwandbalkenträgern eingegangen. Mit einer, auf dem Deckblech des Kastentragwerks schubsicher verankerten, unmittelbar befahrenen Stahlbetonfahrbahn konnte das Stahlgewicht bis auf 7000 t (0,5 t/m²) gegenüber 13200 t (0,9 t/m²) bei der alten Hängebrücke vermindert werden. Die Bevorzugung der Vollwandkastenträger für Spannweiten bis 200 m, die im Wettbewerb 1948 zum Ausdruck kommt, ist technisch und wirtschaftlich begründet. Außerdem liegen noch 2 Entwürfe vor, bei welchen der Rhein ohne Strompfeiler mit einem Hohlkastentragwerk, von 315 m Stützweite, bei nur 4 m Trägerhöhe im Brückenscheitel und mit 10,5 m Trägerhöhe über den Pfeilern, überspannt wird. Das Stahlgewicht ist allerdings beim Entwurf „Balken 48II" um 50% höher als beim Entwurf „Balken 48I" mit 200 m Stützweite. Mit diesen beiden vollständig durchgearbeiteten Entwürfen Balken 48II und Geba ist der Nachweis erbracht, daß selbst große Stützweiten mit Vollwandkastenträgern bewältigt werden können.

Echte Hängebrücken sind mit insgesamt 13 Entwürfen vertreten. Bei 12 Entwürfen ist die Aufteilung der Öffnungen die gleiche wie bei der alten Brücke, beim Entwurf „Aha" beträgt die Stützweite der Mittelöffnuug 402 m. Die Stahlgewichte schwanken zwischen 6500 und 8000 t, gegenüber 13200 t bei der bisherigen, in sich verankerten Hängebrücke. Die Baukosten sind mit 15 bis 19 Mill. RM veranschlagt. Die erheblichen Unterschiede sind nur auf die Tiefbaukosten für Unterbau und Gründung zurückzuführen, die sich zwischen 3 und 8 Mill. RM bewegen. Bei den echten Hängebrücken hat sich der massige Verankerungspfeiler im Vorland, auf der Kölner Seite, für eine Reihe sonst guter Entwürfe als Klippe erwiesen.

In sich versteifte Hängebrücken sind mit 8 Entwürfen vertreten. Die Stahlgewichte betragen 90000—12000 t, die Baukosten 16,5 bis 19 Mill. RM.

Die mit dem ersten Preis ausgezeichnete, teilverankerte Hängebrücke mit Portalpylonen zeichnet sich durch geringes Stahlgewicht (7880 t), einen Mindestaufwand für den Unterbau (2,3 Mill. RM) und niedrige Baukosten 15,9 Mill. RM. aus.

Ein Zügelgurtbrückenentwurf erfordert rd. 11000 t Stahl, die Baukosten sind mit rd. 15,1 Mill. RM angegeben.

Stabbogenbrücken sind mit 5 Entwürfen vertreten. Das niedrigste Stahlgewicht mit 4735 t wird bei 12,5 Mill. RM Gesamtkosten bei einem Stabbogen mit 202,4 m Stützweite über der Hauptöffnung erzielt. Bei den anderen Entwürfen mit Strompfeiler beträgt das Konstruktionsgewicht rd. 6800 bis rd. 7800 t. Die Baukosten betragen etwa 13,8 bis 15,1 Mill. RM. Für einen Stemmbogen mit 315 m Stützweite über der Hauptöffnung ist das Stahlgewicht mit 10000 t und der Baukostenaufwand mit 18,5 Mill. RM angegeben.

Neu ist der Vorschlag einer Stahlbetonbrücke für so große Spannweiten. Bei dem Entwurf „Die Betonbrücke" wird die Hauptöffnung von 200 m Weite mit einer Kragbalkenfachwerkträger-Konstruktion überspannt, welche im Freivorbau ohne feste Gerüste ausgeführt werden soll. Der Stahlbedarf beträgt 8600 t und die Baukosten sind mit 11,7 Mill. RM angegeben. Dieser Entwurf beruht auf der Anordnung von 18 dicht nebeneinander liegenden Hauptträgern. Er verkörpert zweifellos eine kühne Ingenieurleistung. Der gegen Fachwerke allgemein erhobene Vorwurf starker Überschneidung bei Schrägansichten dürfte sich hier bei dem fast undurchsichtigen Stabgewirre besonders nachteilig auswirken.

In den Ausschreibungsbedingungen war gesagt: „Beim Wiederaufbau einer Hängebrücke sind die Lichtweiten der Öffnungen der früheren Brücke beizuhalten." Diese Bestimmung ist auch bei 20 Hängebrückenentwürfen eingehalten worden. Nur die Verfasser des Entwurfs „Aha" — echte Hängebrücke mit Spannweiten von 91,03 + 402,0 + 91,03 m — sind bewußt von dieser einschränkenden Bestimmung abgewichen. Ein Pylonenpfeiler ist linksrheinisch auf dem früheren Endpfeiler der in sich verankerten Hängebrücke angeordnet und der Verankerungsklotz hinter den Deich zurückgesetzt.

V. Beurteilung der Entwürfe.

1. Balkenbrücken.

Beim Einbau eines weiteren Strompfeilers ergibt sich unter Einhaltung des von der Wasserstraßendirektion geforderten Lichtmaßes von 185 m für die Hauptschiffahrtsöffnung auf der Mülheimer Seite ein Durchlaufbalken von rd. 91 + 200 + 115 + 91 m Stützweite, an den sich linksrheinisch die vorhandenen Überbauten über den kleineren Öffnungen anschließen. Unter Beibehaltung des Fahrbahnlängenprofils der alten Brücke ist eine Deckbrücke mit oben liegender Fahrbahn die gegebene Lösung. In der Mitte der großen Öffnung steht eine ausreichende Bauhöhe zur Verfügung, so daß Durchlaufträger mit geradem Untergurt oder mit geschwungenem, an den Strompfeilern herabgezogenem Untergurt möglich sind. Die Trägerhöhe im Brückenscheitel läßt sich zwischen ausgeschwungenen Vouten bis unter 4 m herunterdrücken. Durch große Trägerhöhen über den Strompfeilern wird die Schlankheit des Brückenzuges kaum vermindert. Im Stahlgewicht sind die Unterschiede der beiden Bauformen gering. Gegenüber Vollwandträgern aus St 52 ist in einem Falle mit St 60 eine Stahleinsparung von rd. 600 t erzielt worden.

Die Bauform mit bogenförmig geschwungenem Untergurt wird besonders bei Brücken mit 3 ausgewogenen Öffnungen (Rheinbrücke Köln—Deutz, Rheinbrücke Koblenz—Pfaffendorf u. a.) vielfach bevorzugt, erweist sich jedoch weniger befriedigend bei unsymmetrischen Balkenbrücken mit mehr als 3 Öffnungen. Vom Ufer aus und in der Verkürzung gesehen, wirkt dabei die Balkenbrücke mit gerade durchlaufendem Untergurt ausgeglichener als die Balkenbrücke mit hohen Vouten. Bei ähnlichen Brückenaufgaben — Autobahnbrücke über die Elbe bei Dessau und über die Süderelbe in Hamburg — hat sich der künstlerische Berater Prof. Dr. Paul Bonatz für die Vollwandbalkenträgerbrücke ohne Vouten ausgesprochen. Die Hauptschiffahrtsöffnung wird ausreichend durch die große Lichtweite und Lichthöhe betont. Die Bauform mit geraden Balken über gemauerten Pfeilern ist einfach, klar und überzeugend und läßt ein ansprechendes Brückenbild erhoffen. Die großen Flächen der Blechträger werden durch die Schattenwirkungen der auf Konsolen weit ausladenden Gehwege belebt und gemildert, so daß das Tragwerk noch schlanker erscheint. Die Balkenbrücke mit gerade durchlaufendem Untergurt (ohne Vouten) ist angesichts der Lage der Rheinbrücke Köln-Mülheim in einer Stromschleife mit breitem linksrheinischem Flutgelände auch aus dem Grunde vorzuziehen, weil auf dem hohen Ufer die Landöffnung weniger beengt und der Durchblick freier bleibt. Das Herabziehen des Untergurtes auf den rechtsrheinischen niedrigen Uferpfeiler ergibt bis zu 10,8 m hohe Blechwände, welche die Öffnung über der Mülheimer Freiheit etwas beengen.

Die Balkenbrücken mit Zwischenpfeiler im Strom zeigen in der Aufteilung der Öffnungen und im Unterbau nur unwesentliche Unterschiede. Für die Gründung des neuen Zwischenpfeilers im Strombett sind verschiedene Vorschläge gemacht worden, und zwar:

a) Gründung zwischen Spundwänden in offener Baugrube mit Wasserhaltung oder mit Unterwasserbetonierung.

b) Senkkastengründung mit umspundeter Insel oder mit am Ufer hergestellten, schwimmenden Senkkasten.

Die Strompfeilergründung wird durch die Auskolkungen im Strombett und durch Trümmerreste erschwert. Die versandeten Stahltrümmer müssen ausgeräumt werden, ehe mit dem Rammen der Spundwände begonnen werden kann. Bei der Senkkastengründung macht die Beseitigung von Trümmerresten weniger Schwierigkeiten. Mit Mehrkosten für Räumungsarbeiten ist aber bestimmt zu rechnen. Die Unterschiede in den Angeboten sind zum Teil auf die Unsicherheiten in der Abschätzung der für Trümmerbeseitigung aufzuwendenden Kosten zurückzuführen.

Für die stählernen Überbauten sind neben geschlossenen, verwindungssteifen Hohlkasten mit oben und unten durchgehenden Flachblechen nach dem Vorbild der Rheinbrücke Köln—Deutz und mit 2 bis 6 Haupttragwänden unten offene Kastenträger vorgeschlagen worden. Mehrere Entwürfe zeigen zwei geschlossene äußere Hohlkasten, welche durch lastverteilende Querscheiben zu gemeinsamer statischer Wirkung verbunden sind.

Bei den Hohlkasten mit nur 2 Haupttragwänden, die gleichzeitig den seitlichen Abschluß bilden, wird das obere Deckblech durch Längsträger ausgesteift, welche im Hauptsystem mittragen und über den in Abständen von 6 m angeordneten Querscheiben durchlaufen. Bei größeren Feldlängen sind in den Feldmitten Zwischenquerträger vorgesehen. Die unteren Deckbleche können im mittleren Teil des Querschnitts unterbrochen und durch einen Strebenverband mit Pfosten ersetzt werden.

Sie erhalten Längssteifen, welche die Ablenkkräfte infolge der Krümmung des Untergurts auf die Querscheiben übertragen. Auf den Außenseiten der Kastentragwerke sind Konsole im Abstand der Querscheiben angeordnet zur Aufnahme der Gehwege und der Geländer. Die Querscheiben sind als Fachwerke mit biegungssteifem Obergurt zur Aufnahme der Längsträger ausgebildet.

Die Vorzüge der Hohlkastenbauart — geringe Bauhöhe, günstige Lastverteilung und hohe Verwindungssteifigkeit — bleiben bei 2, 3, 4 und mehr Hauptträgerwänden und unten offenen Kasten gewahrt. Die Einzellasten werden durch die Querscheiben auf alle Tragwände verteilt. Im Stahlgewicht ergeben sich nur unbedeutende Unterschiede.

Der für den Verkehr wichtigste Teil der Brücke ist die Straßenfahrbahn. Die Fahrbahndecke soll hart, verschleißfest, eben und griffig, witterungsbeständig und dauerhaft sein. Bei der Fahrbahnausbildung sind die im neuzeitlichen Straßen- und Autobahnbau gesammelten Erfahrungen und die Ergebnisse der wissenschaftlichen Versuchsforschung ausgewertet. Die im Fahrbahndeckenbau erzielten Fortschritte kommen in den Wettbewerbsentwürfen deutlich zum Ausdruck.

Die Befestigung der Straßenfahrbahn sowie der Rad- und Gehwege war den Entwurfs-Verfassern freigestellt. Nach den Wettbewerbsbedingungen muß die Fahrbahn den höchsten Verkehrsansprüchen genügen und in der Unterhaltung wirtschaftlich sein. Bei Lösungen, welche von den üblichen Fahrbahndeckenausbildungen abweichen, war nachzuweisen, wo und wie lange sich die vorgeschlagene Fahrbahnausbildung bereits bewährt hat. Asphaltbeläge müssen in ihrer Zusammensetzung den Normvorschriften für Asphaltstraßen entsprechen (DIN 1995/96).

Von den Wettbewerbsteilnehmern wurden die verschiedensten Bauarten vorgeschlagen:

Quer oder längs gespannte und kreuzweis bewehrte Stahlbetonplatten mit und ohne Gußasphaltbelag,

Stahlbeton-Fahrbahntafeln aus Fertigbauteilen,

Fahrbahnbetondecken auf ebenen Deckblechen, Tonnen- oder Buckelblechen schubsicher verankert,

Gußasphaltdecken auf ausgesteiften Deckblechen mit aufgeschweißten Maschengittern befestigt,

Stahlrippenplatten mit Asphaltfüllung,

Auch schwere Bauarten mit Dichtungs- und Schutzschicht sind vertreten.

Die unmittelbar befahrenen Stahlbetonplatten sind entweder mit aufgeschweißter Schubbewehrung auf den Längs- und Querträgern verankert, so daß Verbundwirkung eintritt, oder auf den Trägern verschieblich gelagert.

Neben fugenlos durchgehenden Fahrbahntafeln sind Fahrbahnunterbrechungen mit Bewegungsfugen vorgeschlagen.

Um bei den auf großen Längen fugenlos durchgehenden Stahlbetonfahrbahnen die Rißgefahr durch Schwinden und Kriechen herabzusetzen, sind sehr beachtliche Vorschläge gemacht worden, auf welche in den Schlußbetrachtungen näher eingegangen werden soll.

VI. Beschreibung der Entwürfe.

„Colonia nova“.

Verfasser: Dortmunder Brückenbau C. H. Jucho, Dortmund-Wambel,
Wayss & Freytag AG., Düsseldorf. Architekt BDA Georg Wellhausen, Hamburg.

Der durch Ankauf ausgezeichnete Entwurf „Colonia nova“ verbindet die noch vorhandenen und brauchbaren alten Bauwerkteile mit einem neuen durchlaufenden Kastenbalkentragwerk zu einem einheitlichen Bauwerk (Abb. 38). Die Gurte verlaufen von einem bis zum anderen Ufer in leichter Schwingung durch. Die Stützweiten betragen 52,1 + 52,1 + 91 + 117 + 198 + 91 m. Das Längenprofil der Fahrbahn wird durch eine flachere Ausrundung der Kuppe verbessert, die etwa in der Mitte des gesamten Bauwerks über dem neuen Strompfeiler ihren Scheitelpunkt hat. Die größte Trägerhöhe über dem Strompfeiler ist 6,70 m, die kleinste Trägerhöhe beim Übergang auf die Flutbrücke 4,60 m. Das Trägerende kragt dort 11 m über das Endauflager auf dem

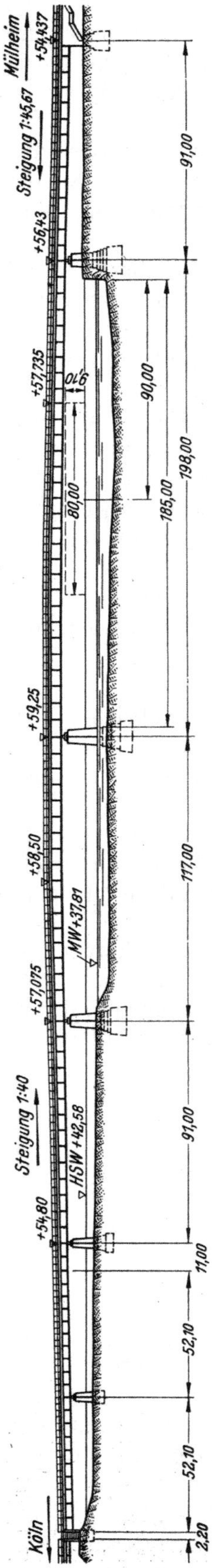

Abb. 38. „Colonia nova", Übersicht.

Flutpfeiler aus. In der 117-m-Öffnung ist ein Gelenk angeordnet, so daß sich eine zweifach statisch unbestimmte Lagerung ergibt (Abb. 39). Die geschwungene Fahrbahn gestattet eine natürliche Anpassung der Bauhöhen an die Stützweiten.

Der neue Stahlüberbau hat 2 geschlossene Kasten, deren Außenwände in der Ebene der Hauptträger der bestehenden Flutbrücke und deren Innenwände unter einer Straßenbahnschiene liegen (Abb. 40). Durch Querverbände in und zwischen den Kasten wird große Verdrehungssteifigkeit und gleichmäßige Lastverteilung auf die 4 Hauptträger erreicht. Das obere Deckblech ist durch die Längsträger und den Fahrbahnbeton ausgesteift. Hauptträger, Querträger, Längsträger Fahrbahndeckblech und die längs- und querversteiften unteren Kastenbleche wirken statisch zusammen. Die Betonplatte ist in die Haupttragwirkung nicht einbezogen. Windverbände sind gespart.

Die 12 cm dicke, bewehrte Betonplatte (B 400) ist auf dem Deckblech schubsicher verankert. Über der Hauptbewehrung ist noch ein Maschengitter eingelegt, um die Rißgefahr herabzusetzen. Auf die Stahlbetonplatte wird eine 3-cm-Hartbeton-Verschleißdeckschicht oder ein Hartgußasphaltbelag aufgebracht. Um das Auftreten von Betonzugrissen im Bereich der negativen Stützenmomente sowie solche durch Schwinden und Kriechen auszuschalten, wird durch den Betonierungsvorgang eine Druckvorspannung angestrebt.

Die Schienen der Straßenbahn sind auf elastischer Unterlage gelagert und auswechselbar eingebettet. Die Gehwege sind auf Konsolen ausgekragt. Die auf den Randträgern und Zwischenlängsträgern gelagerten Stahlbetonfertigplatten der Rad- und Gehwege sind mit 2 cm Gußasphaltbelag versehen.

Für die Prüfung und Unterhaltung der Stahlkonstruktion ist ein zwischen den beiden Kästen laufender Besichtigungswagen vorgesehen, der bei Drehung seiner Ausleger um 90° auch über die Pfeiler weg bewegt werden kann.

Das Konstruktionsgewicht beläuft sich auf 5826 t. Die Gesamtkosten sind mit 11,4 Mill. RM veranschlagt, wovon 8,1 Mill. RM auf den Stahlbau und 3,4 Mill. RM auf den Tiefbau entfallen.

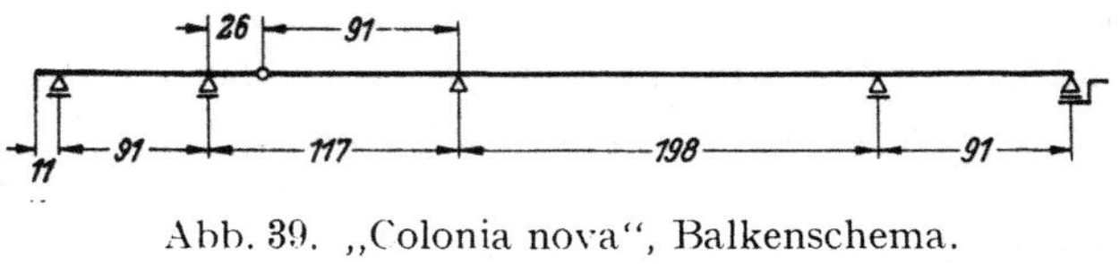

Abb. 39. „Colonia nova", Balkenschema.

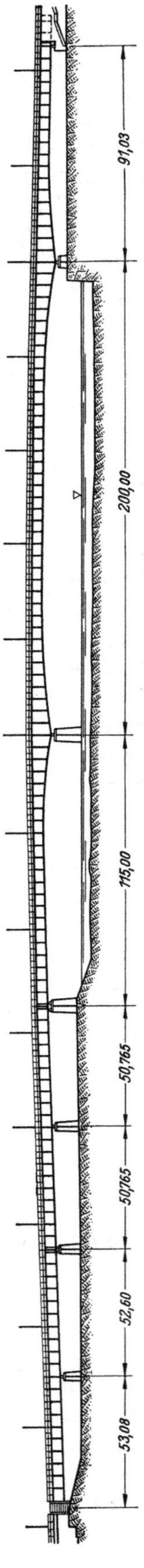

Abb. 41. „Pons Renatus", Übersicht.

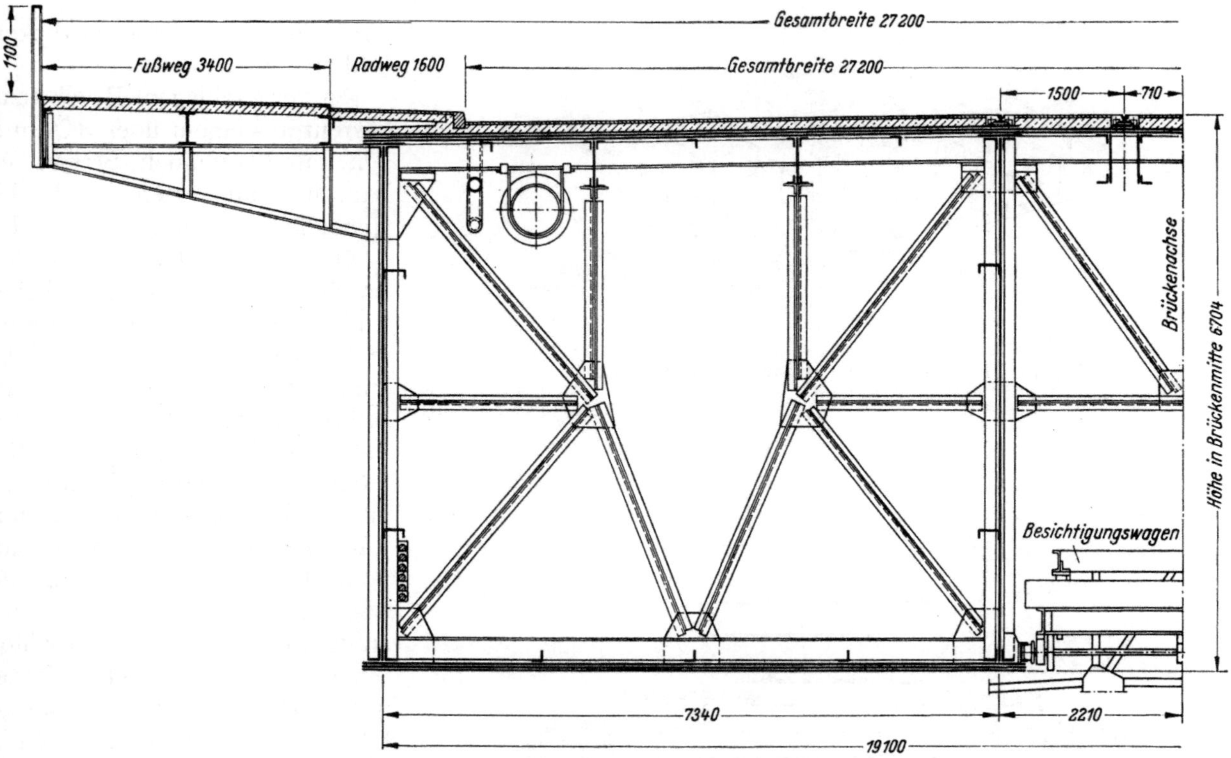

Abb. 40. „Colonia nova", Querschnitt.

„Pons Renatus".

Verfasser: Hilgers AG., Rheinbrohl, Hochtief AG., vorm. Gebr. Helfmann, Essen.
Architekten Holy und Schwarzburger, Bonn.

Die Verfasser haben bei den gegebenen Verhältnissen die naheliegenden Lösungen, Hängebrücke mit den alten Stützweiten und Balkenbrücke mit neuem Strompfeiler, untersucht, und entschlossen sich zu dem Vorschlag einer Deckbrücke mit freier Sicht, welche sich gut in das Stadt- und Landschaftsbild einfügt (Abb. 41). Durch teilweisen Abbruch des linksrheinischen Verankerungspfeilers

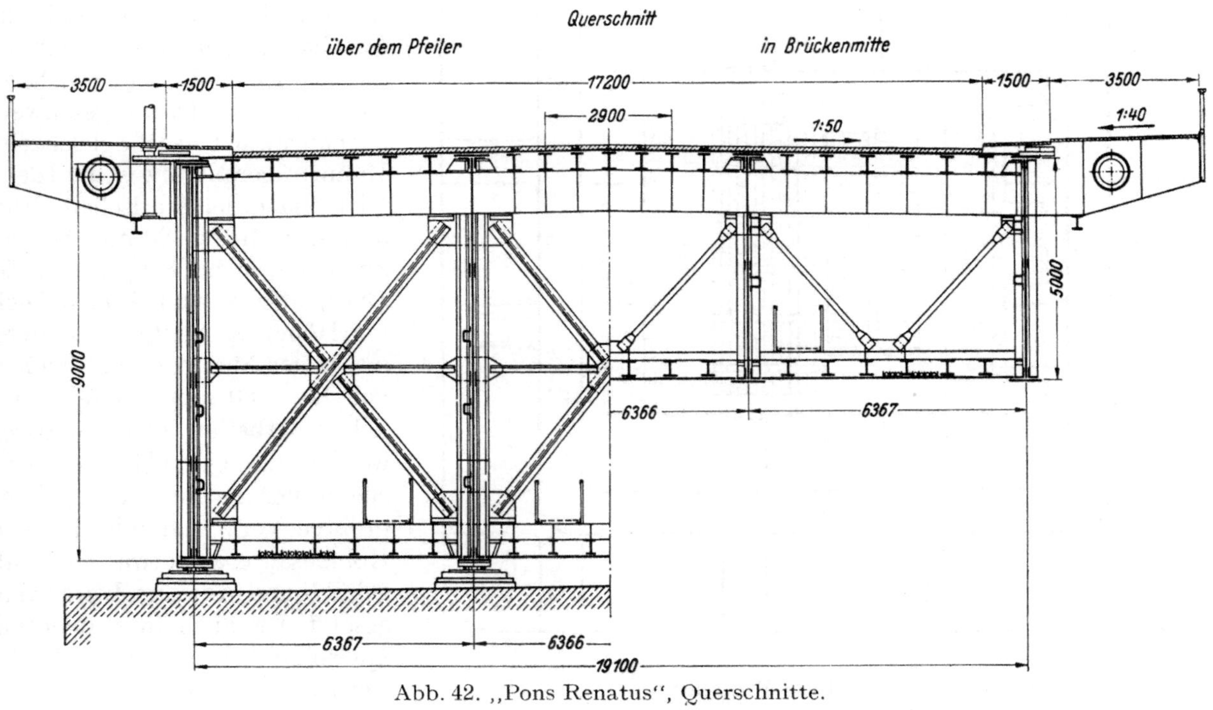

Abb. 42. „Pons Renatus", Querschnitte.

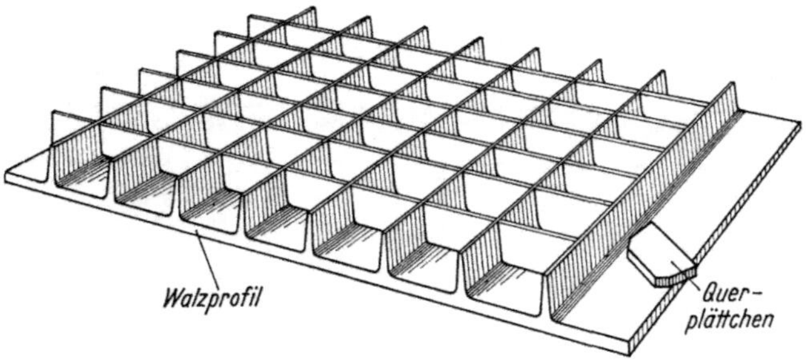

Abb. 43. „Pons Renatus", Fahrbahnrippenplatte.

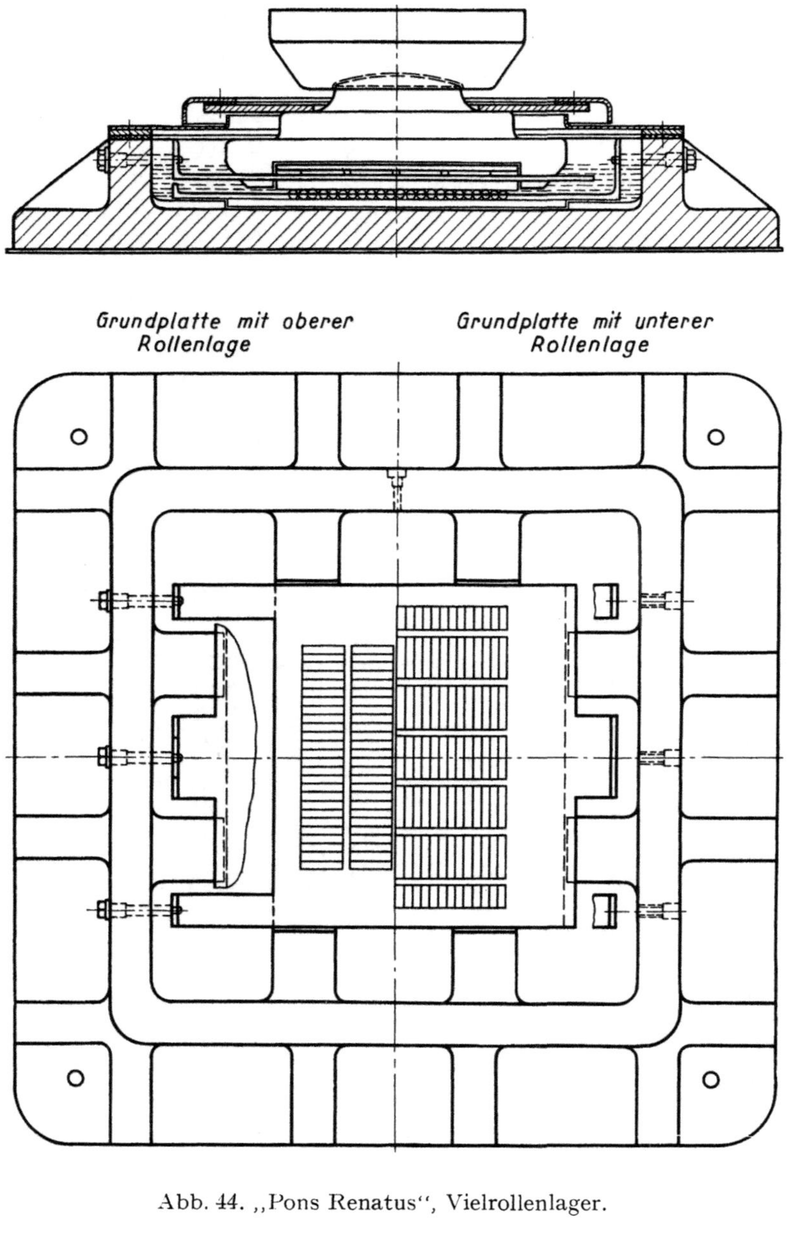

Abb. 44. „Pons Renatus", Vielrollenlager.

wird ein einheitliches Brückenbild erzielt.

Der vorgeschlagene Brückenzug besteht aus einem über 3 Öffnungen durchlaufenden Stromüberbau, und aus einem an die bestehenden anschließenden über 2 Öffnungen durchlaufenden Flutüberbau. Um einen einheitlichen Linienzug zu erhalten, wurde die Höhe der alten Überbauten bis zum Übergang auf die Strombrücke mit 4,4 m beibehalten und in flacher Schwingung auf 9,0 m Höhe an den Strompfeilern vergrößert. Fahrbahnausrundung und Längsgefälle der Fahrbahn sind vom alten Bauwerk unverändert übernommen. Wie Abb. 42 zeigt, ist der Stromüberbau als geschlossener, verdrehungssteifer Kasten mit 4 Haupttragwänden ausgebildet. In den Seitenöffnungen ist der Kasten unten offen, um Stahl zu sparen. Für den Stromüberbau ist St 52, für den Flutüberbau in der oberen Hälfte St 37 vorgesehen.

Die größte Durchbiegung in der Mitte der Schiffahrtsöffnung beträgt 45 cm, bei der Mülheimer Seitenöffnung 34 cm. Auf die mögliche Abflachung der Fahrbahn ist verzichtet.

Eine bemerkenswerte Neuerung ist die der Firma Hilgers geschützte Fahrbahnrippenplatte (Abb. 43). Die Rippen sind 50 mm hoch, auf einer Grundplatte aufgeschweißt oder angewalzt, welche gleichzeitig Hauptträgergurtung ist, und deren Dicke nach den statischen Erfordernissen 10 bis 20 mm beträgt. Zwischen den Rippen werden Querplättchen von gleicher Dicke und Höhe eingesetzt, so daß ein engmaschiger Stahlrost mit Fächern von 86 × 80 mm entsteht. Um Schweißarbeiten zu ersparen, werden die Querplättchen nach einem neuartigen, praktisch erprobten Verfahren mittels fester Kohlensäure auf etwa —80° abgekühlt und in diesem Zustand eingesetzt. Die aus Längsrippen und Querplättchen gebildeten Fächer werden mit Bitumenklebmasse ausgespritzt und mit einem aus Naturasphalt mit etwa 10% Bitumen hergestellten Asphaltbeton ausgefüllt. Nach dem Einwalzen wird ein dünner Teppich aus Bitumensplitt aufgebracht.

Der statisch weitgehend ausnützbare griffige Stahlrost kann unmittelbar befahren werden. Die Asphaltfüllung bleibt rissefrei. Die Oberfläche kann mit Bitumensplitt ausgebessert werden. Als besonderer Vorzug wird das geringe Gewicht der Rippenplatte — 110 kg/m² — hervorgehoben.

Für die Lagerung des Haupttragwerks werden allseitig bewegliche Vielrollenlager (Bauart Prof. Dr.-Ing. SCHOENHOEFER) vorgeschlagen (Abb. 44). Die kleinen Rollen aus Kugellagerstahl sind zwischen gehärteten und geschliffenen Gleitplatten längs- und querbeweglich geführt. Zwecks Verhütung des Einrostens laufen die Röllchen in Öl. Als Vorzüge dieser Lager sind genannt: kleiner Reibungswiderstand, geringe Bauhöhe, gefällige Form, erhebliche Gewichtsersparnis.

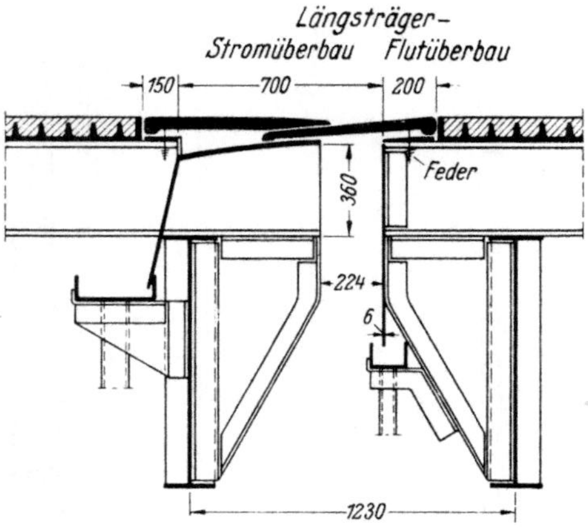

Abb. 45. „Pons Renatus", Fahrbahnübergänge.

Die Fahrbahnübergänge sind nach Abb. 45 ausgebildet. Das Konstruktionsgewicht beträgt 7157 t. Die Gesamtbaukosten sind mit 12,4 Mill. RM veranschlagt, wovon 10,1 Mill. RM auf den Stahlbau und 2,3 Mill. RM auf den Tiefbau entfallen.

Der Entwurf „Pons Renatus" wurde vom Preisgericht durch Ankauf ausgezeichnet, seine gute Einfügung in die Landschaft zeigt Abb. 46.

Abb. 46. „Pons Renatus", Schaubild.

„Balken 48".

Entwurf I mit Pfeiler im Strom, „Kleiner Balken". Verfasser: MAN-Werk Gustavsburg, Gollnow u. Sohn, Höxter, Klöckner-Humboldt-Deutz AG., Köln-Kalk, WILHELM RIPHAHN, Köln, mit Dipl.-Ing. MENNE, Prof. HAERTER, Mainz, Prof. BRUNO PAUL, Frankfurt a. M.

Der Entwurf „Balken 48" zeigt eine Deckbrücke mit Kastentragwerk, einen „Kleinen Balken" und einen „Großen Balken". Die Verfasser äußern sich zu diesen Vorschlägen, wie folgt:

Die Entwicklung im Stahlbrückenbau führte seit der erstmaligen Ausführung einer größeren Vollwandbalkenbrücke, dem Bau der Mannheimer Friedrich-Ebert-Brücke in den Jahren 1925/26, rasch zu immer größeren Stützweiten, über die Elbebrücken in Dresden und Meißen, die Dreirosenbrücke über den Rhein in Basel u. a. hinaus zu den bekannten großen Autobahnbrücken.

Die Deckbrücke ist die ursprünglichste und natürlichste Form der Straßenbrücke mit freier Bahn und freier Sicht. Das tragende Element ist der Fahrbahn untergeordnet. Ein Vorzug der Deckbrücke gegenüber allen Brücken mit hoch liegendem Tragwerk ist die Möglichkeit des stufenweisen Ausbaues auf größere Brückenbreite.

Der stählerne Überbau des Entwurfes „Kleiner Balken" mit Stützweiten von $91 + 115 + 200 + 91$ m ist auf den gemauerten Pfeilern und Widerlagern der alten Brücke und auf einem neuen

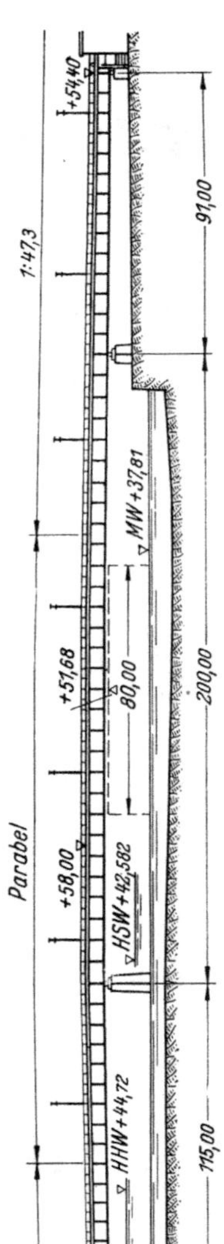

Abb. 47. „Balken 48“ (Kleiner Balken). Übersicht.

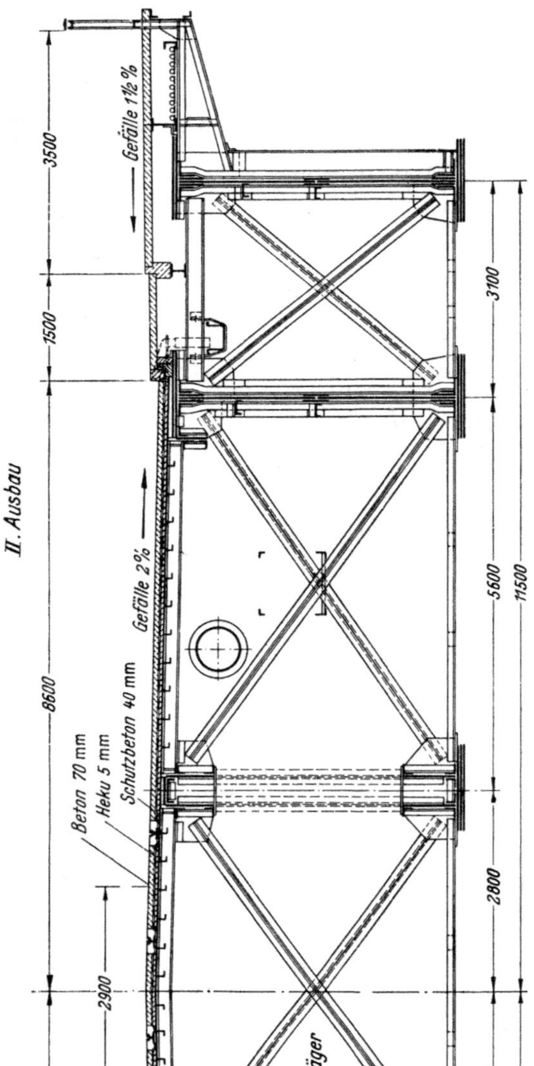

Abb. 48. „Balkenbrücke 48“ (Kleiner Balken). Querschnitte für Teil- und Vollausbau.

Strompfeiler gelagert (Abb. 47). Das Straßenlängsprofil mit Kuppenausrundung R = 7430 m ist unverändert beibehalten. Die Fahrbahn ist zwischen den Schrammborden 17,20 m breit. Mit den beiderseitigen Geh- und Radfahrwegen ergibt sich die Gesamtnutzbreite zwischen den Geländern zu 17,20 + 2 × 1,50 + 2 × 3,50 = 27,20 m.

Das über den Pfeilern durchlaufende Kastentragwerk mit oberem Deckblech zur Aufnahme der Fahrbahndecke und 6 Hauptträgern — sämtlich Vollwandträger oder 2 Vollwandträger außen und 4 Fachwerkträger innen — ist durch Querscheiben in rd. 13 m Abstand ausgesteift (Abb. 48). Bei 3,40 + 5,64 + 5,64 + 5,64 + 3,40 m Abstand der lotrechten Tragwände ergibt sich ein fünfzelliger Hohlkasten und eine Kastenbreite von 23,72 m. Wie Abb. 48 zeigt, ändern sich die Hauptträgerabstände beim Teilausbau. Die Gurte sind nahezu parallel geführt und in der Schwingung dem Straßenlängenprofil angepaßt. Die Trägerhöhen betragen am Kölner Widerlager 4,95 m, am Flutpfeiler 5,20 m, am Strompfeiler 5,80 m, in der Mitte der Schiffahrtsöffnung 5,50 m, am rechtsrheinischen Uferpfeiler 5,20 m und am Mülheimer Widerlager 4,95 m, womit sich ein höhengleicher Anschluß an die linksrheinischen, bestehenden Flutbrücken ergibt. Das Deckblech ist längs und quer ausgesteift. Das Kastentragwerk ist unten offen. In der Untergurtebene ist ein aufgelöster Verband angeordnet. Mit den vier innen liegenden Fachwerkträgern läßt sich gegenüber Vollwandträgern außen und innen eine nicht unerhebliche Gewichtseinsparung erzielen, welche im Erläuterungsbericht mit 600 t angegeben ist.

Die äußeren Vollwandträger sind entsprechend der Feldteilung in der Ansichtsfläche durch Außensteifen in liegende Rechtecke aufgeteilt. Auf der Innenseite sind außerdem Stabilisierungsstäbe und waagerechte Steifen angeordnet. Die Beulsicherheiten sind nach DIN E 4114/4a, Richtlinien § 17 nachgewiesen.

Die Fahrbahn mit 7 cm dicker Stahlbetondecke auf Hekudichtung, Schutzbetonschicht und Flachblech, die Lagerung der Straßenbahnschienen und die Entwässerung entsprechen der auch für den Entwurf „Großer Balken“ vorgeschlagenen Ausführung (Abb. 53). Das Stahlgewicht für den Überbau beträgt insgesamt 8465 t. Für den Teilausbau mit 4 Hauptträgern (Abb. 48) und $12 + 2 \times 1{,}5 + 2 \times 3 = 21$ m Gesamtnutzbreite zwischen den Geländern sind 6390 t Stahl erforderlich.

Die festen Lager befinden sich auf dem Strompfeiler. Der größte Auflagerdruck beträgt rd. 7000 t.

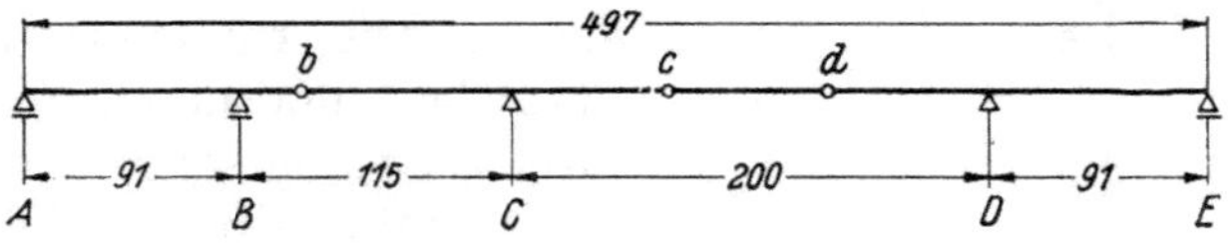

Abb. 49. „Balken 48“ (Kleiner Balken). Balkenschema während der Aufstellung.

Die Fahrbahntafel ist als Flächentragwerk nach der Theorie der orthotropen Platte berechnet. Sie wird durch örtliche Lasten quer und längs beansprucht. Dazu kommen als Bestandteil des Haupttragwerks Normalspannungen aus Verkehrsbelastungen. Die Querverteilung der Verkehrslasten durch die Fachwerkquerverbände ist eingehend behandelt. Das über 4 Öffnungen durchlaufende Kastentragwerk ist dreifach statisch unbestimmt gelagert. Die Momentenverteilung wird durch den Bauvorgang stark beeinflußt.

Für die Aufstellung des Durchlaufträgers auf 5 Stützen A, B, C, D, E (Abb. 49) sind Gelenke bei b, c, d vorgesehen. Die Überbauten AB und DE werden gleichzeitig auf festen Gerüsten errichtet. Dann wird der Teil bC eingeschwommen. Anschließend folgt der Freivorbau der beiden Kragarme Cc und dD in der Schiffahrtsöffnung und der Einbau des Mittelstücks cd. Nach beendeter Montage, jedoch vor dem Aufbringen der Straßendecke, werden die Gelenke geschlossen.

Die größte Durchbiegung bei 400 kg/m² Belastung und ± 15° Temperaturunterschied beträgt in der Mitte der Hauptöffnung 58 cm, die größte Querneigung der Fahrbahn bei einseitiger Belastung 2,1%.

Die geringe Bauhöhe und das schlanke Brückenband ergeben ein gefälliges, ruhiges und ansprechendes Brückenbild (Abb. 50). Die Deckbrücke läßt den Passanten Blick und Sicht vollkommen frei.

Abb. 50. „Balken 48“ (Kleiner Balken). Schaubild.

„Balken 48“.

Entwurf II ohne Strompfeiler, „Großer Balken“. Verfasser wie zuvor.

Die Stützweiten des Entwurfes II „Großer Balken“ (Abb. 51) entsprechen ungefähr denen der alten und der Mehrzahl der jetzt neu vorgeschlagenen Hängebrücken. Der Kastenträger schwingt hier mit beiderseitigem Anlauf über den Strom. Die Hauptträgeruntergurte sind bogenförmig auf die beiden Uferpfeiler herabgezogen. Die Hauptträgerhöhe wächst von 5,0 m an den Widerlagern in schlanken Vouten auf 10,5 m über den Uferpfeilern an und ist im Brückenscheitel auf 4,5 m beschränkt. Durch den zarten Scheitel wird die lastende Schwere des weitgespannten Tragwerks gemildert und der Freivorbau erleichtert. Die Ansichtsflächen der vollwandigen Hauptträger sind hier nicht größer als die des Versteifungsträgers der alten Hängebrücke und durch lotrechte

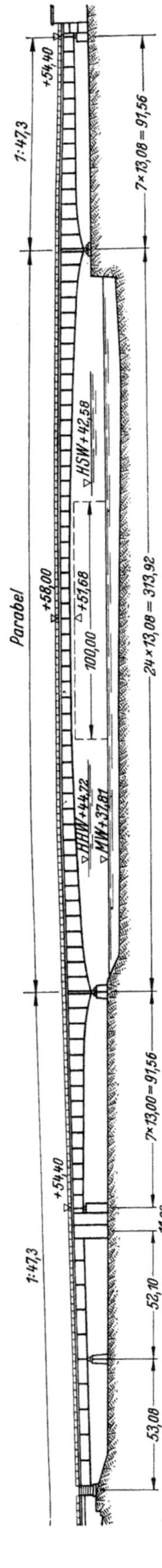

Abb. 51. „Balken 48" (Großer Balken). Übersicht.

Steifen gegliedert (Abb. 52). Die Gehwegkonsole und die hohen Randträger tragen durch Beschattung der äußeren Hauptträger sehr zu deren Belebung bei, und sie lassen den Balkenzug noch schlanker erscheinen.

Die vorhandenen Pfeiler können wieder benutzt und die bisherigen Verankerungsbauwerke zur Sicherung der Trägerenden gegen Abheben ausgenützt werden. Die festen Lager befinden sich auf dem linksrheinischen Uferpfeiler. Die Fahrbahnübergänge mit gekrümmten Schleifplatten sind für Auszugslängen bis zu 180 mm bemessen.

Der Brückenquerschnitt (Abb. 53) ist ähnlich wie beim Entwurf I ausgebildet. Die 4 inneren Hauptträger sind als zweiteilige Strebenfachwerke vorgesehen, und deren Streben sind ohne Knotenbleche unmittelbar an die Gurtwände angeschlossen. Damit werden gegenüber Vollwandträgern etwa 1080 t Stahl gespart. Die Obergurte der 6 Hauptträger sind durch ein über die ganze Breite reichendes Deckblech verbunden. Dieses Deckblech ist durch Querrippen versteift und dient zum Tragen der Fahrbahndecke.

Die Fahrbahndecke besteht aus einer 70 mm dicken, mit Baustahlgewebe bewehrten Stahlbetonplatte auf Hekudichtung, die ihrerseits auf einem Betonglattstrich aufliegt, dessen Dicke von 30 mm an den Schrammborden bis 40 mm im Bereich der Straßenbahngleise ansteigt. Die Fahrbahndecke kann auch mit 40 mm Hartgußasphalt auf 30 mm Stahlbeton ausgeführt werden. Bei 115 mm Gesamtdicke der Fahrbahndecke ergibt sich ein Gewicht von 258 kg/m². Mit dem Deckblech erhöht sich das Gewicht auf 337 kg/m² und mehr. Die 100 mm hohen Straßenbahnschienen sind auf Hartgummipolstern in Blechwannen gelagert und mit dem Deckblech durch Klemmplatten verbunden. Die Wannen werden bis zur Straßenoberfläche mit Asphalt gefüllt. Zur Wasserabführung sind Entwässerungsstutzen vorgesehen, bei den Wannen in Abständen von 1 m, bei den Schienenrillen alle 20 m.

Für die Radwege ist eine Deckschicht aus 27 mm Gußasphalt, für die Gehwege 70 mm Leichtbeton auf Flachblech vorgesehen. Unter den Gehwegen sind die Strom- und Fernsprechkabel in Kabelkästen aus gelochten Blechen untergebracht. Die Gehwegabdeckung über den Kabelkästen besteht aus Stahlbetonfertigplatten. Einzelheiten des Brückenquerschnitts sind aus Abb. 53 zu ersehen.

Das durch Querrippen ausgesteifte Deckblech überträgt die Verkehrslasten auf die Hauptträger, wird außerdem in der Längsrichtung als Bestandteil des Haupttragwerks beansprucht und dient auch als Windscheibe. Die Fahrbahnkonstruktion wurde als Flächentragwerk mit nach zwei Richtungen unterschiedlichen Biegesteifigkeiten auf Grund der Theorie der orthotropen Platte berechnet. Die größte Durchbiegung der Fahrbahntafel zwischen den Hauptträgern beträgt 7,3 mm. Das Deckblech ist 10 bis 70 mm dick. Deckbleche über 20 mm werden aus mehreren Lagen zusammengesetzt und versetzt gestoßen. Bis zur Blechdicke von 30 mm sind zur Stabilisierung der Bleche zwischen den Querrippen längsgerichtete, unterbrochene Steifen angeordnet. Die 6 Hauptträger sind mit dem oberen Deckblech, dem unteren Windverband und den in rd. 13 m Abstand angeordneten lastverteilenden Querscheiben zu einem verwindungssteifen Kastentragwerk verbunden. Die unten offene Konstruktion hat gegenüber dem geschlossenen Hohlkasten Vorteile hinsichtlich der Besichtigung, Durchlüftung und Unterhaltung. Hauptträger, Deckbleche und Querrippen bestehen aus St 52, Querverbände und Aussteifungen der Blechträger, Konsole und Randträger, Geländer und Besichtigungsstege aus St 37, Lagerkörper aus St 52.81 S. Alle tragenden Verbindungen sind genietet.

Die größten Auflagerkräfte betragen am Widerlager Mülheim — 2800 t, am rechts- und linksrheinischen Uferpfeiler + 12 700 t, am Widerlager Köln — 2800 t und sind somit kleiner als bei der alten Hängebrücke.

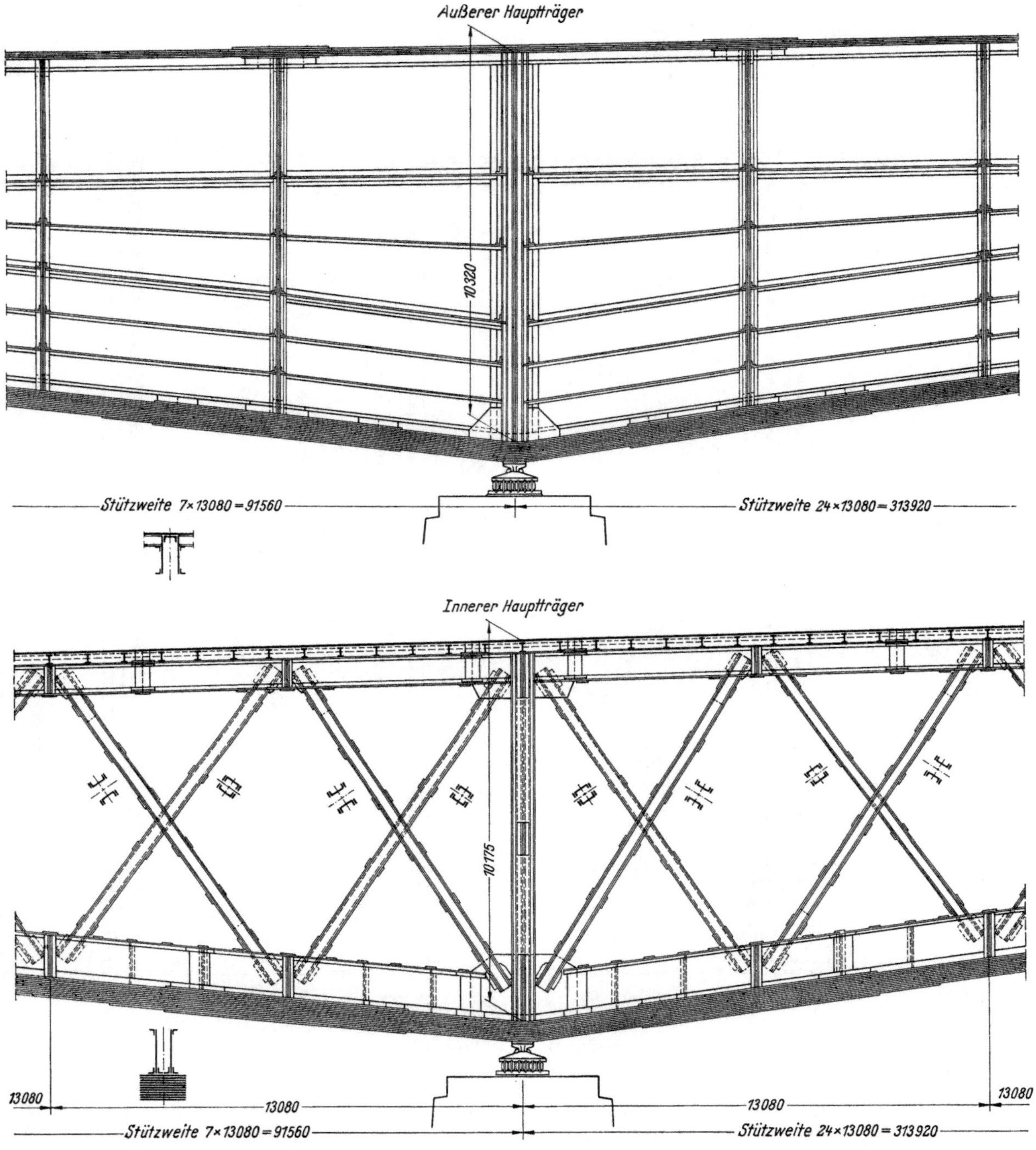

Abb. 52. „Balken 48“ (Großer Balken). Äußere und innere Hauptträger über den Uferpfeilern.

Abb. 52. „Balken 48“ (Großer Balken). Äußere und innere Hauptträger über den Uferpfeilern.

Die größten Durchbiegungen infolge Verkehr (400 kg/m²) und Temperaturunterschiede ± 15° sind zu 99,6 cm in der Mitte der Schiffahrtsöffnung, 75,2 cm an den Grenzen der Schiffahrtsöffnung errechnet. Die größte Querneigung der Fahrbahn bei einseitiger Verkehrsbelastung beträgt 1,7%. Die Eigenfrequenz liegt bei 0,3 Schwingungen je Sekunde.

Zur Oberflächenentwässerung und Abführung des an den Schrammborden sich sammelnden Tagwassers sind Wassereinläufe im Kuppenbereich in 3,27 m Abstand angeordnet. Mit dem nach den Seiten zunehmenden Längsgefälle vergrößert sich deren Abstand auf 6,54 bis 13,08 m. Die Einläufe münden in längslaufende Sammelrinnen mit Gefälle 1 : 150 bis 1 : 100, welche das Tagwasser in der Hauptöffnung nach den Uferpfeilern, in den Seitenöffnungen nach den Widerlagern leiten, wo es in Fallrohren abgeführt wird.

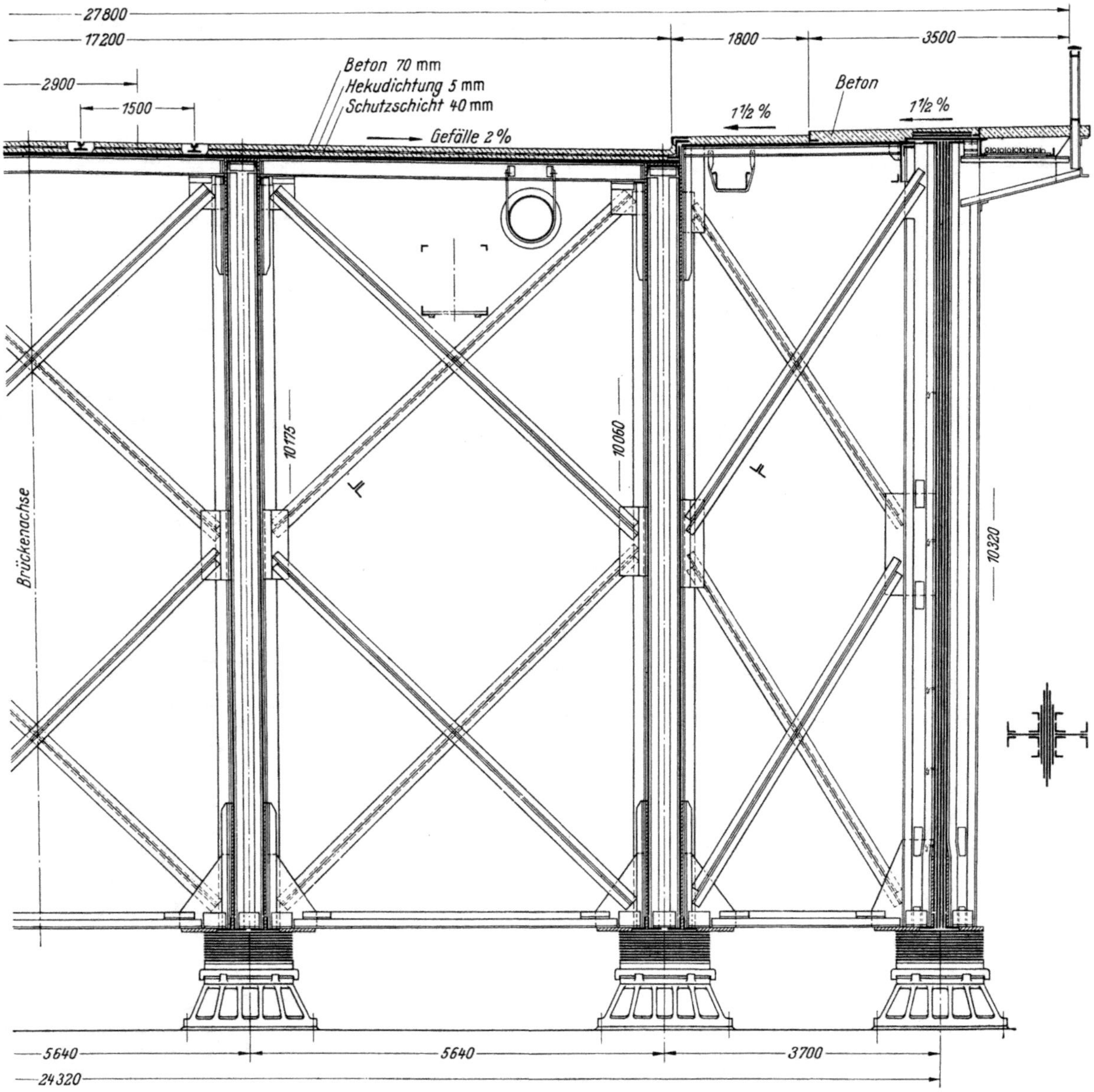

Abb. 53. „Balken 48" (Großer Balken). Querschnitt über den Uferpfeilern.

Mit der Aufstellung des Überbaues soll von beiden Widerlagern aus über feste Rüstpfeiler begonnen werden (Abb. 54). Von den Uferpfeilern aus ist in der Hauptöffnung Freivorbau vorgesehen. Dabei sollen die auf dem Wasserweg ankommenden Bauteile unmittelbar an der Verwendungsstelle hochgezogen und mit Derricks eingebaut werden.

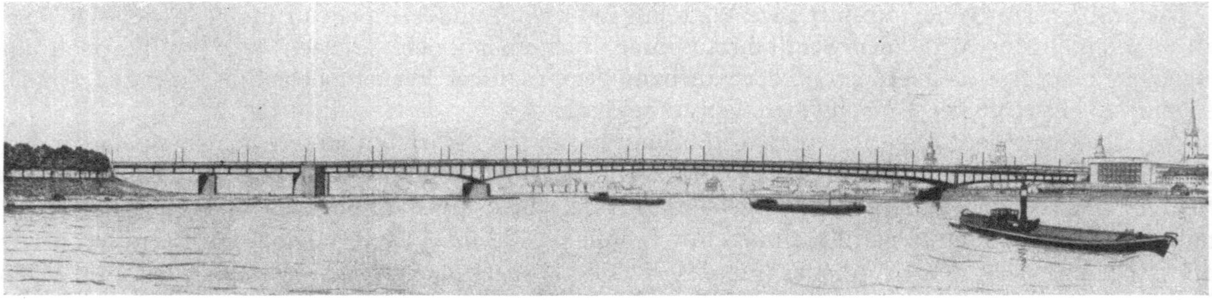

Abb. 55. „Balken 48" (Großer Balken). Schaubild.

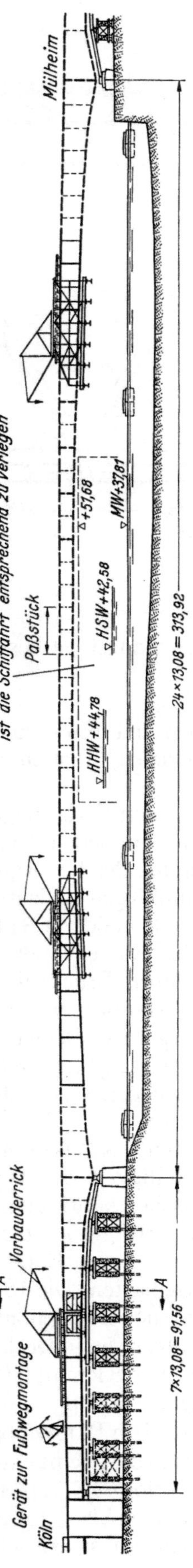

Abb. 54. Aufstellung der großen Balkenbrücke 48.

Das Konstruktionsgewicht beträgt 12656 t für den Vollausbau, und etwa 9130 t für den ersten Teilausbau. Die Baukosten sind einschließlich Tiefbau mit 16,1 Mill. RM veranschlagt.

Dieser besonders bemerkenswerte Vorschlag hatte aber kaum Aussicht auf Erfolg, da von vornherein damit zu rechnen war, daß für die Ausführung nur eine Hängebrücke in Frage kam. Um so mehr gebührt den Verfassern des Entwurfs „Balken 48, Großer Balken" Dank und Anerkennung dafür, daß sie die Möglichkeit der Bewältigung so großer Stützweiten durch eine schlanke vollwandige Deckbrücke in durchaus wirtschaftlicher Form nachgewiesen haben.

In bezug auf die Baukosten ist dieses kühne Bauwerk mit Hängebrücken gleicher Stützweiten nicht nur wettbewerbsfähig, sondern es ist der Mehrzahl dieser Vorschläge wirtschaftlich überlegen.

Wenngleich der auf den niedrigen Uferpfeiler herabgezogene Untergurt die hoch gelegene Uferstraße auf der Mülheimer Seite etwas beengt, bleibt die Gesamtwirkung des Bauwerkes doch imponierend, und im Gegensatz zur Hängebrücke läßt die gestreckte uferverbindende und natürlichste Überleitung in die beiderseitigen Landanschlüsse dem Städtebauer völlige Freiheit in der Gestaltung der Uferbebauung. Das Gesamtbild des großen Bauwerks (Abb. 55) zeigt eine schwungvolle und sehr glückliche Lösung des Baugedankens. Falls dieser Entwurf zur Ausführung gekommen wäre, hätte die Stadt Köln den Ruhm für sich in Anspruch nehmen können, die größte und wohl auch schönste Deckbrücke der Welt erbaut zu haben.

Der Vorschlag wie auch der wirtschaftlich weniger günstige Entwurf „Geba" verkörpern hervorragende Zeugnisse unaufhaltsam vorwärtsstrebender Ingenieurarbeit.

„Freie Bahn".

Verfasser: Dortmunder Union, Brückenbau AG., Dortmund, Polensky & Zöllner, Zweigniederlassung Köln. Architekten: Reg.-Baumeister a. D. Karl Haberaecker, Iserlohn, Baurat a. D. Hover, Köln-Dellbrück und Wuppertal.

Die Verfasser schlagen vor, die zerstörte Hängebrücke durch eine verkehrs- und blickfreie Deckbrücke in Kastenbauart mit obenliegender Fahrbahn zu ersetzen. Die Aufteilung der Öffnungen ist bestimmt

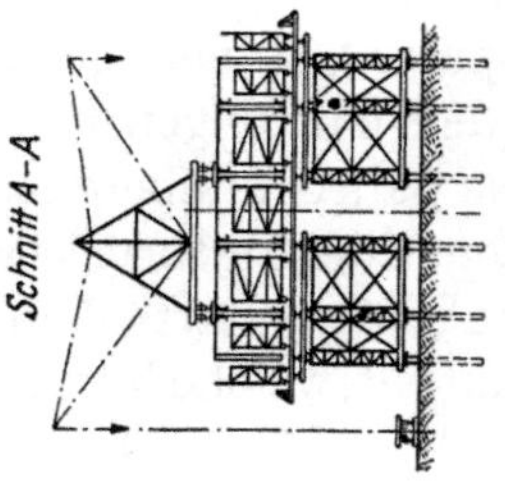

durch die vorhandenen Pfeiler und Widerlager und den Einbau eines neuen Strompfeilers. Die linksrheinischen Flutbrücken sind beibehalten. Der neue Überbau ist durch den alten breiten Verankerungspfeiler von den Flutbrücken klar getrennt (Abb. 56). Im Längenprofil der Fahrbahn wird

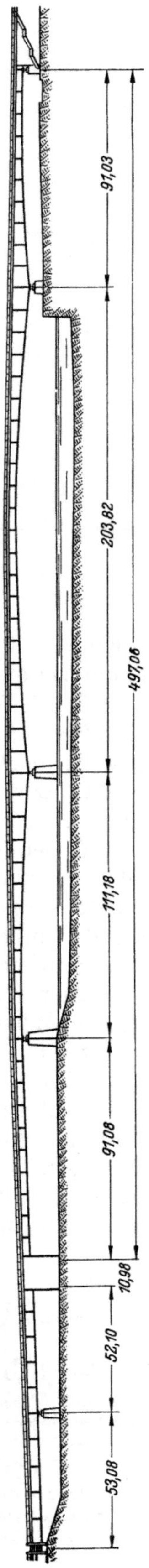

Abb. 56. „Freie Bahn", Übersicht.

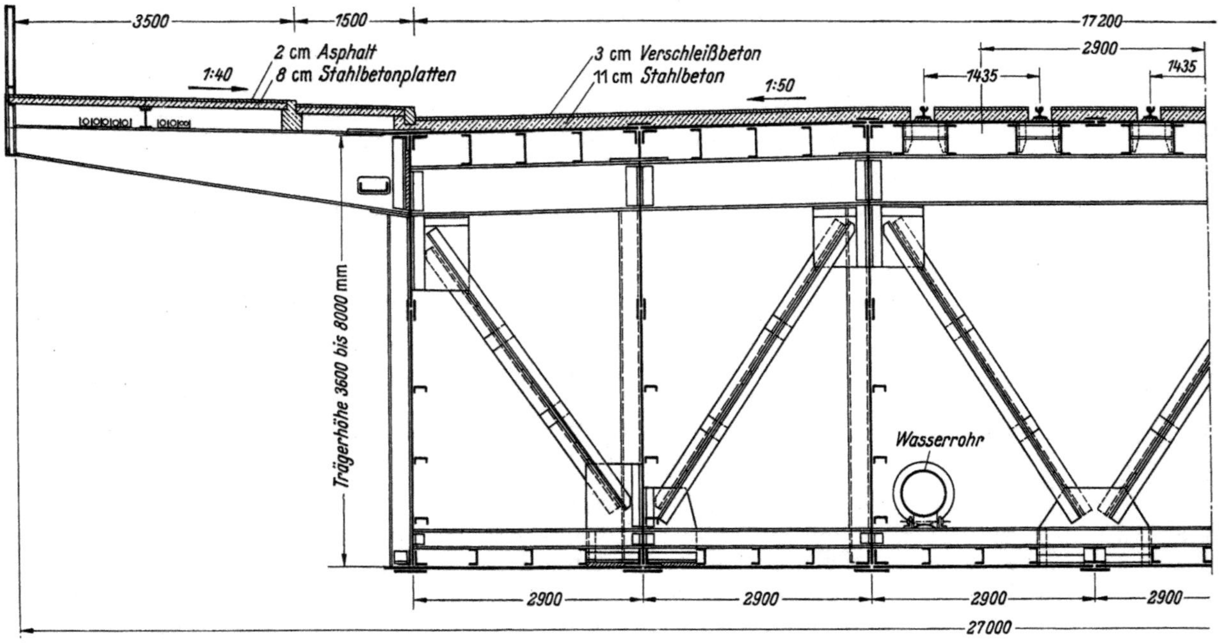

Abb. 57. „Freie Bahn", Querschnitt.

die Kuppe mit R = 11 820 m flacher ausgerundet, wodurch die Sichtweite der Fahrer verbessert und die Verkehrssicherheit auf der Brücke gehoben wird.

Der Brückenquerschnitt mit Einzelabmessungen geht aus Abb. 57 hervor.

Das fünfzellige, geschlossene Kastentragwerk mit 6 Haupttragwänden und oben und unten durchgehenden Flachblechen gestattet einen Teilausbau mit 4 Tragwänden, wobei für den 1. Ausbau eine Gesamtnutzbreite von 18,60 m (11,6 + 2 × 3,50) vorgesehen ist.

Die durchlaufenden Hauptträger sind in der Mitte der Schiffahrtsöffnung, über den Endauflagern und über dem linksrheinischen Pylonenpfeiler 3,60 m, über dem festen Lager auf dem neuen Strompfeiler und über dem rechtsrheinischen Pylonenpfeiler 8,00 m hoch. Die Schwingung des Untergurts belebt das Brückenbild und wirkt sich statisch günstig aus. Bei einer gleichmäßigen Belastung mit 400 kg/m² ergibt sich in der Schiffahrtsöffnung eine größte Durchbiegung von 60 cm oder 1/340 L.

Die Fahrbahndecke aus 14 cm Stahlbeton ist auf dem oberen Deckblech des Kastentragwerks schubsicher verankert, so daß Verbundwirkung erzielt wird. Die über die ganze Brückenlänge durchlaufenden Fahrbahnlängsträger aus [40 in 72,5 cm Abstand rechnen voll zum Hauptquerschnitt. Die unteren Gurtplatten sind durch ein System von Längs- und Quersteifen gegen Ausbeulen gesichert. Die Längssteifen werden mit zum tragenden Querschnitt gerechnet. Die Hauptträgerstegbleche sind 12 bis 18 mm dick, längs und quer ausgesteift. Alle Aussteifungen liegen im Kasteninneren mit Ausnahme der Pfosten unter den Fußwegkonsolen.

Lastverteilende Fachwerkquerscheiben in Abständen von rd. 18 m gewährleisten das Zusammenwirken aller Hauptträger bei der Lastaufnahme und eine hohe Verwindungssteifigkeit des Hohlkastens. Die in 3 m Abstand angeordneten Querträger aus I 34 sind mittels Zuglaschen kontinuierlich ausgebildet. Jeder dritte Querträger ist gleichzeitig Konsolträger. Die Geh- und Radwege bestehen aus Stahlbetonfertigplatten. Die 10 cm hohen Verbundstahlschienen der Straßenbahngleise sind auf elastischen Unterlagen in Deckenaussparungen verlegt und mit Klemmplatten auf den Gurtungen befestigt (Abb. 58).

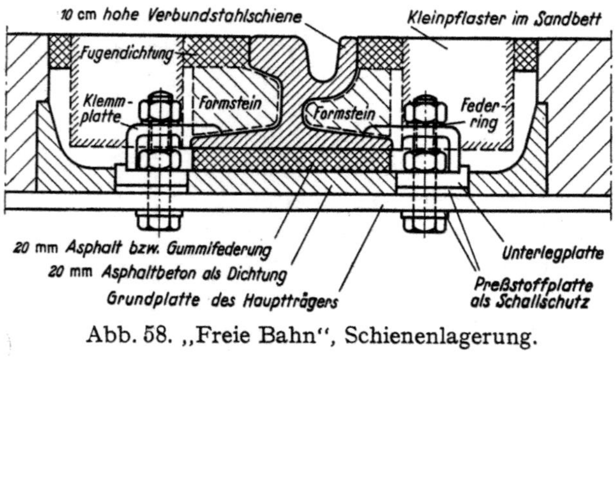

Abb. 58. „Freie Bahn", Schienenlagerung.

Die Fahrbahnübergänge zu dem Rampenbauwerk und der Flutbrücke werden durch eine patentierte Schleppplattenkonstruktion (DRP 714306) vermittelt, welche Verschiebungen bis ± 150 mm ermöglicht (Abb. 59). Auf dem linksrheinischen

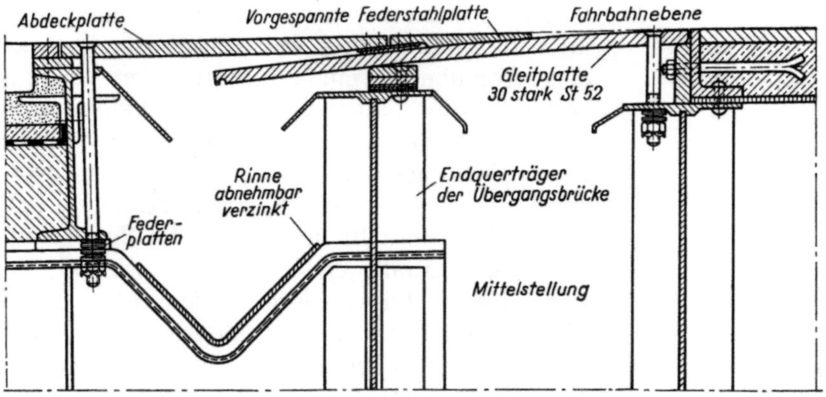

Abb. 59. „Freie Bahn", Fahrbahnübergänge.

Ankerpfeiler ist eine Übergangskonstruktion mit 11 m Stützweite eingebaut.

Die Stahlkonstruktion des Kastenträgerüberbaus ist, abgesehen von gering beanspruchten und untergeordneten Bauteilen, in St 52 vorgesehen. Für den Vollausbau sind insgesamt 7918 t, für den 1. Teilausbau 5290 t Stahl erforderlich.

Die Tiefbauarbeiten umfassen die Wiederherstellung und Ergänzung der vorhandenen Pfeiler und Widerlager, den Neubau des Strompfeilers und das Aufbringen der Fahrbahndecke. Für den neuen Strompfeiler ist Druckluftgründung vorgesehen. Die Schüttinsel wird mit einem elliptisch geformten Zellenfangedamm aus Union-Flachprofil FL 23 umschlossen. Wegen der Schwierigkeiten beim Rammen im Strom soll zuerst ein stählernes Führungsgerüst ausgeführt werden.

Die Straßendecke ist nach einem besonderen Betonierungsplan aufzubringen und mit Straßenfertigern zu verdichten.

Die Baukosten sind mit 13,3 Mill. RM veranschlagt, wovon 9,9 Mill. RM auf den Stahlbau, 3,4 Mill. RM auf den Tiefbau entfallen.

Das Schaubild (Abb. 60) zeigt die gute Wirkung der schlanken Balkenbrücke in der flachen Stromlandschaft.

Das Preisgericht hat diesen Entwurf durch einen dritten Preis ausgezeichnet.

Abb. 60. „Freie Bahn", Schaubild.

„Panther".

Verfasser: Stahlbau Rheinhausen, Fritz Pilgram, Köln-Mülheim, Wiemer & Trachte, Dortmund.
Architektonische Gestaltung: Prof. Fritz Mehrtens, Aachen.

Der Entwurf zeigt eine Vollwand-Balkenbrücke, welche dem Vorschlag „Pons renatus" ähnelt. Auch hier wird der Strom und das rechtsrheinische Ufergelände mit einem neuen Strompfeiler und einem über drei Öffnungen durchlaufenden Balken überbrückt (Abb. 61).

Abweichend von den Ausschreibungsbedingungen, ist der Strompfeiler linksrheinisch neben der großen Auskolkung des Strombettes vorgesehen, so daß sich ein symmetrisches Hauptbauwerk mit 90,99 m + 222,984 m + 90,99 m Stützweite ergibt. Die mit 4,5 m Höhe den bestehenden linksrheinischen Flutbrücken angeglichenen Balken sind in flachen, bogenförmigen Vouten auf die beiden Mittelpfeiler herabgezogen. Die 10 m hohe Blechwand am Ufer beengt etwas den Lichtraum über der Uferstraße. Immerhin liegen die Hauptträgeruntergurte der Mittelöffnung so hoch, daß sich bei der geforderten Lichthöhe des Schiffahrtsprofils eine nutzbare Schiffahrtsrinne von 140 m Breite ergibt.

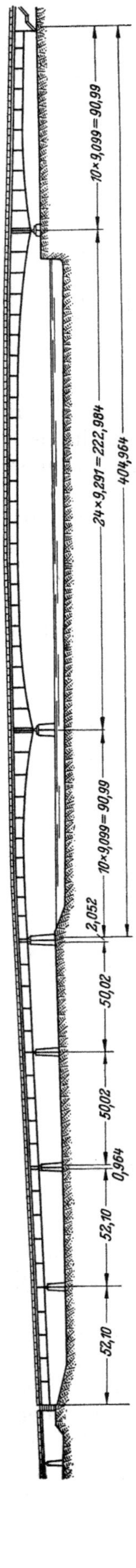

Abb. 61. „Panther“, Übersicht.

Unter Verwendung des alten linksrheinischen Ankerpfeilers und Anordnung eines weiteren Flutpfeilers schließt sich an den Stromüberbau ein über 2 Öffnungen von je 50,02 m durchlaufender Blechbalken an, dessen Höhe den vorhandenen Flutbrücken ebenfalls genau entspricht. Auf den Endpfeilern der neuen Flutbrücke sind Doppellager angeordnet, von welchen eines durch schnabelartige Überlagerung hätte eingespart werden können. Offenbar haben die Verfasser in der Doppellagerung ebenfalls einen Nachteil erblickt, denn alternativ wird eine die Lager verdeckende Vorlage empfohlen. Durch den Trennpfeiler wird das Ende der neu zu errichtenden Überbauten betont, aber das Gesamtbild des Brückenzuges nicht verbessert. Unter Beibehaltung der Höhenkosten der Fahrbahn am Mülheimer Widerlager und am Kölner Deich erhält die Fahrbahn auf der Mülheimer Seite 2%, auf der Kölner Seite 1,75% Längsgefälle bis zu den Hauptpfeilern der Strombrücke. Über der Hauptöffnung ist die Brückenfahrbahn durch eine tangential anschließende Parabel ausgerundet. Die Höhenlage im Brückenscheitel ist + 58,27 m NN.

Abweichend von den übrigen Vorschlägen der Verfasser, besteht im Bereich der Stromöffnung die Fahrbahntafel aus ausgesteiften Tonnenblechen mit schubfester Verankerung der Betondecke von 12 cm Mindeststärke an den Schrammbordkanten (Abb. 62). In der oberen Zone des Fahrbahnbetons ist eine Mattenbewehrung eingelegt. Darüber kommt eine 5 cm starke Gußasphaltauflage mit aufgerauhter, gehärteter Oberfläche. Die mit Querfugen versehene Betonfüllung der Tonnenbleche wird nicht zum tragenden Querschnitt gerechnet. Die Fahrbahntafel wiegt einschließlich der Gleiskoffer im Mittel 567 kg/m². Die Tonnenbleche sind auf den Hauptträgern gelagert, bilden mit den lastverteilenden Querscheiben in 10 m Abstand einen vierzelligen Kastenquerschnitt und sind als Obergurtteile des Haupttragwerks ausgenutzt, in ihren Dicken zwischen 13 mm und 26 mm abgestuft und durch Queraussteifungen in 1½ m Abstand und Verbundwirkung mit dem Füllbeton in der Längs- und Querrichtung gegen Ausbeulen gesichert. Zur Aufnahme ihrer Schübe sind in Abständen von je 3 m genietete Querträger vorgesehen, welche an die lotrechten Hauptträgersteifen angeschlossen sind. Die Stegbleche der Hauptträger werden zudem noch durch waagrechte]-Steifen gegen Ausbeulen gesichert. In der Ebene der Hauptträgeruntergurte ist ein aus gekreuzten Streben bestehender Windverband angeordnet. Durch Zusammenwirken mit der oberen Tonnenblechscheibe und den lastverteilenden Querverbänden ergibt sich ein verwindungssteifer Kasten. In den Widerlagern werden die negativen Auflagekräfte durch Verankerung aufgenommen.

Die Ausbildung der Rad- und Gehwege entspricht, wie auch die Entwässerung, den anderen Vorschlägen der Verfasser.

Die neuen Flutbrücken haben zwei genietete Hauptträger im Abstand von 19,2 m wie bei den anschließenden bestehenden Überbauten, geschweißte Querträger in 10 m Abstand und in den Drittelspunkten der Querträgerfelder eingebaute Zwischenträger. In Höhe der Querträgeruntergurte ist ein Windverband vorgesehen. Die Fahrbahntafel aus kreuzweis bewehrten Stahlbetonfertigplatten auf 7 Längsträgern ist wie

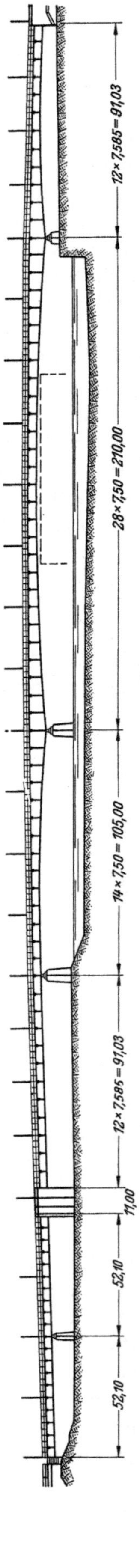

Abb. 63. „Freie Sicht“, Übersicht.

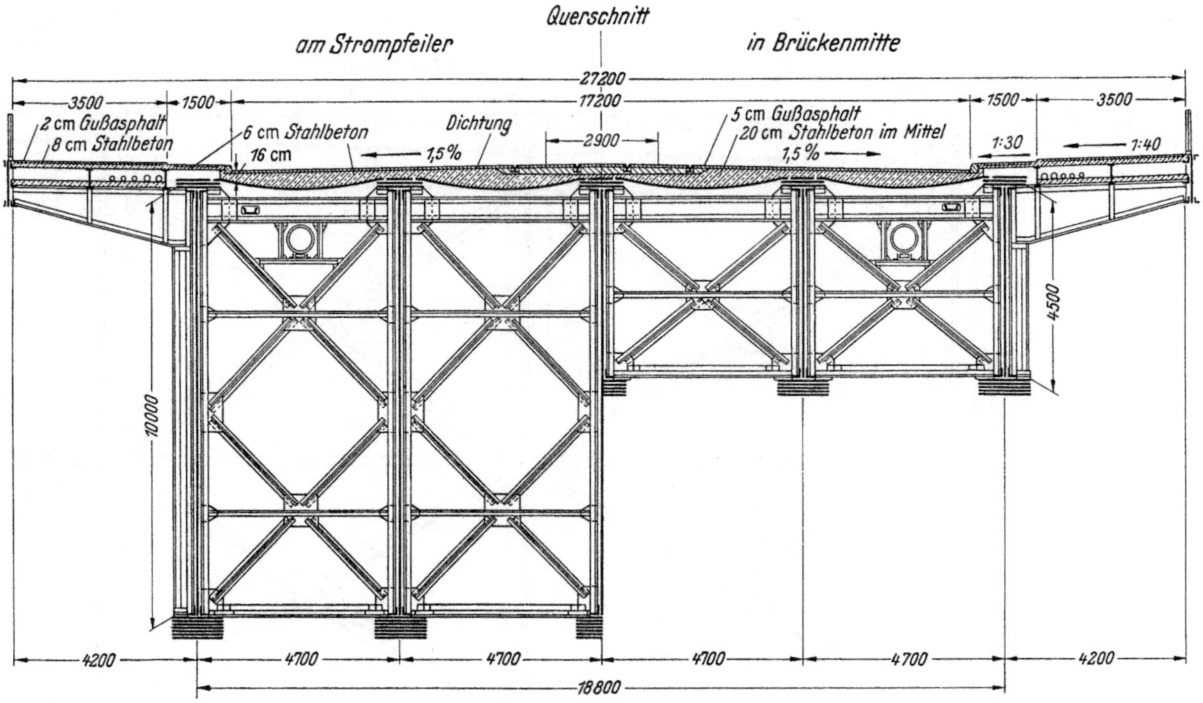

Abb. 62. „Panther", Querschnitte.

bei den Entwürfen „Diana" und „Orion" ausgebildet; auch die Fahrbahnübergänge sind die gleichen wie dort. Die größte Durchbiegung der Mittelöffnung beträgt bei voller Verkehrsbelastung 400 kg/m² im Brückenscheitel 0,521 m oder 1/428 der Stützweite, die Querverdrehung an dieser Stelle bei halbseitiger Belastung von Brückenachse bis zum Geländer etwa 1,2%.

Das Konstruktionsgewicht beträgt 8429 t. Für die Hauptkonstruktionsteile ist St 52 vorgesehen. Außerdem haben die Verfasser einen Vorschlag durchgearbeitet, welcher bei Verwendung eines hochgekohlten Mangan-Silizium-Stahles mit 60 bis 70 kg/mm³ Festigkeit, 40 kg/mm³ Fließgrenze und 18% Mindestbruchdehnung eine Stahlersparnis von 600 t oder rd. 6,4% des Gesamtgewichtes ergab.

Die Aufstellung wird mit den Überbauten der Flutöffnungen und der rechtsrheinischen Seitenöffnung auf festen Stahlrüstungen eingeleitet. Für den Einbau der linksrheinischen Seitenöffnungen werden 4 Behelfsjoche aus Stahlrohren gerammt. Auf der Mülheimer Seite können die stählernen Gerüste auf Schwellenstapeln abgesetzt werden. Nach Verankerung der Trägerenden an den Widerlagern folgt dann der Freibau der Mittelöffnung von beiden Seiten.

Für den Unterhaltungsdienst sind in jeder Öffnung Besichtigungwagen vorgesehen, welche auf Laufbahnträgern verfahren und nach dem Gebrauch wieder beseitigt werden, damit sie das Brückenbild nicht stören.

„Freie Sicht".

Verfasser: Hein, Lehmann & Co. AG., Düsseldorf, Neußer Eisenbau, Neuß, Peter Bauwens, Köln, Architektonische Gestaltung: Arch. P. E. SCHNEIDER, Essen-Köln.

Über einen neu zu errichtenden Strompfeiler werden nach diesem Entwurf Strom- und Seitenöffnungen mit einem über 4 Öffnungen durchlaufenden 4zelligen, geschlossenen torsionssteifen Kastentragwerk überbrückt. (Abb. 63 u. 64.) Die Trägerhöhe nimmt von 2,90 m am linksrheinischen Flutüberbau bis 7,80 m über dem neu zu errichtenden Strompfeiler zu. Über der Schiffahrtsöffnung verläuft die untere Gurtung in einem flachen symmetrischen Bogen. Bis zum letzten Viertel der

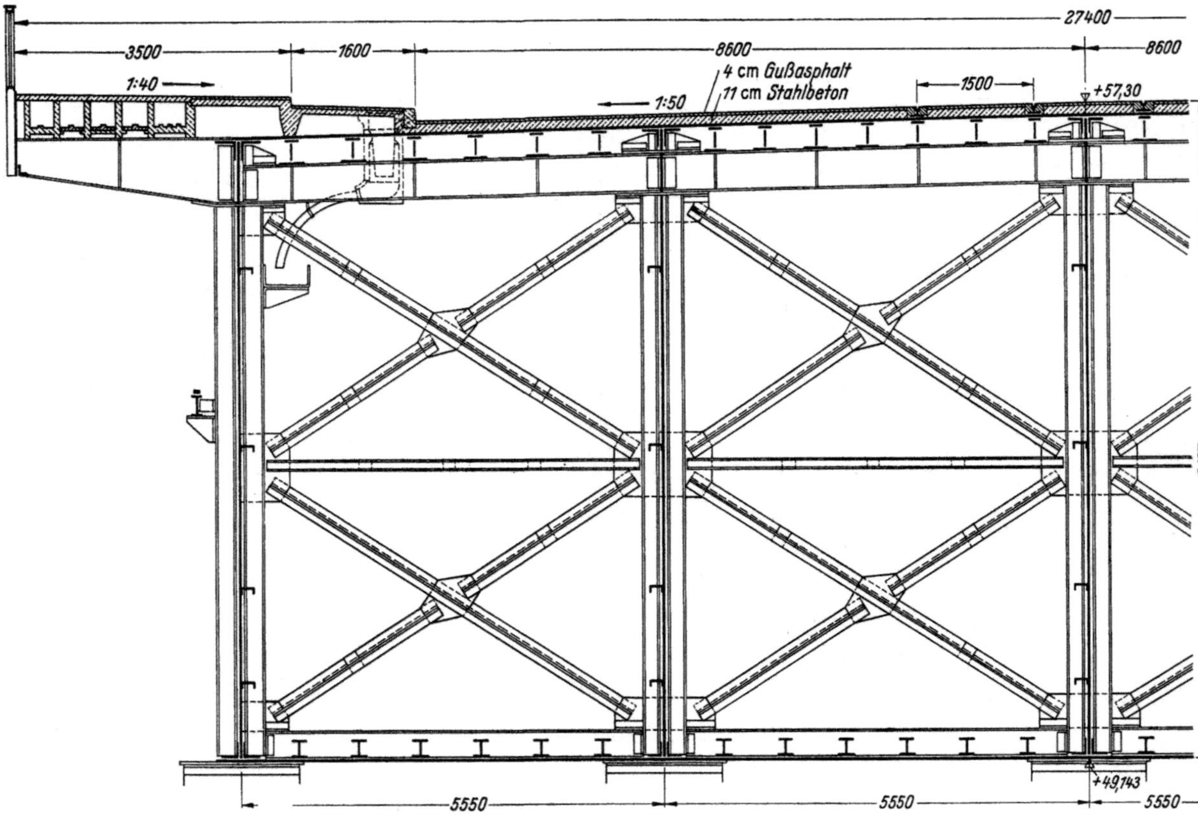

Abb. 64. „Freie Sicht", Querschnitt am Strompfeiler.

rechtsrheinischen Seitenöffnung nimmt die Trägerhöhe auf 3,9 m ab. Die obere Gurtung verläuf parallel zur Fahrbahnlinie, deren Höhenlage über dem rechtsrheinischen Uferpfeiler etwas gehobe wurde und zum Mülheimer Rampenbauwerk mit 1 : 35 fällt. Auf der Mülheimer Werft wird die Kon struktionsunterkante der bisherigen Brücke nicht unterschritten. Der neue Strompfeiler, auf welchen der Überbau fest gelagert wird, ist wie beim Entwurf „Saldo" mit einem Stahlbetonsenkkaste gegründet. Die beweglichen Pendellager sind in die Unterbauten eingelassen, so daß sämtliche Lage in der Ansicht gleich hoch erscheinen. In der Mitte der Stromöffnung ist die Durchbiegung be ungünstigster Verkehrsbelastung 0,417 m.

Als besonderen Vorteil des Entwurfes heben die Verfasser hervor, daß er einen vorläufigen Teil ausbau mit 3 Stegblechwänden, 9,3 m Fahrbahnbreite und mit zwei 3,5 m breiten Gehwegen er möglicht. In diesem Falle ist mit einem Konstruktionsgewicht von 4489 t zu rechnen, beim sofortige Vollausbau mit 8026 t.

Die vorhandenen Pfeiler müssen aufgehöht werden. Der neue Strompfeiler ist mit Senkkasten ge gründet, welcher auf einer zwischen Spundwänden geschütteten Insel hergestellt werden soll. De linksrheinische Übergangspfeiler ist durch Vorbauten betont. Das rechtsrheinische Widerlager is ebenfalls auf Senkkasten gegründet.

In den Seitenöffnungen wird auf festen Gerüsten und Hilfsjochen montiert. Der Stromüberbau wird von beiden Seiten her frei vorgebaut.

Die glückliche Gestaltung kommt im Schaubild (Abb. 65) zum Ausdruck.

Abb. 65. „Freie Sicht", Schaubild.

„Kaba".

Verfasser: Gutehoffnungshütte Oberhausen-Sterkrade AG., Dr.-Ing. Fritz Leonhardt, Stuttgart, Philipp Holzmann AG., Frankfurt a. M., Arch. Gert LOHMER, Köln

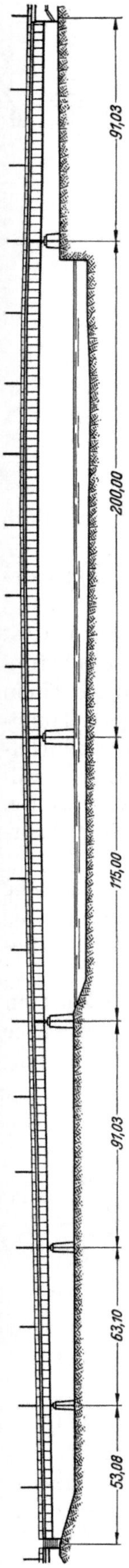

Abb. 66. „Kaba", Übersicht.

Von der in den Wettbewerbsbedingungen gegebenen Anregung ausgehend, die große Stromöffnung durch den Einbau eines neuen Pfeilers aufzuteilen, schlagen die Verfasser eine Balkenbrücke vor, welche vom linksrheinischen Hochwasserdeich bis zum Rampenbauwerk auf der Mülheimer Seite reicht (Abb. 66). Da die beschädigten Flutbrücken mit ihrer großen Bauhöhe das Gesamtbild der Balkenbrücke beeinträchtigen würden, sind die alten Überbauten durch neue ersetzt. Die Bauhöhe von 6,20 m im Brückenscheitel über der Mitte der Schiffahrtsöffnung des über 5 Zwischenstützen durchlaufenden Balkenträgerüberbaus nimmt nach den Widerlagern zu, den kleiner werdenden Stützweiten entsprechend bis auf 3,40 m am Kölner Widerlager ab. Die außerordentliche Schlankheit wird mit einer Hohlkastenbauart erzielt (Abb. 67 umseitig). Das obere Deckblech des 3zelligen Kastentragwerkes ist durch Längsträger ausgesteift, das untere Deckblech ist im Mittelteil unterbrochen und durch einen Kreuzstrebenverband ersetzt. Die lastverteilenden Querscheiben sind als Fachwerke mit biegungsfesten Obergurten zur Auflagerung der Längsträger ausgebildet und in rd. 10 m Abstand angeordnet. Weit ausladende Konsole für die Rad- und Gehwege, Randträger und Geländer gliedern und beleben die Ansichtsflächen und lassen durch Schattenwirkung den Blechträger noch schlanker erscheinen. Die 14 cm dicke kreuzweise armierte Stahlbetondecke ist mit dem oberen Deckblech schubfest verbunden.

Die vorhandenen Pfeiler werden aufgehöht und erhalten wie der neue Strompfeiler eine Vermauerung mit Sandsteinquadern. Das Konstruktionsgewicht beträgt 9410 t.

„Die Linie".

Verfasser: Aug. Klönne, Dortmund, Dyckerhoff & Widmann KG., Niederlassung Köln. Architektonischer Mitarbeiter: Baurat Th. TEICHEN, Köln.

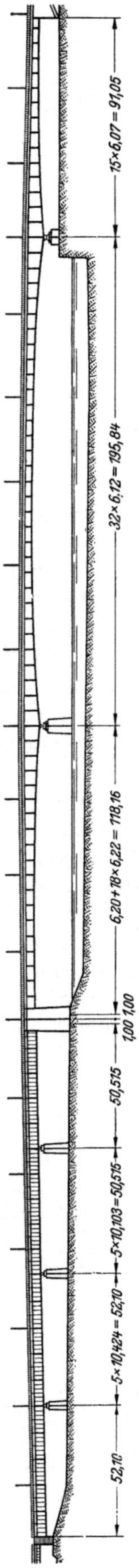

Abb. 68. „Die Linie", Übersicht.

Unter Einbau eines neuen Strompfeilers in 195 m Abstand vom Mülheimer Uferpfeiler wird eine Deckbrücke mit vollwandigen Hauptträgern vorgeschlagen (Abb. 68). Die eigentliche Strombrücke besteht aus einem über 3 Öffnungen durchlaufenden Hohlkastentragwerk von etwa 3,5 m Höhe an den Widerlagern und in der Mitte der Stromöffnung und etwa 7,0 m Höhe über den Strompfeilern. Die Flutbrücken werden unter Einbeziehung der beiden vorhandenen Überbauten zu einem einheitlichen, über 4 Öffnungen durchlaufenden Tragwerk zusammengefaßt. In Anpassung an die bestehenden Überbauten sind die neuen ebenfalls mit 2 Hauptträgern ausgebildet. Für die Flutbrücken sind 2 weitere Pfeiler neu aufzubauen.

In der Absicht, die Strombrücke und die Flutüberbauten für das Auge deutlich zu trennen, ist der linksrheinische Uferpfeiler etwas verbreitert und bis zum Geländerholm hochgezogen. Die Beschränkung der Hauptträgerhöhe am Mülheimer Uferpfeiler

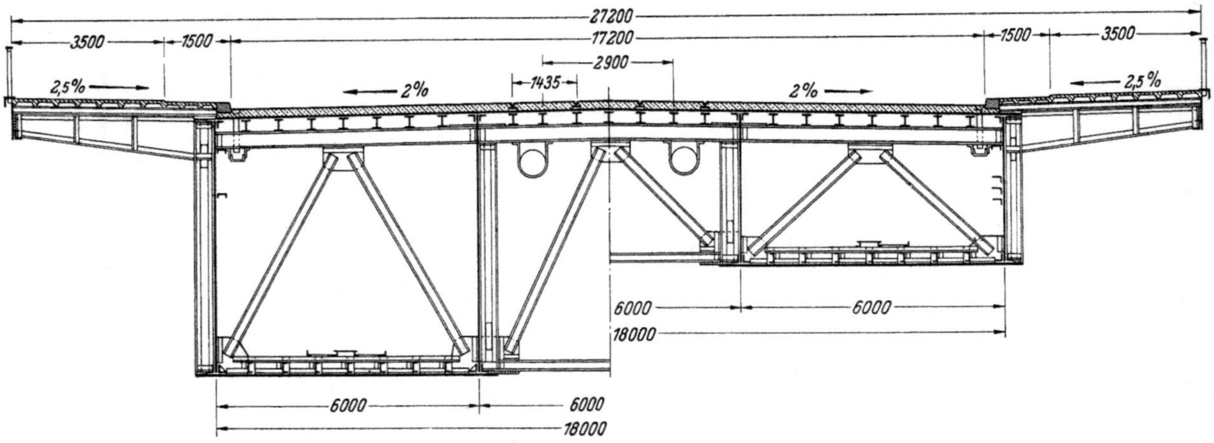

Abb. 67. „Kaba", Querschnitt.

auf 7,0 m ist für die Unterführung der Uferstraße günstig. Die Steigungsverhältnisse der alten Brücke konnten durch Senkung des Fahrbahnscheitels um 65 cm verbessert werden.

Die Fahrbahntafel der Strombrücke (Abb. 69) entspricht in allen Einzelheiten derjenigen des Entwurfes: „Der Aufbau" (Abb. 150).

Im Bereich der neuen Flutüberbauten entspricht die Fahrbahnausbildung der des Entwurfes: „Die Brücke" (Abb. 70). Auf den in 2,9 m Abstand angeordneten Längsträgern sind Fertigstahlbetonträger dicht an dicht verlegt, auf welchen der Fahrbahnbeton aufgebracht wird. Da diese 23 cm dicke Platte unabhängig von der Stahlkonstruktion bleiben soll, sind über den Querträgern Trennfugen vorgesehen. Die Fahrbahnplatte ist mit einer Verschleißschicht versehen, so daß sie unmittelbar befahren werden kann. Die Straßenbahngleise liegen auf einer 20 cm dicken tragenden Stahlbetonplatte. Der Raum zwischen den Schienen wird mit Füllbeton und oben mit einer härteren Verschleißschicht ausgefüllt. Unmittelbar neben den Schienen ist eine Asphaltbetonfüllung vorgesehen, welche bei Auswechslung der Schienen leicht beseitigt werden kann.

Ähnlich wie bei dem Entwurf „Der Aufbau" ist das 6zellige, verwindungsfeste, geschlossene Kastentragwerk ausgebildet. Die Stahlbetonplatte wirkt in den Druckbereichen der Obergurte als mittragender Querschnitt. In den Zugbereichen werden die Spannungen durch entsprechende Bewehrung mit zusätzlichem Drahtgewebe aufgenommen.

Die Stärken der Hauptträgerstegbleche schwanken zwischen 14 und 20 mm, die der Deckplatten zwischen 20 und 40 mm. Die in 10,1 m Abstand liegenden Querträger sind genietet, die Hauptträger geschweißt. Durch geschweißte senkrechte Steifen werden die genieteten Hauptträger in Felder ein-

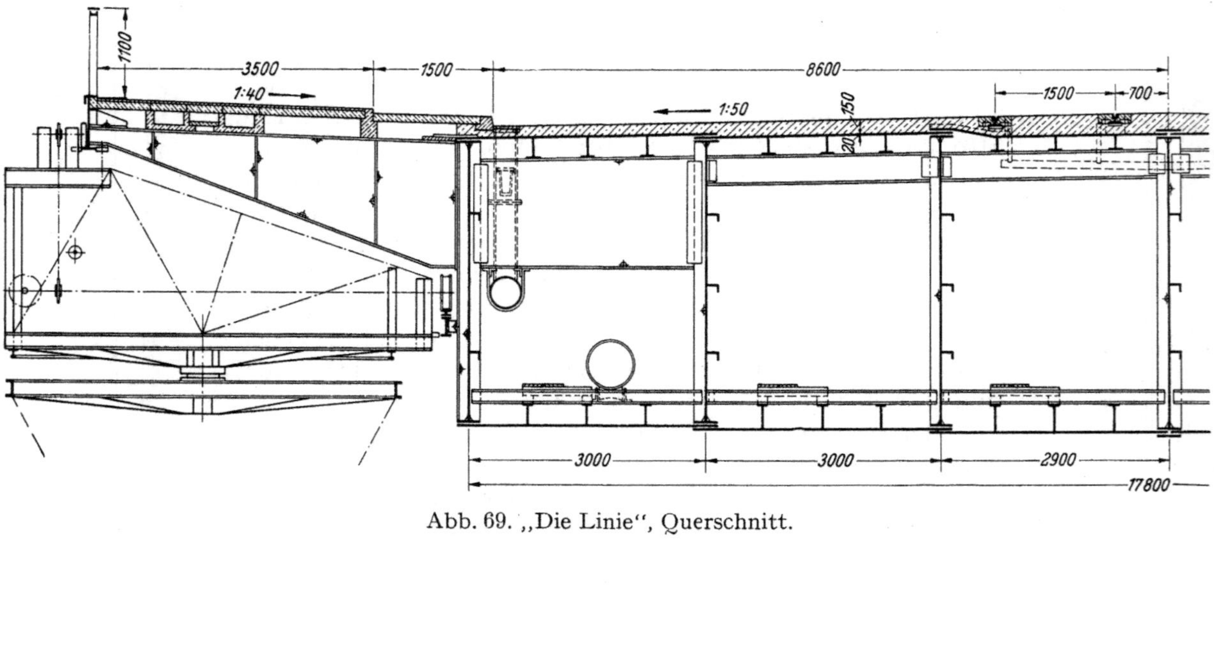

Abb. 69. „Die Linie", Querschnitt.

geteilt, welche mit den bestehenden Überbauten übereinstimmen. Auch die Hauptträgerhöhe ist diesen Überbauten angepaßt. Fußwegkonsolen und Randträger stimmen mit den Nachbaröffnungen überein.

In Höhe der Längsträgeruntergurte ist zwischen den drei mittleren Längsträgern ein Windverband vorgesehen.

Für Überholungsarbeiten sind an der Strombrücke Besichtigungswagen vorgesehen, welche unterhalb der Fußwegkonsolen auf Schienen laufen und in Kammern am Mülheimer Widerlager untergebracht werden. (Abb. 69). An einem Oberwagen mit 4 Laufrädern ist ein Unterwagen mit absenkbarer Bühne drehbar angehängt. Eine weitere Bühne kann etwa 5 m weit ausgeschoben werden, so daß von hier aus die Mitte des Überbaus erreicht wird. Das Fahrwerk mit 12 PS-Motor befindet sich auf dem Oberwagen und kann auch von Hand betätigt werden.

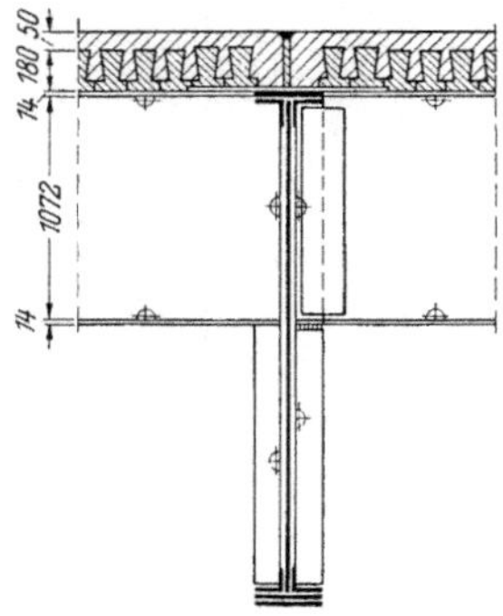

Abb. 70. „Die Linie" Fahrbahnausbildung der Flutbrücken.

Das Konstruktionsgewicht des Überbaus beträgt 9210 t. Die Aufstellung erfolgt im Bereich der Flutöffnungen und der beiden Seitenöffnungen des Stromüberbaus auf festen Rüstungen, in der Stromöffnung im Freivorbau.

Die vorhandenen Pfeiler und Widerlager können mit geringfügigen Umbauten wieder verwendet werden. Die Schaftabmessungen des neuen Strompfeilers entsprechen denen des rechtsrheinischen Uferpfeilers. Bei der beträchtlichen Gründungstiefe auf 23 m über NN wird Druckluftgründung mit an Land hergestellten und eingeschwommenen Senkkasten empfohlen. Der linksrheinische Endpfeiler des Stromüberbaus wird auf den Grundkörper des alten Pylonenpfeilers aufgebaut. Ein Flutpfeiler kommt auf das Fundament des bisherigen Verankerungspfeilers zu stehen. Für den weiteren Flutpfeiler ist Gründung zwischen Spundwänden in offener Baugrube vorgesehen.

Das Schaubild (Abb. 71) zeigt die Wirkung der neuen Brücke in der Stromlandschaft und die Einordnung in das Mülheimer Stadtbild.

Abb. 71. „Die Linie", Schaubild.

„Segment".

Verfasser: Demag AG., Duisburg, Philipp Holzmann AG., Niederlassung Köln. Architekt Dip.-Ing., HEIN NOECKER, Köln.

Unter Beseitigung des alten linksrheinischen Verankerungspfeilers und Einbau von 2 neuen Pfeilern sieht dieser Entwurf eine Balkenbrücke vor, deren Stützweiten vom Kölner Deich aus bis zur großen Stromöffnung von 52,1 m bis 202,5 m anwachsen (Abb. 72). Die beiden bestehenden linksrheinischen Flutüberbauten sind in den neuen Brückenzug miteinbezogen. Der neu zu gründende Strompfeiler wird wegen des vorhandenen Kolks nach links herausgerückt und in 112,5 m Abstand von dem ehemaligen linksrheinischen Pylonenpfeiler errichtet. Der alte Ankerpfeiler wird abgetragen und der anschließende Flutüberbau als Schleppträger auf einem 21,5 m langen Kragarm des neuen Überbaues abgestützt. Die Systemskizze Abb. 73 zeigt die Aufteilung des Brückenzuges.

Die vollwandigen Hauptträger laufen mit wechselnder Höhe über 4 Öffnungen durch. Die größte Trägerhöhe mit 8,40 m wird bei Pfeiler 7a (Abb. 71) erreicht. Am linksrheinischen Kragende

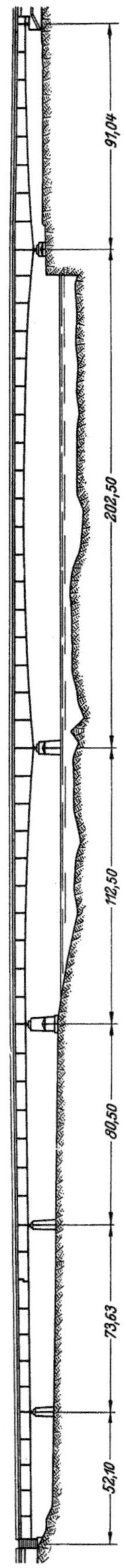

Abb. 72. „Segment", Übersicht.

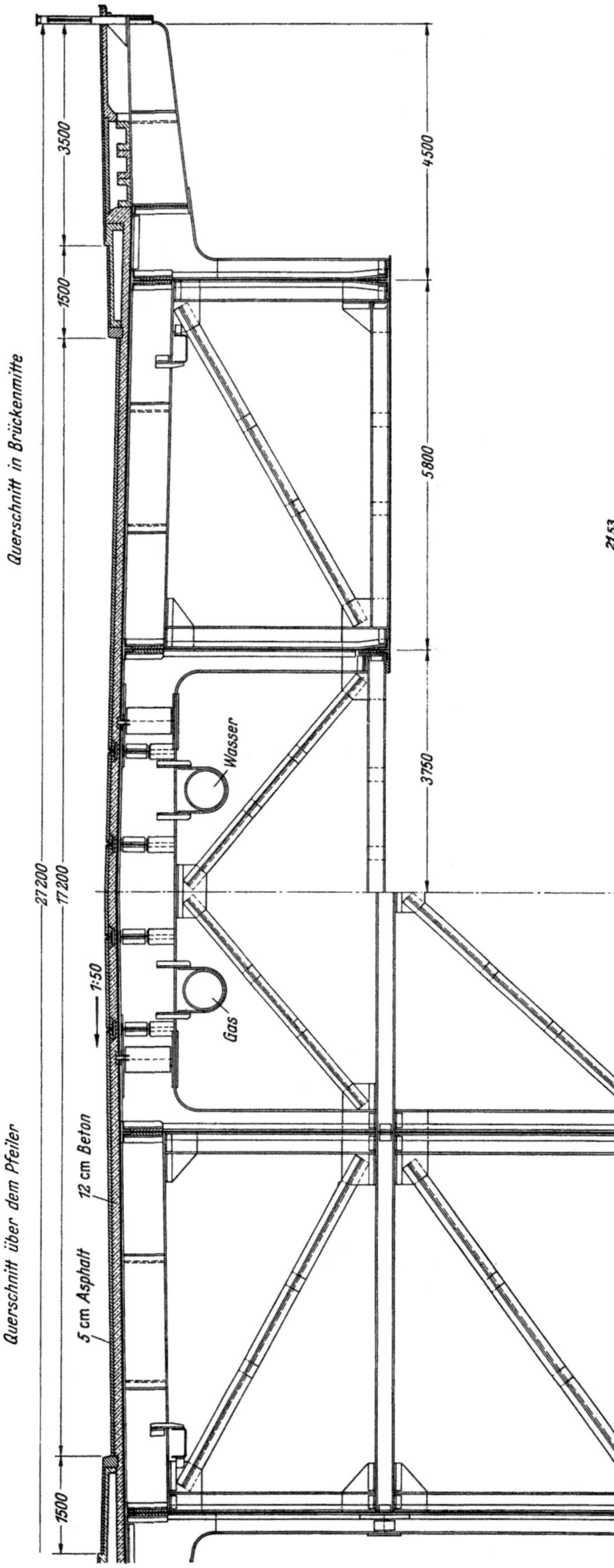

Abb. 74. „Segment", Querschnitte.

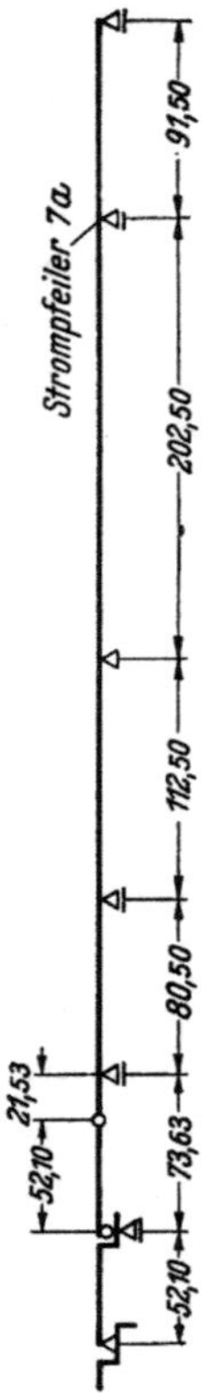

Abb. 73. „Segment", Balkenschema.

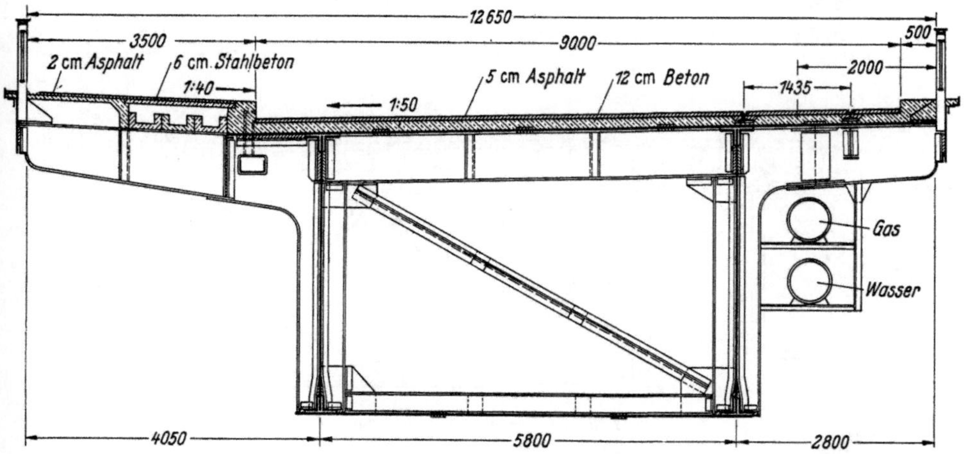

Abb. 75. „Segment“, Querschnitt für den Teilausbau.

entspricht die Höhe der neuen Blechträger derjenigen der bestehenden Flutüberbauten. Der Fahrbahnscheitel konnte auf + 57,59 m über NN gesenkt werden. Die Kuppe ist parabelförmig ausgerundet, wobei sich linksrheinisch eine größte Neigung von 1 : 75 und rechtsrheinisch eine solche von 1 : 47 anschließt.

Die unter der Fahrbahn angeordneten Hauptträger sind zu 2 geschlossenen Kasten mit je 5,80 m Wandabstand zusammengefaßt, welche in sich und gegeneinander durch senkrechte und waagerechte Verbände versteift sind (Abb. 74). Die Deckbleche der Zellen sind als mittragende Querschnittsteile des Haupttragwerks ausgenützt. Der Abstand der Querträger beträgt 11,25 bis 11,5 m, die oberen Deckbleche sind außerdem in Abständen von rd. 3,75 m durch Zwischenquerträger nochmals unterstützt.

Unter den Straßenbahnschienen sind im unten offenen Mittelstreifen der Fahrbahn I-Längsträger angeordnet, welche in größeren Abständen unterbrochen sind, um Zusatzspannungen aus den Hauptträgerkräften auszuschalten. Zur Stoßdämpfung sind unter den Schienen 2 cm dicke Hartgummiplatten und 5 cm Beton als Zwischenlage vorgesehen.

Der Fahrbahnausgleich erfolgt in der gleichen Weise wie bei anderen Entwürfen der Verfasser.

Das Konstruktionsgewicht beläuft sich auf 9411 t. In der Stromöffnung wird die größte Durchbiegung 0,415 m.

Als besonderer Vorzug des Entwurfes wird die Möglichkeit eines Teilausbaus für eine 9 m breite Fahrstraße mit 0,5 m Schrammbord, einem 3,5 m breiten Fußweg und einem Straßenbahngleis in einseitiger Lage angegeben (Abb. 75). In diesem Falle beträgt das Konstruktionsgewicht 4733 t, also fast nur die Hälfte des Vollausbaus.

„Geba“.

Verfasser: G. H. H. AG., Oberhausen-Sterkrade, Philipp Holzmann AG., Frankfurt a. M. Architekt Dipl.-Ing. Gert Lohmer, Köln.

Der Rheinstrom wird mit einer Vollwandbalkenbrücke von 315 m Stützweite ohne Zwischenpfeiler im Strom überspannt (Abb. 76). Das Kastentragwerk hat über den alten Pylonenpfeilern weit ausschwingende, bogenförmige Vouten, welche in den Seitenöffnungen abklingen. Die erhalten gebliebenen, aber beschädigten linksrheinischen Flutüberbauten sollen nach diesem Vorschlag abgebrochen werden, weil ihre Eingliederung in den neuen Brückenzug kein günstiges Bild ergeben würde. Die neue Brücke erstreckt sich bis zu dem

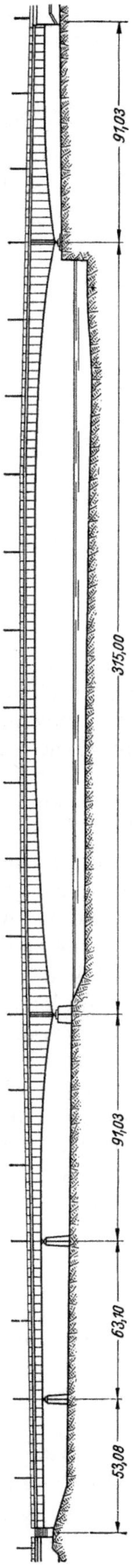

Abb. 76. „Geba“, Übersicht.

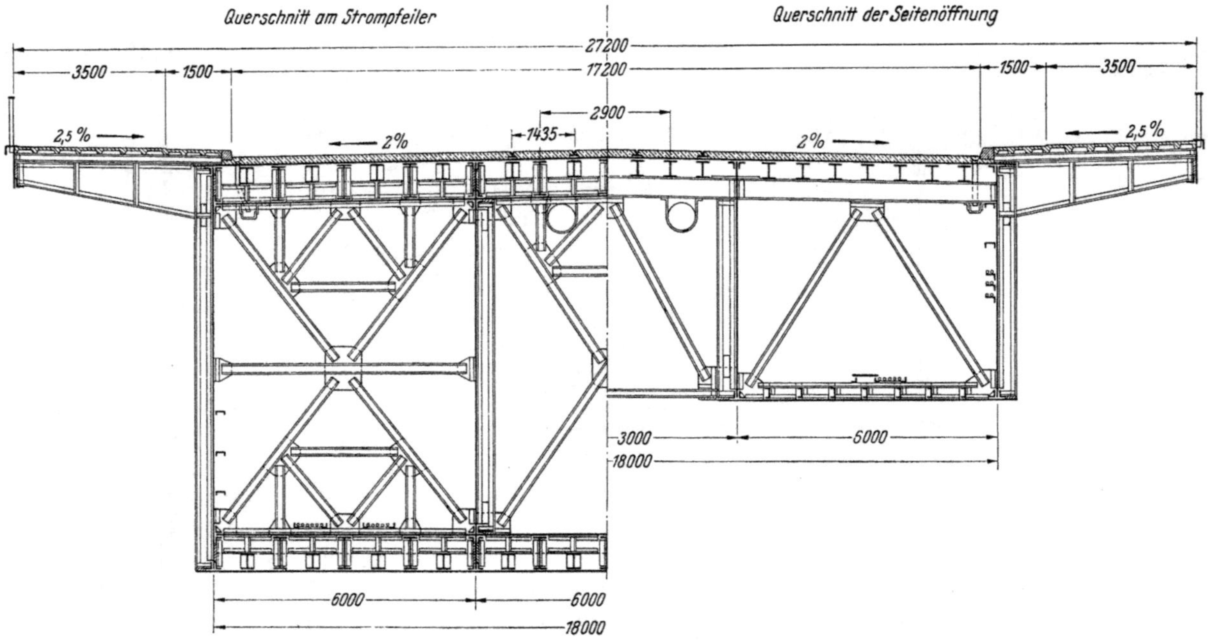

Abb. 77. „Geba", Querschnitte.

Übergangspfeiler am Kölner Deich. Der Stahlüberbau läuft über 6 Stützen kontinuierlich durch. Die Stegblechhöhe beträgt im Brückenscheitel 4,8 m, über den Strompfeilern 10,8 m.

Der Querschnitt (Abb. 77) ist als geschlossener Hohlkasten ausgebildet, wie er bereits bei einigen neueren Brücken ausgeführt worden ist. Die Zellenbauart ermöglicht niedrige Bauhöhen und bringt statische und konstruktive Vorteile.

Der Stromüberbau besteht aus einem verwindungssteifen, dreizelligen Kastentragwerk mit vier Stegblechen und günstiger Werkstoffverteilung. Die oberen, als Fahrbahntafel dienenden Deckbleche erstrecken sich über die ganze Breite der in 6 m Abstand angeordneten lotrechten Stegbleche, welche paarweise zu zwei Hohlkasten zusammengefaßt sind. Kräftige Querscheiben sichern das Zusammenwirken aller Teile auch bei einseitiger Belastung. Die gleichmäßig über den ganzen Brückenzug eingehaltene Felderteilung beträgt 10,5 m. Die oberen Deckbleche sind durch kontinuierliche I-Längsträger ausgesteift. Die unteren Platten erhalten Längssteifen und [-Quersteifen. Längsträger und Längssteifen sind mittragende Querschnittsteile des Haupttragwerkes. Zwecks Verteilung örtlicher Verkehrslasten auf mehrere Längsträger sind in jedem Feld noch 2 Zwischenquerträger angeordnet.

Geschweißte Konsole und auf den Randträger abgestützte Zwischenkonsole tragen die aus Fertigbetonplatten mit 2 cm Asphaltbelag bestehenden Geh- und Radwege.

Über den Strompfeilern sind zur Aufnahme der großen Biegemomente an Stelle einfacher Deckbleche kastenförmige 80 cm hohe Hohlkörper vorgesehen. Der untere Hohlkörper hat auch die Ablenkkräfte aus der Krümmung aufzunehmen. Das obere Deckblech ist in Abständen von je 1,5 m

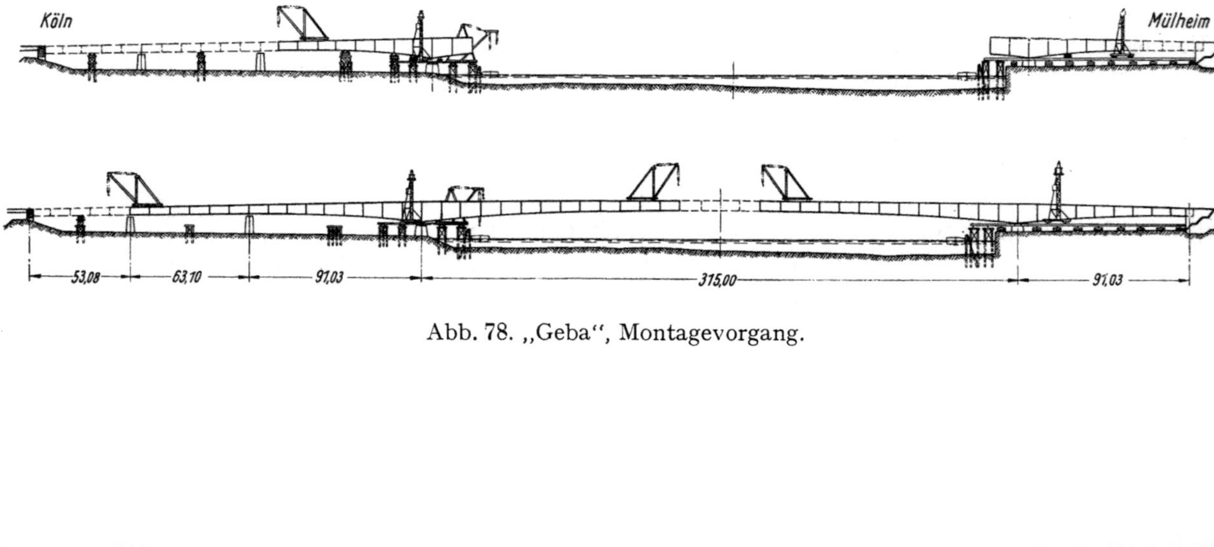

Abb. 78. „Geba", Montagevorgang.

Abb. 79. „Geba“, Schaubild.

durch Längs- und Zwischenträger ausgesteift. Der Brückenzug ist auf dem linksrheinischen Uferpfeiler festgelagert. Auf den Uferpfeilern erstrecken sich die Linienkipp- bzw. Linienpendellager über die ganze Brückenbreite, während auf den übrigen Pfeilern Einzellager unter den Stegen angeordnet sind.

Die Fahrbahndecke besteht aus 14 cm Stahlbeton wie beim Entwurf „Reno“ der gleichen Verfasser. Zum Ausgleich der negativen Auflagekräfte wird die Stahlkonstruktion über dem linksrheinischen Vorlandpfeiler mit 1320 m^3 Füllbeton am rechtsrheinischen Widerlager mit 1000 m^3 Füllbeton belastet. Der Rest des negativen Auflagerdrucks wird durch vier Ankerpendel übertragen.

Die vorhandenen Pfeiler können mit geringfügigen Änderungen wieder benutzt werden. Auf dem Senkkasten des alten linksrheinischen Verankerungspfeilers, welcher abgebrochen werden muß, kann der neue Pfeiler erstellt werden.

In der Mitte der Hauptstromöffnung wurde die größte Durchbiegung zu 1,12 m oder 1/280 L ermittelt und über den Begrenzungspunkten des Schiffahrtsprofils zu 1,0 m.

Das Gesamtgewicht des Überbaues beträgt 16970 t. Hiervon entfallen auf die Hauptträger 14338 t St 52, auf Verbände, Konsole und Geländer 2351 t St 37 und auf Lager und Übergangskonstruktionen 288 t Stahlguß.

Die Aufstellung der Brücke (Abb. 78) ist in der Weise gedacht, daß zunächst an den Uferpfeilern unter Zuhilfenahme von gerammten Jochen nach beiden Seiten zwei Felder vorgestreckt werden. Dann schließt sich über Rüstjoche Freivorbau bis zu den Widerlagern an. Der anschließende Freivorbau in der Stromöffnung kann ohne Behelfsjoche erfolgen, da die bereits aufgebrachten Ballastgewichte und die rechtsrheinische Verankerung ausreichende Standsicherheit gewährleisten.

Die Baukosten sind mit 21,1 Mill. RM veranschlagt, wovon 1,1 Mill. RM auf den Tiefbau und 20,0 Mill. RM auf den Stahlbau entfallen.

Wie Abb. 79 zeigt, steht die große Balkenhöhe über den Strompfeilern in gutem Verhältnis zu der weiten Stromöffnung und beeinträchtigt keineswegs die schlanke Linie des Brückenzuges.

Wegen der hohen Baukosten kann der kühne Entwurf zur Zeit nicht verwirklicht werden.

„Viergespann“.

Verfasser: Hein, Lehmann & Co. AG., Düsseldorf, Neußer Eisenbau Bleichert, Neuß, Peter Bauwens, Köln. Architekt P. E. Schneider, Essen-Köln.

Der Entwurf sieht eine Zügelgurtbrücke vor. Diese Bauform ist 1920 von Dr.-Ing. Voß, Kiel, erstmals für eine Straßenbrücke über die Weichsel bei Thorn[3] vorgeschlagen und dann im Jahr 1937 bei der großen Straßenbrücke über den Rhein bei Krefeld ausgeführt worden.

Der über 3 Öffnungen in gleicher Höhe durchlaufende Vollwandbalken ist als 3,50 m hoher, vierzelliger, geschlossener Kasten ausgebildet (Abb. 80). Im Vergleich zu einer Hängebrücke ist die größere Steifigkeit hervorzuheben.

Der Kastenquerschnitt ist aus Abb. 81 zu ersehen. Dicht bei den Pylonen sind Gelenke vorgesehen und in der Hauptöffnung 2 weitere Gelenke, so daß sich ein Schwebeträger von 44,79 m Stützweite

[3] „Der Bauingenieur“ 1922 S. 162.

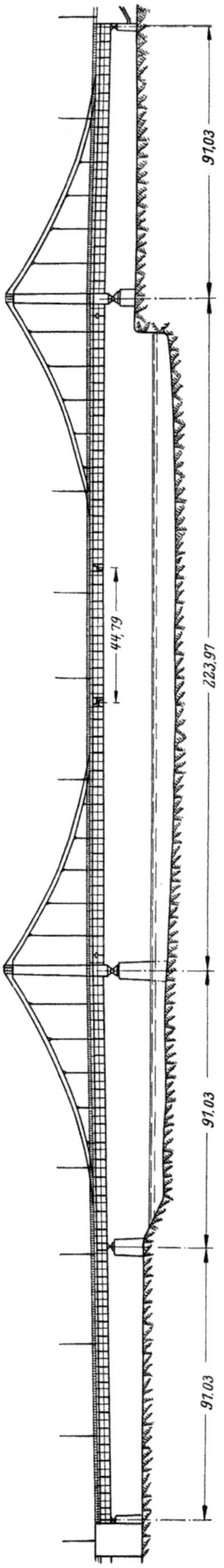

Abb. 80. „Viergespann", Übersicht.

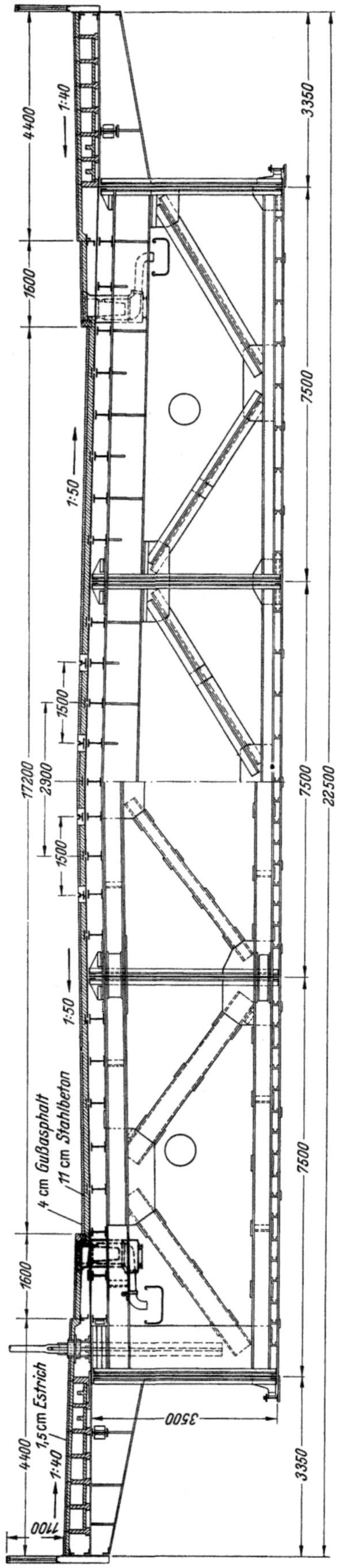

Abb. 81. „Viergespann", Querschnitte.

ergibt. Die Dicke der über die 5 Stege durchlaufenden Gurtplatten wechselt zwischen 8 und 26 mm. Das obere Deckblech ist durch Längsträger in 75 bis 80 cm Abstand unterstützt und ausgesteift. Die Querträger und Gehwegkonsole sind in Abständen von 5,60 m angeordnet. Querscheiben im Hängerabstand von 11 m machen den Kasten verwindungssteif und wirken lastverteilend. Der auf der Kölner Seite anschließende Flutüberbau mit 91,03 m Stützweite ist als Balken auf 2 Stützen mittels Schnabel gelenkig an den Hauptüberbau angeschlossen.

Die in Kettenlinien geführten Zügelgurte sind als geschlossene geschweißte Kasten von 1400 mm Höhe und 1000 mm Breite ausgebildet, welche durch Querschotte ausgesteift werden. Das Kasteninnere ist durch Einsteigöffnungen zugänglich. Die in 11 m Abstand angeordneten, mit Spannschlössern versehenen Rundstahlhänger sind oben am Zügelgurt an Doppelschotten befestigt und unten gelenkig an den Versteifungsträger angeschlossen. An den Enden der Zügelgurte ist neben der äußeren Kastenwand ein zweiter, gleich hoher, 11,4 m langer Blechträger angeordnet und der Zügelgurt an die beiden Träger angenietet (Abb. 82). Die festen Lager befinden sich auf dem neuen Strompfeiler, alle anderen Lager sind längsbeweglich. Die Pylone sind mit festen Lagern auf die Pfeiler aufgesetzt. Die äußeren Hauptträger sind in rechteckigen Ausschnitten der Pylonenschäfte durchgeführt (Abb. 83). Der Anschluß der Zügelgurte ist aus Abb. 82 zu ersehen.

Die Fahrbahndecke besteht aus einer 11,0 cm dicken, auf dem Kastendeckblech schubsicher verankerten Stahlbetonplatte mit 4 cm Asphaltbelag. Die Straßenbahnschienen werden unter Einschaltung von Dämpfplatten mit den Längsträgern verschraubt.

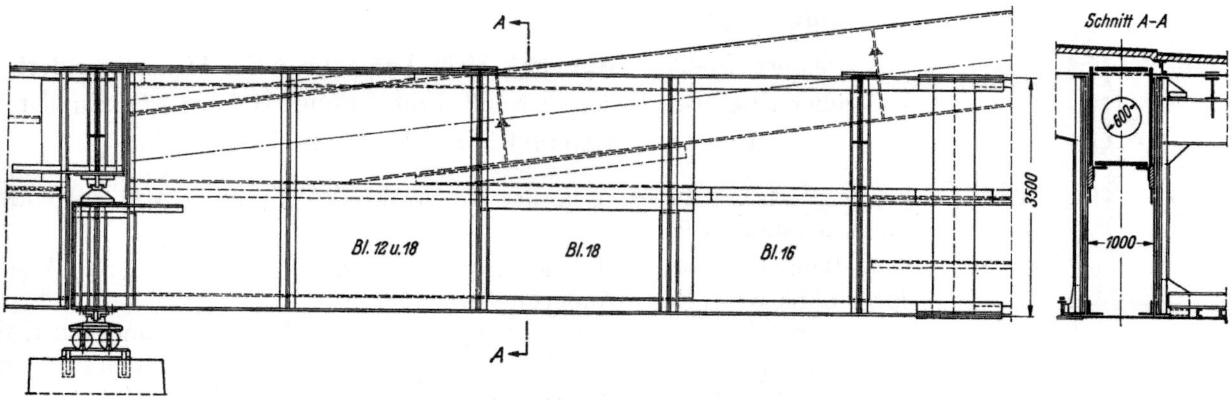

Abb. 82. „Viergespann“.

Zur Aufnahme der negativen Auflagerkräfte am linksrheinischen Uferpfeiler und am Mülheimer Widerlager sind gelenkige Verankerungen vorgesehen.

Die größte Durchbiegung aus ruhender Verkehrslast (400 kg/m²) beträgt in der Mitte der Hauptstromöffnung 50,8 cm.

Das Konstruktionsgewicht beläuft sich auf 8600 t.

Die Blechträger in den Flutöffnungen werden auf festen Rüstungen errichtet. Ein behelfsmäßiges Joch in der linksrheinischen Nebenöffnung und deren zwei in der Hauptstromöffnung ermöglichen den Freivorbau der Hauptträger. Darauf folgt die Aufrichtung der Pylone und der Einbau der Zügelgurte mit Hilfsgerüsten.

Die Baukosten kommen denen der billigsten Hängebrücke nahe.

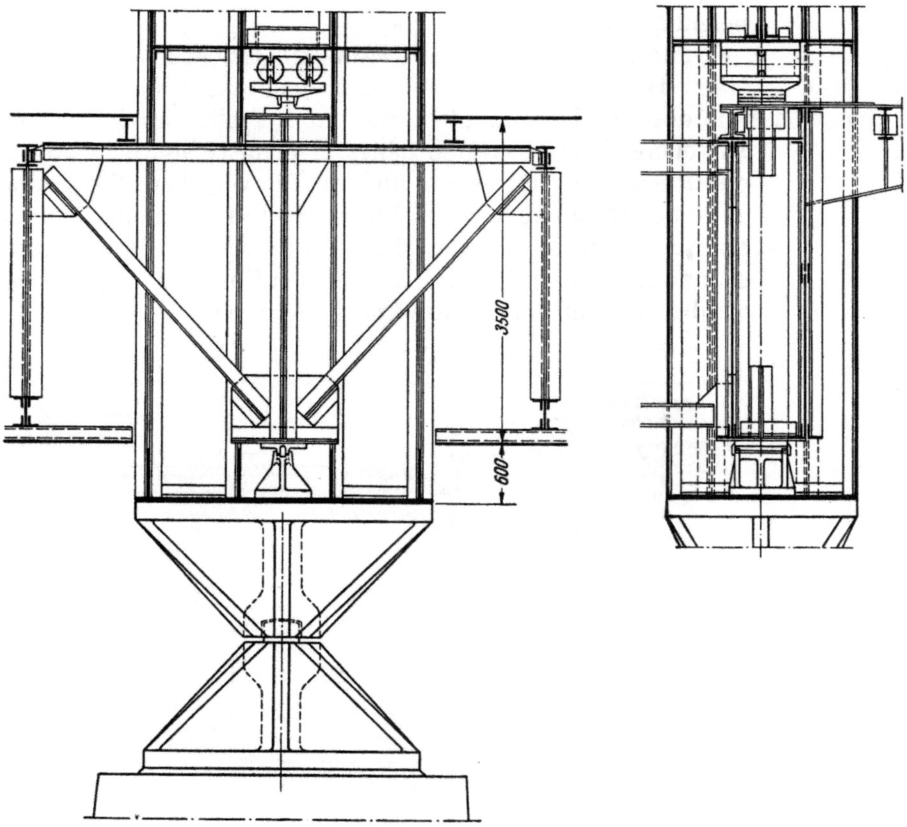

Abb. 83. „Viergespann“. Lagerung der äußeren Hauptträger in den Pylonen.

„Colonia Magna“.

Verfasser: Arbeitsgemeinschaft Hein, Lehmann & Co. AG., Düsseldorf, Neußer Eisenbau, Bleichert Neuß, Prof. Dr.-Ing. Helmut Pfannmüller, Hannover. Architekt P. F. Schneider, Essen-Köln.

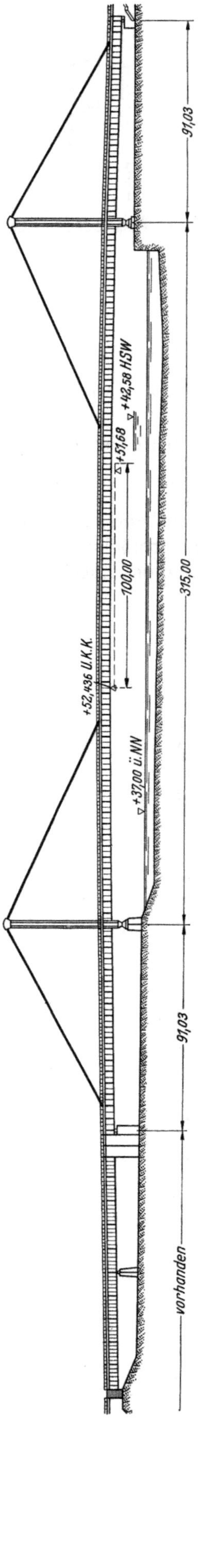

Abb. 84. „Colonia Magna“, Übersicht.

Die Verfasser ließen sich bei der Wahl des Systems von folgenden Gesichtspunkten leiten:

1. Benützung der vorhandenen z. T. beschädigten Pfeiler und Widerlager ohne wesentliche Änderungen.
2. Vermeidung eines neuen Strompfeilers, sowie Rüstungen und sonstigen Einbauten im Strombett mit Rücksicht auf die dort noch liegenden Brückentrümmer und die Auskolkungen.
3. Steifes Tragwerk mit kleinen Durchbiegungen und Querneigungen.
4. Einfache, klare Konstruktion und gute Form.
5. Geringer Stahlbedarf und niedrige Baukosten.

Diese Ziele konnten nach Ansicht der Verfasser nur durch Verzicht auf eine echte oder unechte Hängebrücke oder Bogenbrücke erreicht werden. Sie schlagen mit der Bezeichnung „Verspannter Kastenträger“ eine Zügelgurtbrücke vor (Abb. 84). Der 4,5 m hohe Kastenträger mit 2 Gelenken in der Mittelöffnung läuft über die 3 Öffnungen in gleicher Höhe durch. Die Kragarme werden durch Verspannungen entlastet, welche über Pylone geführt und an den Brückenenden verankert sind. Linksrheinisch schließen gleich hohe, über zwei Flutöffnungen bis zum Kölner Deich durchlaufende Kastenträger von gleicher Höhe an. Die straffen Zügelgurte sind etwas ungewohnt, aber nicht ohne Reiz. Sie drücken Kraft und Spannung aus.

Die Steifigkeit des gewählten Systems ergibt sich aus der verhältnismäßig geringen Durchbiegung von 52 cm unter einer Belastung mit 400 kg/m² in der Mitte der Hauptöffnung. Bei einseitiger Belastung beträgt die Querneigung der Fahrbahn 1 : 100.

Wie aus dem Querschnitt (Abb. 85) ersichtlich ist, besteht das Haupttragwerk des Stromüberbaues aus einem vierzelligen, geschlossenen Kasten mit oben und unten über die ganze Breite durchlaufenden Gurtplatten. Die obere Platte ist durch Längsträger in 70 bis 75 cm Abstand ausgesteift, die untere mit [-förmigen Längsstreifen versehen. Sie sind als mittragende Teile des Hauptträgerquerschnittes voll in Rechnung gesetzt. Der Kastenquerschnitt bleibt nahezu gleich. Nur bei den Anschlußstellen der Verspannungen, wo große Kräfte über den Kastenquerschnitt zu verteilen sind, werden Verstärkungen notwendig (Abb. 86).

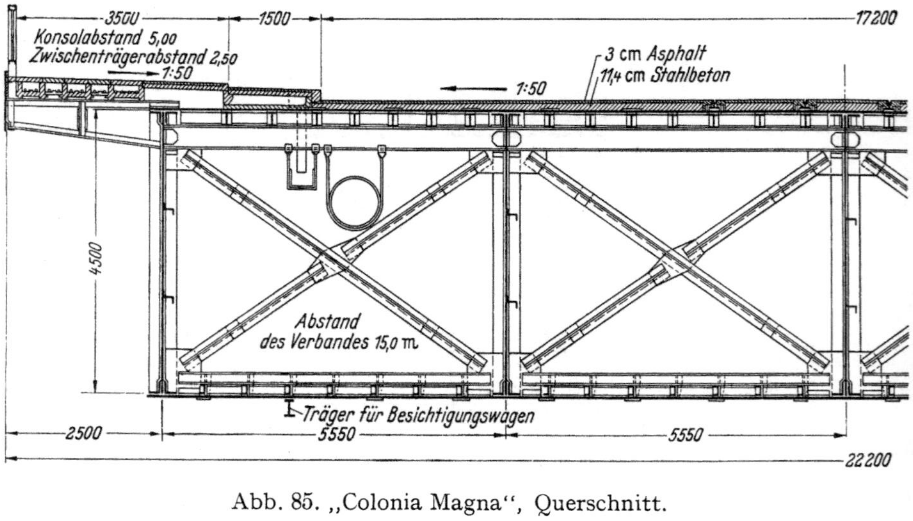

Abb. 85. „Colonia Magna“, Querschnitt.

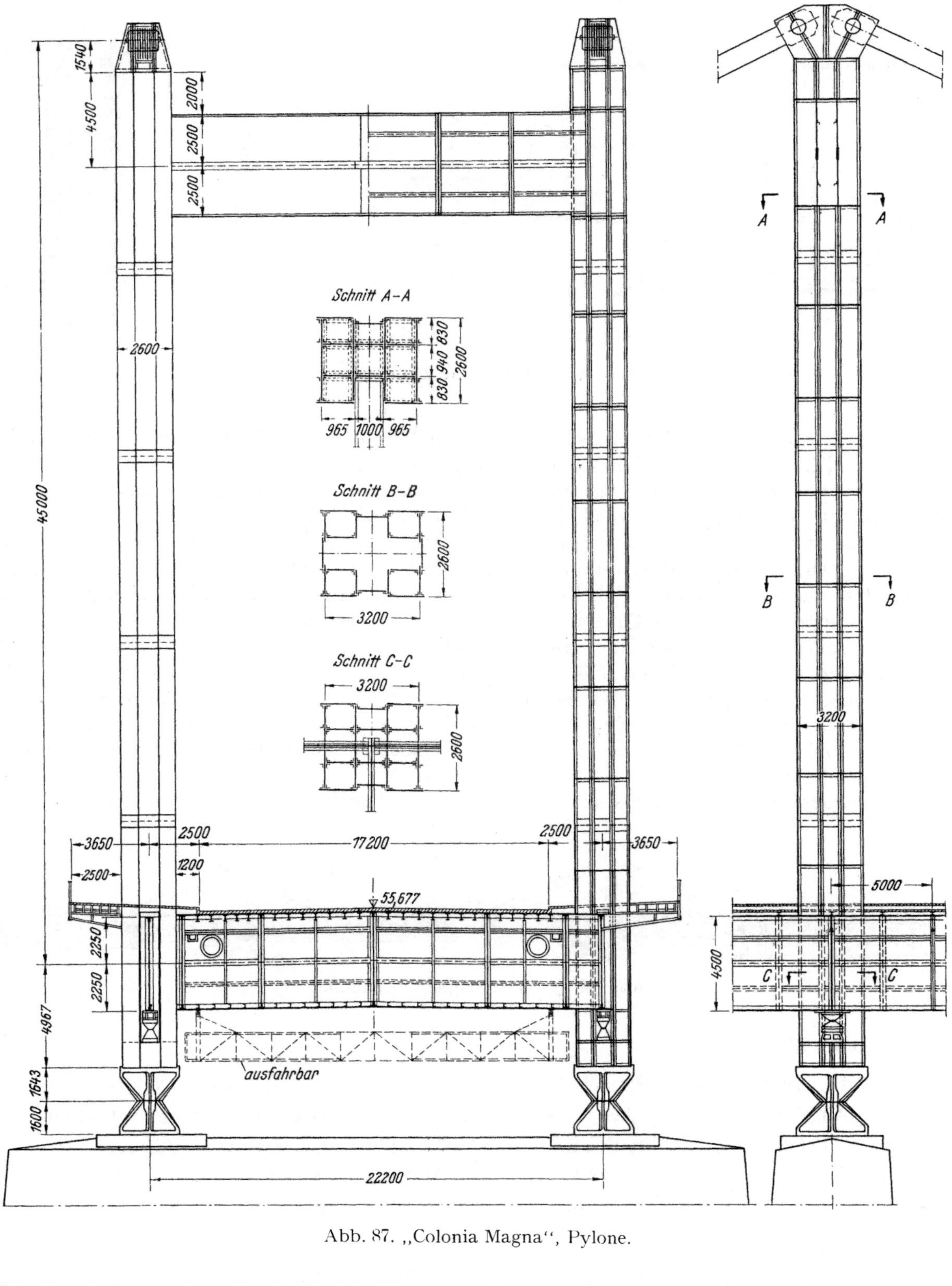

Abb. 87. „Colonia Magna“, Pylone.

Die Zügelgurte, welche Zugkräfte bis 4750 t aufzunehmen haben, bestehen aus je 6 hochgestellten Breitflachstählen, welche untereinander verdübelt und an den Hauptträgern mit Bolzen von 700 mm Durchmesser befestigt sind. Die Hauptträgerenden sind ähnlich wie bei der alten Hängebrücke im Widerlager verankert. Am linksrheinischen Verankerungspfeiler ist noch ein in die bestehenden Flutbrücken vorkragender Ballastträger vorgesehen. Der Einhängeträger in der Stromöffnung ist an einem Ende fest, am anderen längsbeweglich gelagert. Die festen Lager der Kragträger befinden

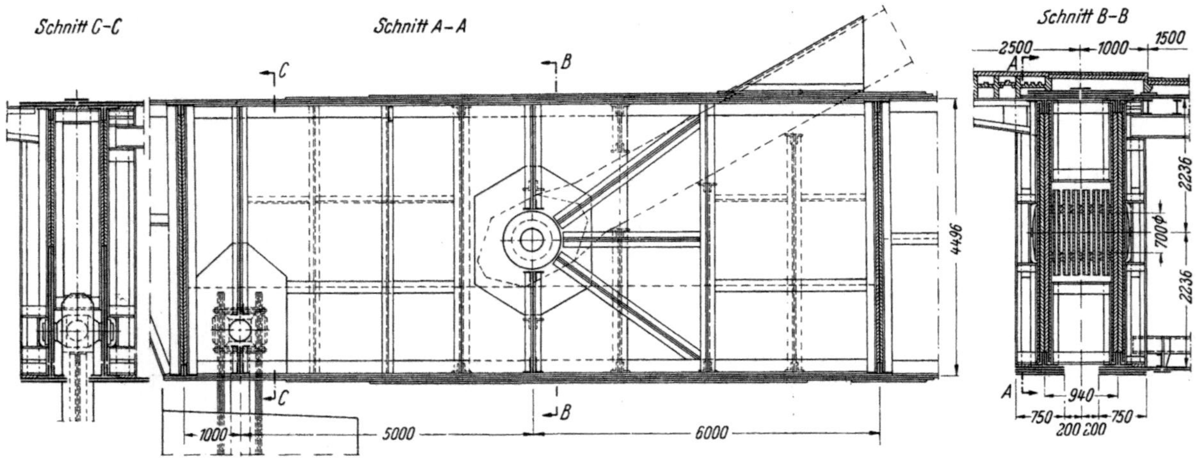

Abb. 86. „Colonia Magna", Anschluß der Zügelgurte an die Hauptträger.

sich auf dem Strompfeiler und dem rechtsrheinischen Uferpfeiler (Abb. 87). Die Pylone sind wie bei der alten Hängebrücke als Halbrahmen ausgebildet.

Die Fahrbahndecke besteht aus einer auf dem Kastendeckblech schubsicher verankerten, 11,4 cm dicken Stahlbetonplatte mit 3 cm Asphaltbelag. Sie wiegt rd. 350 kg/m² ohne Deckblech.

Die Stahlkonstruktion wird in den beiden Seitenöffnungen auf festen Gerüsten errichtet. In der Stromöffnung wird das Kastentragwerk von beiden Seiten 30 m weit frei vorgebaut. Dann wird mit einer der Höhe nach einstellbaren Behelfsverspannung weiter frei vorgebaut, bis die Zügelgurte angeschlossen werden können. Als Bauzeit sind 31 Monate vorgesehen.

Das Konstruktionsgewicht der Überbauten beträgt 10946 t.

Die Verfasser weisen darauf hin, daß die Gesamtkosten des Bauwerks die niedrigsten von allen vorgeschlagenen Entwürfen ohne Zwischenpfeiler sind. Wenn etwas größere Verformungen zugelassen werden, können für die Zügelgurte an Stelle der Breitflachstähle auch Kabel verwendet und 1600 t Stahl eingespart werden. Die größte Durchbiegung würde in diesem Fall in der Mitte der Hauptöffnung 92 cm betragen.

Die äußere Gesamtwirkung dieses neuartigen reizvollen Brückenzuges vermittelt Abb. 88.

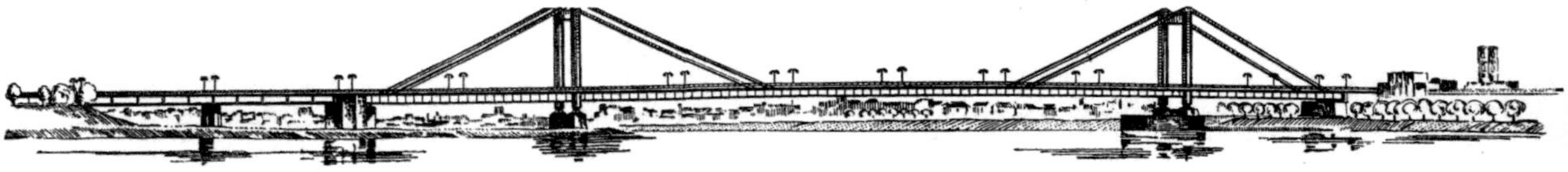

Abb. 88. „Colonia Magna", Schaubild.

„Hängebrücke 48".

Entwurf I. Teilverankerte Hängebrücke mit Portalpylonen. Verfasser: MAN-Maschinenfabrik Augsburg-Nürnberg AG., Werk Gustavsburg, J. Gollnow & Sohn, Stahlbau, Höxter, Klöckner-Humboldt-Deutz AG., Werk Köln-Kalk, Grün & Bilfinger AG., Mannheim, Entwurfsführung: MAN. Architekt: Wilhelm Riphahn, Köln, mit Dipl.-Ing. H. Menne, Prof. Haerter, Mainz, Prof. Bruho Paul, Frankfurt a. M.

Unter dem Kennwort „Hängebrücke 48" haben die Verfasser vier Entwürfe eingereicht, zwei teilverankerte Hängebrücken und zwei bodenverankerte Hängebrücken, welche sich jeweils in der Gestaltung der Pylone (Portalpylone oder freistehende Einzelpylone) unterscheiden.

Bei der „teilverankerten Hängebrücke" (Abb. 89) wird die Zugkraft der Tragkabel aus dem Eigengewicht der Brücke in den Ankerpfeilern, aus den Verkehrslasten im Tragwerk verankert. Die Tragkabel sind mit einem als Spanngewicht wirkenden Kippkörper aus Stahlbeton im Mülheimer Widerlager verankert und beim linksrheinischen Ankerpfeiler in einem Bogen ohne Unterbrechung durchgeführt (Abb. 90). Der Anteil des Horizontalschubs aus veränderlicher Last (rund 40%) wird durch ein waagerechtes Drucklager in die Fahrbahntafel eingeleitet. Der Versteifungsträger ist nicht höher als bei einer bodenverankerten Hängebrücke. In den Mittelöffnungen ist eine Leichtfahrbahn aus 5 cm Hartgußasphalt auf versteiftem Deckblech, in den Seitenöffnungen eine Stahlbetonplatte vorgesehen.

Als Vorteile des neuartigen erstmals für die Köln-Mülheimer Brücke aus den örtlichen Gegebenheiten entwickelten Tragsystems werden genannt:

1. Beste Ausnutzung der noch vorhandenen Fundamente. Der Mülheimer Ankerpfeiler genügt vollständig, der Kölner Ankerpfeiler ist nur unwesentlich zu verstärken.
2. Keine Mehrkosten für die Gründung. Falls die noch nicht abgeschlossenen Bodenuntersuchungen eine höhere Sicherheit notwendig machen sollten, ist bereits höhere Sicherheit vorgesehen.
3. Unbehinderte Hochwasserabführung, da der Kölner Ankerpfeiler nur um 2 m verbreitert werden muß, gegen mehr als 10 m bei einer bodenverankerten Hängebrücke.
4. Gute schönheitliche Wirkung, da kein breiter, massiger Verankerungsklotz im linksrheinischen Flutgelände notwendig ist.
5. Größere Steifigkeit der teilverankerten gegenüber der bodenverankerten Hängebrücke. Gewicht des Versteifungsträgers 1800 t, gegenüber 6000 t bei der alten in sich verankerten Hängebrücke.
6. Wesentliche Verringerung des Kabelbedarfs und der Kosten.
7. Aufstellung ohne feste Gerüste im Strom.

Schon beim Wettbewerb 1927 hatte die MAN Werk Gustavsburg, unter Mitwirkung von Baudirektor Adolf Abel, Köln, und Grün & Bilfinger, Mannheim, unter dem Kennwort „Von Ufer zu Ufer" (Große Hängebrücke) (Abb. 21) ein Tragwerk mit teilweise aufgehobenem Horizontalschub vorgeschlagen (s. Der Bauingenieur 1927, Heft 18, Seite 323ff., Abb. 76 und 78), mit der Begründung, daß eine vollständig in sich verankerte Hängebrücke große Querschnitte des Versteifungsträgers erfordern würde. Der Gedanke ist durch DRP. Nr. 329121 vom 6. 11. 1919 und DRP. 738768 (Dr.-Ing. Karl Höning) geschützt.

Abweichend von der bisherigen Form ist die Fahrbahn auch in den Seitenöffnungen an die Tragkabel angehängt, so daß sich anstatt der straffgespannten Rückhaltkabel eine stetige Seilschwingung ergibt.

Die Stiele der Portalrahmen sind zwischen Geh- und Radwegen angeordnet, wobei die alten Pylonenpfeiler beibehalten werden können. Die Pylonportale sind vorteilhafter als frei stehende Einzelpylone außerhalb der Gehwege, bei welchem ein Umbau der Pfeiler erforderlich wird. Andererseits kann die Fahrbahn in voller Nutzbreite uneingeschränkt zwischen den außenstehenden Einzelpylonen durchgeführt werden (Abb. 91 u. 92).

Die zwischen Rad- und Gehwegen angeordneten einwandigen Versteifungsträger sind 50 cm über die Fahrbahn hochgezogen, wodurch sich wesentliche Vorteile ergeben (Abb. 93). Die Bedingung im Ausschreiben, daß der Ausblick vom Kraftwagen aus auf Strom, Stadt und Dom frei sein soll, ist erfüllt. Die Trennung von Fahr- und Gehverkehr und die Unterbindung des Querverkehrs von Fußgängern auf der Hängebrücke ist kein Nachteil, und für die Verkehrsabwicklung und die Verkehrssicherheit eher günstig. Die Fußgänger werden durch aus der Bahn geratene Kraftfahrzeuge nicht gefährdet. Ein Überfahren der Versteifungsträger und ein Einbrechen von Fahrzeugen in den Gehwegbelag ist nicht möglich. Die Hänger sind gegen Anfahren und Beschädigung geschützt und die unter dem Obergurt der Versteifungsträger näher bei dessen Schwerpunkt gelegene Fahrbahntafel wird von den Verformungen der Versteifungsträger nur wenig beeinflußt. Die Fahrbahn kann fugenlos durchgeführt werden. Bewegungsfugen fallen weg. Versteifungsträger, Querträger, Längsträger und Deckblech bilden

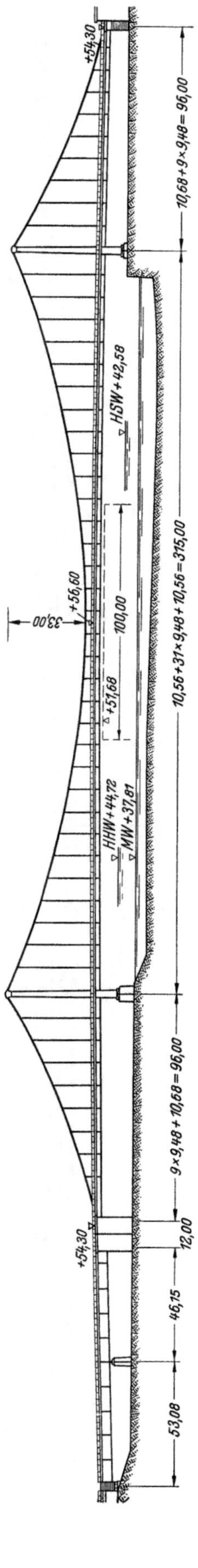

Abb. 89. „Hängebrücke 48, I", Übersicht.

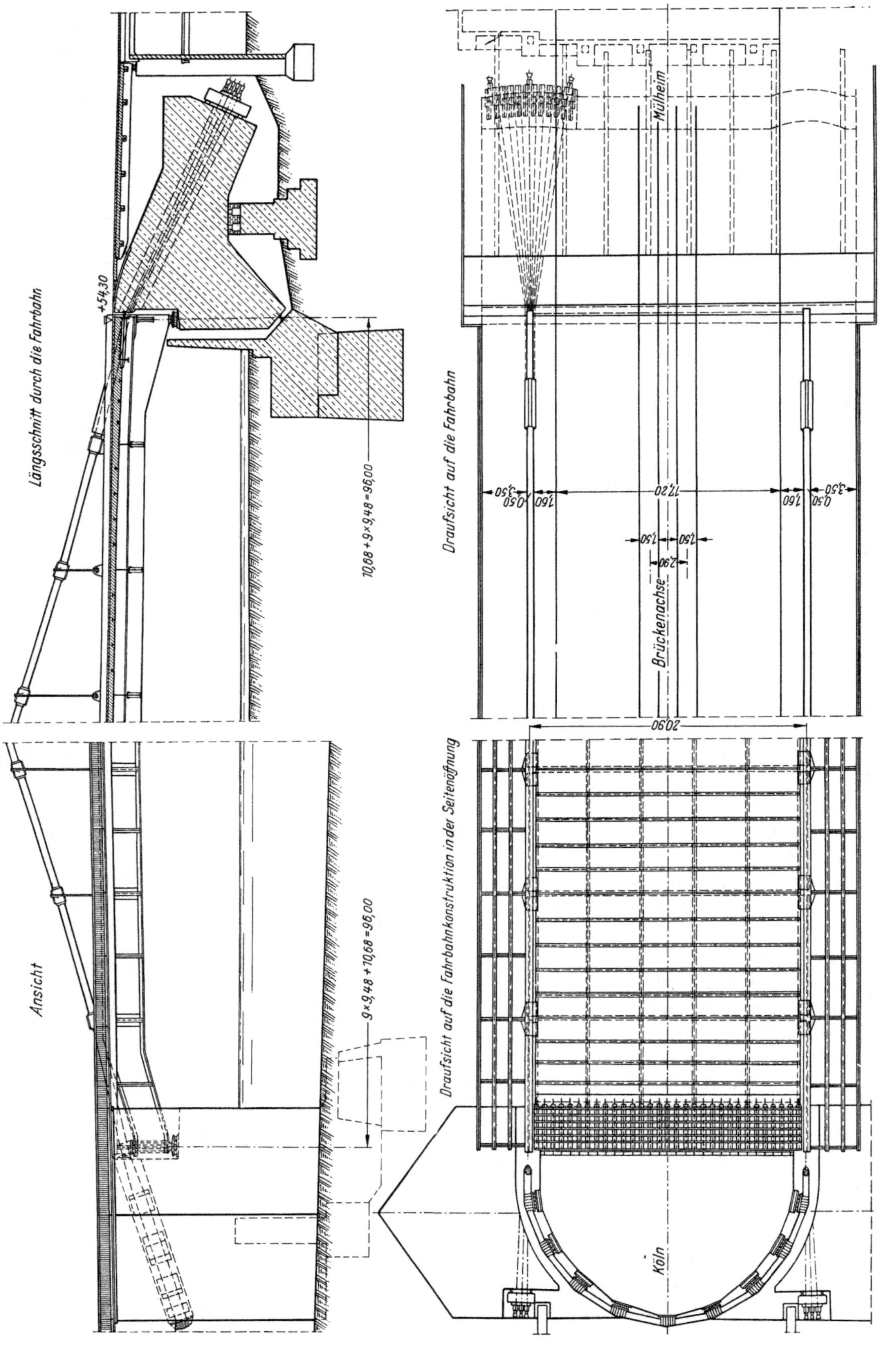

Abb. 90. „Hängebrücke 48, I", Kabelverankerung.

Abb. 91 und 92. „Hängebrücke 48“, Portalpylon und freistehende Einzelpylone.

einen steifen Fahrbahnrost. Das Deckblech kann als Gurtverstärkung der Längs- und Querträger ausgenützt werden. Die ausgesteifte Stahlplatte überträgt die Einzellasten der Fahrzeuge auf den Fahrbahnrost und ist gleichzeitig Bestandteil des Haupttragwerks. Die Fahrbahntafel wird in zwei Richtungen längs und quer beansprucht und als orthotrope Platte berechnet.

Das Eigengewicht der Fahrbahntafel einschließlich Asphaltbelag in der großen Mittelöffnung beträgt rund 220 kg/m², gegenüber 500 kg/m² bei einer unmittelbar befahrenen Stahlbetonplatte. Dadurch werden die Kabel-Pylonen- und Ankerkräfte kleiner und die Pfeiler und Widerlager entlastet. Sowohl hinsichtlich des Stahlbedarfs als auch der Gesamtbaukosten ist die teilverankerte Hängebrücke mit leichter Fahrbahn der in sich versteiften Hängebrücke überlegen.

Der Kippkörper ist gegen die Fahrbahntafel abgestützt, die zusammen mit den Versteifungsträgern eine waagerechte Druckkraft von 4600 t auf den linksrheinischen Ankerpfeiler überträgt (Abb. 93). Der bodenverankerte Anteil des Kabelzuges, rd. 6900 t, ist so groß, daß die Montagelasten ohne Fahrbahndecke mit Sicherheit aufgenommen werden können. Der restliche Teil der ständigen Last wirkt auf das in sich verankerte System.

Der linksrheinische Ankerpfeiler ist unter Verwendung der alten Fundamente ausgebildet und die Seilschlinge in einen Kanal geführt. Der Ankerpfeiler ist 15,60 m breit und 44 m lang, mithin nur 1,60 m dicker als das frühere Verankerungsbauwerk. Infolge der Versetzung des neuen Pfeilers gegenüber dem alten wird die anschließende Flutbrücke um 6 m kürzer. Die Bodenpressungen betragen bis 3,65 kg/cm².

Die teilverankerte Hängebrücke kann wie eine echte Hängebrücke ohne Gerüste aufgestellt werden. Gleichmäßige Temperaturänderungen sind ohne Einfluß auf die Spannungen und Durchbiegungen, da die Längenänderungen durch Drehbewegungen des Kippkörpers ausgeglichen werden. Die Versteifungsträger sind durchweg längsbeweglich gelagert und mit der Fahrbahnplatte an der Übertragung der waagerechten Komponente des Kabelzugs aus Verkehrsbelastungen beteiligt. Im Gegensatz zur echten Hängebrücke mit unverschieblicher Einspannung der Tragkabel in Ankerblöcken gilt bei der Verankerung in einem beweglichen Spanngewicht (Kippkörper) das Superpositionsgesetz. Die statische Berechnung wird dadurch vereinfacht.

Die durchgehenden 1152 m langen, aus 37 Einzelseilen von 71 mm ⌀ bestehenden Tragkabel haben 33 m Durchhang in der Hauptöffnung und sind in den Seitenöffnungen je durch 3 weitere Seile verstärkt, womit eine annähernd gleiche Beanspruchung wie in der Mittelöffnung erzielt wird. Der Abstand der Haupttragwände beträgt bei Portalpylonen 20,90 m, bei frei stehenden Einzelpylonen 27,8 m. Die zweiteiligen Hänger bestehen aus Flachlitzenseilen von 57 mm ⌀ in der Hauptöffnung und 72 mm ⌀ in den Seitenöffnungen. Der Anschluß am Versteifungsträger ist allseitig zugänglich.

Die Pylonenstiele sind am Fuß eingespannt. Die Innenwände der Portale verlaufen senkrecht, die Außenwände der Pylonenschäfte haben geringen Anlauf. Die Kopfbreite der Stiele beträgt 2,50 m, die Fußbreite 3,50 m, der Achsabstand in Höhe der Kabelsättel 21,0, am Fuß 22,2 m.

Die Radwege sind an den Pylonen auf 1,25 m eingeschränkt, die Gehwege kanzelartig um die Pylone herumgeführt.

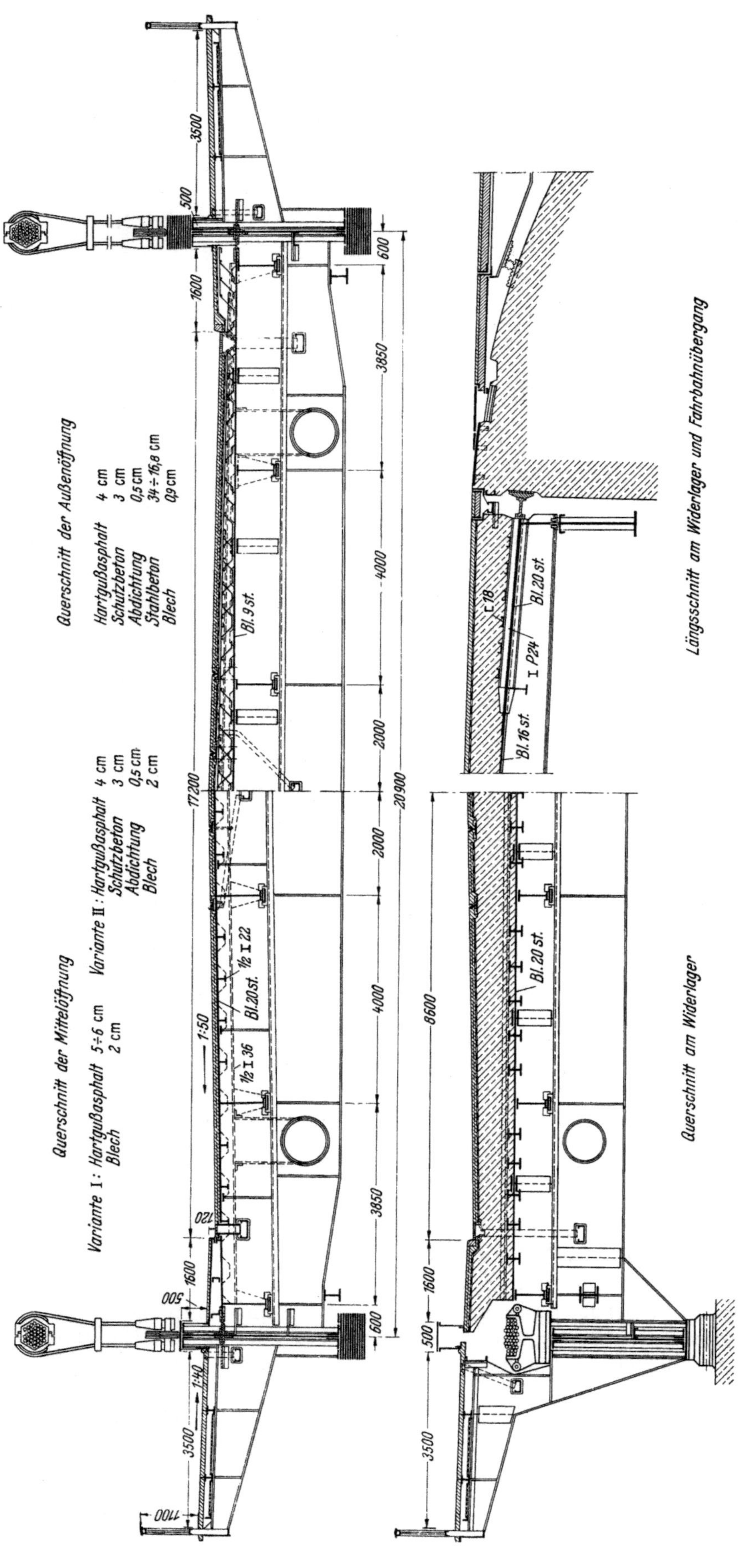

Abb. 93. „Hängebrücke 48, I“, Querschnitte und Abstützung des Kippkörpers.

Die von Temperaturänderungen nicht beeinflußten Durchbiegungen sind bei ungünstiger Belastung mit 400 kg/m² in Brückenmitte zu 1,52 m, in den Viertelspunkten mit 1,67 m, an den Begrenzungen des Schiffahrtsprofils zu 1,79 m berechnet. Bei einer gleichzeitigen Belastung durch Straßenbahnzüge ergaben sich 1,75 m in Brückenmitte und 2,06 m in den Begrenzungspunkten des Lichtraumprofils für die Schiffahrt. Bei einseitiger Belastung wird die größte Querneigung der Fahrbahn, in Brückenmitte 4,86 %. Der kleinste Krümmungshalbmesser der Biegelinie beträgt 1820 m in der Mittelöffnung und 2240 m in den Seitenöffnungen.

Im Längenprofil ist die Fahrbahn mit einer Parabel über die ganze Brückenlänge (rund 500 m) ausgerundet. Das anschließende Längsgefälle konnte auf 1,82 % ermäßigt werden.

Die Stahldeckplatte der auch als Windscheibe wirkenden Fahrbahntafel ist 20 mm dick und mit Längs- und Querrippen ausgesteift. Die Fahrbahndecke in der Hauptöffnung besteht aus 5 cm Hartgußasphalt, welcher mit aufgeschweißtem Maschengitter auf der Stahlplatte verankert ist. In einer Variante wurde außerdem 4 cm Hartgußasphalt auf 3 cm Schutzbeton und 0,5 cm Dichtung mit Aluminiumfolie vorgeschlagen. In den Außenöffnungen ist eine Fahrbahndecke aus 4 cm Hartgußasphalt auf 3 cm Schutzbeton, darunter Hekudichtung auf 16,8 bis 34 cm dicker Stahlbetonplatte vorgesehen. In einer Variante wurde eine Fahrbahntafel aus Stahlbeton auf Flachblech vorgeschlagen, wobei die Schubkräfte in der Querrichtung durch aufgeschweißte abgebogene Rundstähle, in der Längsrichtung durch die Querrippen aus ausgeschnittenen ½ I-Profilen aufgenommen werden. Das Fahrbahngewicht beträgt dabei rund 800 kg/m². Zur Einleitung des von der Fahrbahntafel aufzunehmenden Anteils am Horizontalschub und zur gleichmäßigen Druckübertragung sind in den Endfeldern bei den Widerlagern kräftige Querscheiben angeordnet.

Für die Straßenbahngleise sind in den Seitenöffnungen normale, 100 mm hohe Phönix-Rillenschienen aus Verbundstahl verwendet und in Wannen gelagert. In der Mittelöffnung ist mit Rücksicht auf die geringe Deckenstärke die Verwendung von 50 mm hohen gehobelten Blockschienen aus Vierkantstahl St 70 vorgesehen, welche durchgehend verschweißt werden sollen. Der Schienenauszug auf der Mülheimer Seite (Abb. 93) ist für eine Längsbewegung von ± 265 mm gegenüber der Mittelstellung ausgebildet.

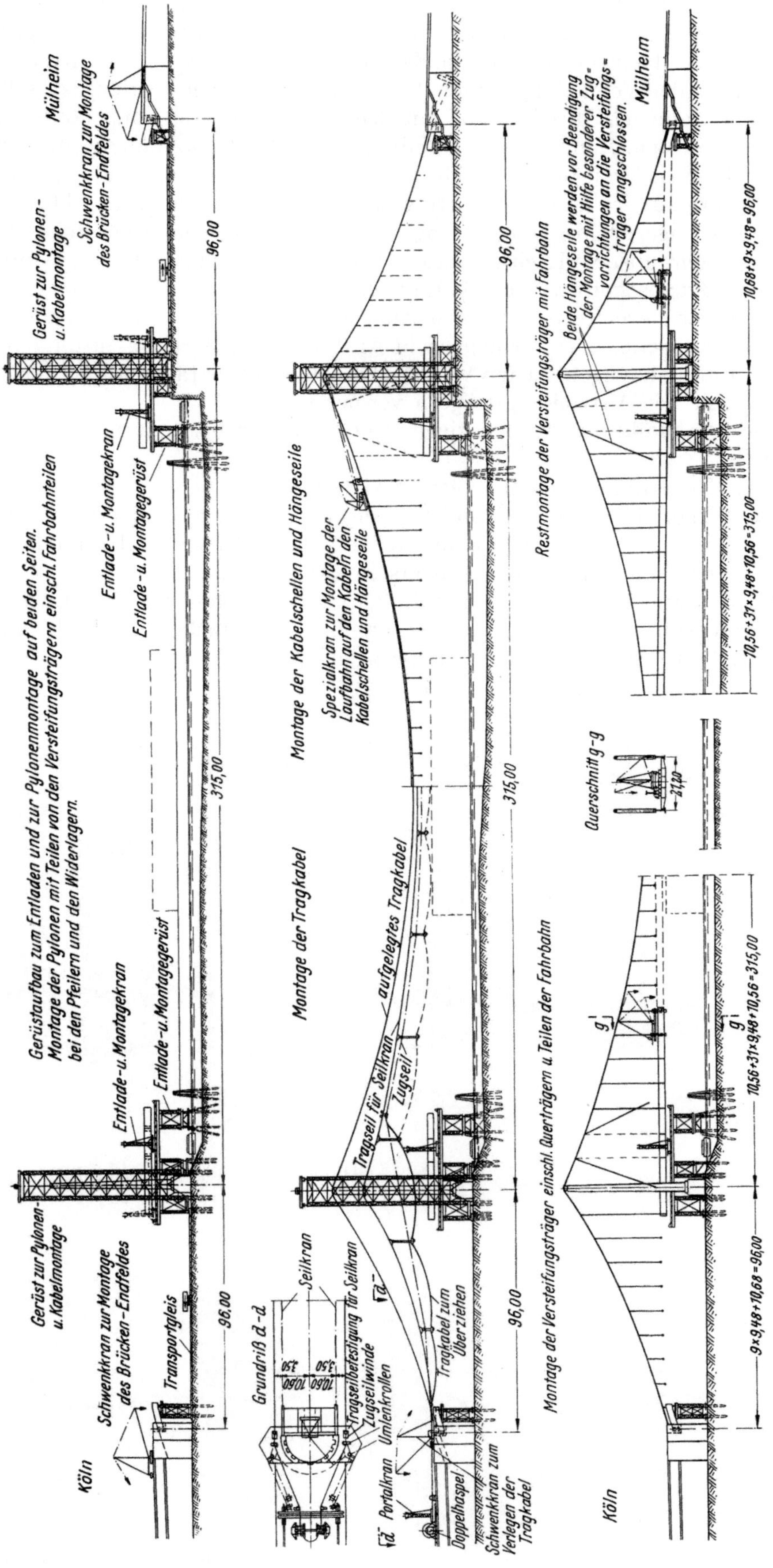

Abb. 94. „Hängebrücke 48, I“, Montagevorgang.

Für die Aufstellung des Überbaues werden Gerüste nur in unmittelbarer Nachbarschaft der Pylonenpfeiler erforderlich. In einem ersten Bauzustand wird das Spanngewicht auf dem Linienkipplager und auf einem eigenen Fundament abgestützt. Nach Verankerung der Tragkabel folgt das Anhängen der Versteifungsträger der unteren Querträgerhälften, eines 9,2 m breiten Streifens der Stahlfahrbahn der Mittelöffnung mit den Lasten der Krane und Förderbahn und der Fahrbahn der Seitenöffnungen. Dann wird die Stahlfahrbahn der Mittelöffnung weiter eingebaut, bis ein Horizontalschub der Kabel von 4600 t erreicht ist. Die Fahrbahn ist während der Montage längsverschieblich auf Gleitlagern auf den unteren Querträgerhälften gelagert und gegen Abheben gesichert. Die Untergurte der Längsträger bleiben offen, solange schwere einzubauende Einzelteile wirken, und ihre Stege werden mittels Schrauben verlascht, so daß sie den Formänderungen der Versteifungsträger folgen können. Im zweiten Bauabschnitt wird der 4600 t überschreitende Teil des Horizontalschubs der Kabel in die durchgehend verschweißte bzw. in den Außenöffnungen durch Montagenietung verlaschte unabhängige Fahrbahn geleitet. Das Spanngewicht wird in seinen Wirkungszustand versetzt, und nach dem Aufbringen der ständigen Lasten werden die beiden Querträgerhälften verschweißt und die Fahrbahnplatte mit den Versteifungsträgern vernietet.

Die Durchführung der sonstigen Aufstellungsarbeiten ist in Abb. 94 übersichtlich zusammengestellt.

Das Konstruktionsgewicht beträgt 7780 t.

Die Schaubilder (Abb. 95 und 96) zeigen die Brücke in der Seitenansicht.

Der Entwurf „Hängebrücke 48", teilverankerte Hängebrücke mit Portalpylonen wurde von dem Preisgericht einstimmig mit dem ersten Preis ausgezeichnet.

Er verkörpert eine neuartige und schöpferische Ingenieurleistung, welche für den Hängebrückenbau von Bedeutung sein dürfte. Hervorzuheben ist auch die Sorgfalt, mit welcher alle Einzelheiten durchgebildet sind, und die gute Formgebung.

Abb. 95. „Hängebrücke 48, I", Schaubild.

Abb. 96. „Hängebrücke 48, I", Schaubild mit Blick auf Mülheim.

„Hängebrücke 48“.

Entwurf II, teilverankerte Hängebrücke mit Einzelpylonen. Stützweiten und Kabelverankerung entsprechen dem Entwurf I.

An Stelle der Portalpylone sind frei stehende Einzelpylone angeordnet. Die Stiele wurden so weit auseinandergerückt, daß die Fahrbahn einschließlich der Rad- und Gehwege bis auf kleine Einschnürungen frei durchgeführt werden konnte (Abb. 92).

Kabel und Hänger liegen außerhalb des Geländers. Die Kabelumlenkung zur Verankerung liegt tiefer als beim Entwurf I.

Mit 2,5 m Höhe ist das Fahrbahnband schlanker als beim Entwurf I, indem der Versteifungsträger als allseitig geschlossener, torsionssteifer 6-zelliger Kasten mit einer mittleren Steghöhe von 2,25 m ausgebildet und ganz unter der Fahrbahn angeordnet ist. Das obere Kastendeckblech nimmt die Fahrbahndecke auf. Das untere Kastenblech ist auf die ganze Brückenbreite durchgeführt (Abb. 97).

In 9,4 m Hängerabstand sind genietete Fachwerk-Querträger angeordnet, dazwischen in jedem Feld ein lastverteilender Zwischenquerträger. Die als Gurte des Versteifungsträgers und der Fahrbahnträger wirkenden Deckbleche sind durch längslaufende angeschweißte halbierte I-Träger ausgesteift, welche nach einem Sonderverfahren sägeförmig ausgeschnitten werden. Dadurch wird der gesamte Querschnitt der Walzträger voll ausgenützt, eine günstige statische Höhe des Halbprofils

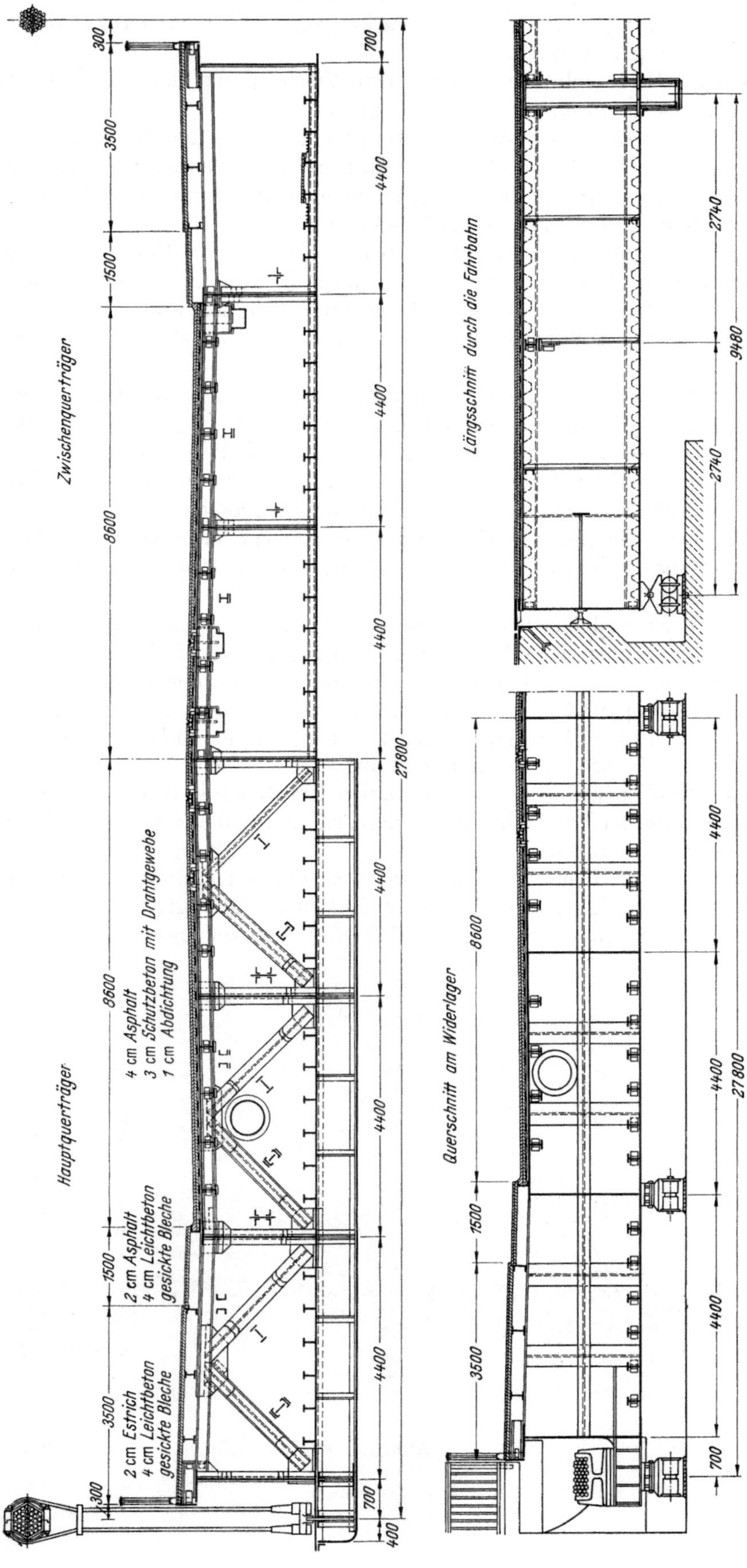

Abb. 97. „Hängebrücke 48, II“, Quer- und Längsschnitte.

erreicht und die Durchführung von Quersteifen ermöglicht. Zum Anschluß der Hänger sind unter dem Kastenträger 70 cm seitlich vorkragende Querbalken angeordnet, welche zugleich als Untergurt des Querträgers wirksam sind.

Die größte Durchbiegung beträgt im Viertelspunkt der Mittelöffnung 1,32 m, die Querneigung bei ungünstigster einseitiger Belastung nur etwa 1%.

Die Fahrbahntafel besteht aus 4 cm Gußasphalt, 3 cm dicker Betonschutzschicht mit Drahteinlage auf einer unmittelbar auf dem Deckblech aufgeklebten Heku-Isolierung. Die Rad- und Fußwege sind mit dünnen gesickten Blechen abgedeckt. Darauf liegt 4 cm Leichtbeton mit 2 cm Asphalt beim Radweg, und 2 cm Estrich beim Fußweg.

Die 48 m hohen Pylonen sind am Fuß eingespannt. Von 3,5 × 3,2 m Querschnittabmessungen am Fuße sind die Wandungen auf 2,5 × 2,5 m am Kopf zusammengeführt. Der 9 zellige, genietete Querschnitt ist den Momenten angepaßt und wird von dem äußeren Steg des kastenförmigen Versteifungsträgers etwas außerhalb der Mitte durchdrungen. Der Versteifungsträger ist für die Aufnahme positiver und negativer Auflagerkräfte gelagert.

Zur Aufnahme der weit auseinandergerückten frei stehenden Pylone muß die Auflagerbank des Pfeilerkopfes verbreitert werden. Um hier die Auflagerpressung niedrigzuhalten, werden die Pylonenschäfte mittels eines Zugbandes in Höhe der Fahrbahn nach Beendigung der Montage so verspannt, daß nur die alten Teile der Auflagerbank belastet werden. Erst dann werden die Fußplatten der Pylonenschäfte auch außen unterkeilt und vergossen.

Die Verfasser betonen, daß bei diesem Entwurf ein oberer Querriegel unschön wirken würde, weil damit eine in ihren Höhen- und Breiten-Abmessungen unharmonische Durchfahrtsöffnung entstehen würde.

Damit ist zugleich den altgewohnten, vielfach als Eingangstore aufgefaßten Portalpylonen gegenüber, eine neuartige und bemerkenswerte architektonische Lösung gewonnen (vgl. Abb. 91 und 92). Die frei stehenden schlanken Einzelpylone beschränken das Brückenbild auf eine einheitlich große Linienführung und stützen die schwingenden Bögen der Tragkabel.

Auch beim Durchfahren der Brücke wirkt sich der Blick auf die in weiten Bögen von 4 Senkrechten getragenen Konstruktion befreiend aus.

Im Hinblick auf diese Vorteile bilden frei stehende Einzelpylone stets die gegebene Lösung, wenn sich der von der Fahrbahn, den Pylonenstielen und einem oberen Querriegel umgrenzte Raum einem Quadrat nähern würde.

Die von den Entwurfsverfassern vorgesehene technische Lösung ist einwandfrei.

Das Konstruktionsgewicht dieses Entwurfes beträgt 9171 t.

Abb. 98 vermittelt ein Gesamtbild des Brückenzuges.

Abb. 98. „Hängebrücke 48, II", Schaubild.

„Hängebrücke 48“.

Entwurf III. Bodenverankerte Hängebrücke mit Portalpylonen.

Die Gesamtansicht dieses Vorschlages (Abb. 99) entspricht dem Entwurf II. Die Stützweiten entsprechen denen der ehemaligen Hängebrücke.

Der Kabelzug, dessen größte waagerechte Komponente je Tragwand 6150 t beträgt, wird auf der Mülheimer Seite durch einen unmittelbar hinter der Brücke angeordneten Ankerklotz aufgenommen, welcher innerhalb des Rampenbauwerks ohne Wasserhaltung gegründet werden kann. In schwacher Ablenkung über ein Umlenklager werden hier die auseinandergezogenen Einzelseile mittels Seilköpfen der alten Brücke und Ankerträger befestigt (Abb. 100 und 101).

Um den im Flutgelände liegenden linksrheinischen Ankerpfeiler möglichst schmal zu halten, ist auf der Kölner Seite das Ankerwiderlager in zwei Teile aufgelöst. Der Ankerpfeiler wird von dem Tragkabel mit einer Schleife von 10,5 m Halbmesser umschlungen und durch ein vorgespanntes, unter der Flutbrücke und der ersten Deichbrücke durchgeführtes Ankerkabel in einem Deichwiderlagerblock verankert (Abb. 102). Der größte Zug im Rückverankerungskabel beträgt bei —25° je Tragwand 4750 t. Bei +25° geht diese Zugkraft auf 3670 t zurück. Da das Kabel unter den Brücken ständig im Schatten liegt, genügt die Berücksichtigung dieser Temperaturgrenzen. Der Ankerpfeiler ist so bemessen, daß selbst bei völligem Ausfall des Rückankerungskabels infolge ständiger Last keine unzulässig hohen Bodenpressungen auftreten und keine Gefährdung seiner Standsicherheit eintritt.

Von der Kabelschleife des Kölner Ankerpfeilers wird durch 9 Umlenklager eine Kraft von 2100 t zentrisch in den Kern des Pfeilers eingeleitet. Das in Brückenachse angeordnete Umlenklager ist fest, alle übrigen sind auf Rollen beweglich gelagert, um den Verformungen des Tragkabels folgen zu können. Die Einzelseile des Tragkabels werden auseinandergezogen und zwischen Rippen der Umlenklager geführt. Die Gegenschleife des Rückankerungskabels bildet einen Halbkreis von 15 m ⌀. Sieben Umlenklager übertragen radiale Kräfte von je 1850 t auf den Pfeiler. Zur Anpassung der Vorspannung des Ankerkabels an die Tragkabelzüge während der Montage und bei Temperaturänderungen sind besondere Vorrichtungen vorgesehen.

Die 3 m hohen Versteifungsträger sind um 0,5 m über die Fahrbahn hochgezogen (Abb. 103). Das zwischen den Versteifungsträgern gelegene und mit den Längsträgern schubfest verbundene Flachblech kommt nahe an den Schwerpunkt des Brückenquerschnitts zu liegen und erhält nur geringe Zusatzspannungen. Mit diesem Deckblech werden alle längsdurchlaufenden Träger zu einem einheitlich wirkenden Querschnitt zusammengefaßt. Die über die ganze Brückenlänge durchlaufenden Versteifungsträger sind überall beweglich gelagert. Negative Auflagerkräfte werden in den Pylonen durch Zugpendel und an den Widerlagern durch die Umlenklager der Kabel aufgehoben. Die Straßenbahnschienen werden auf den Querträgern und auf Zwischenquerträgern I 30 in den Sechstelpunkten abgestützt.

Die Fahrbahndecke besteht aus 12 cm Stahlbeton mit einer in 2 Lagen aufgebrachten, 4 cm starken Asphaltschicht. Auf dem Flachblech ist die Betonplatte mittels aufgeschweißter Rundstähle schubsicher verankert. Die Abdeckung der Rad- und Fußwege geht aus Abb. 103 hervor, ebenso Einzelheiten der Aufhängung der Fahrbahn und der Entwässerung.

Ein Sondervorschlag für die Ausbildung der Fahrbahn als Flächentragwerk ist in Abb. 104 dargestellt.

Die Fahrbahnoberkante verläuft zwischen den Widerlagern nach einer Ausrundungsparabel mit 1,80 m Pfeilhöhe. Sie schließt das tangential

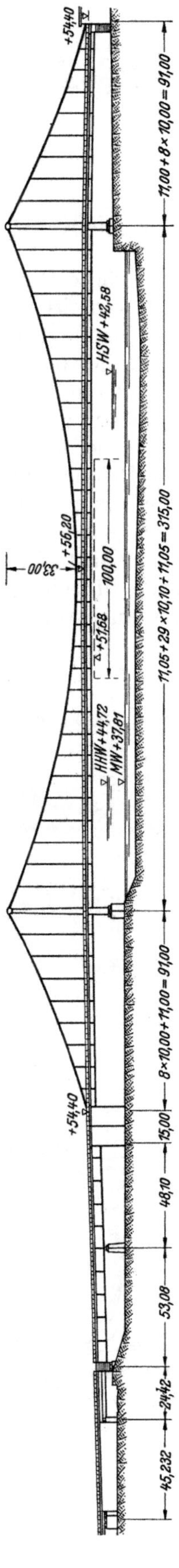

Abb. 99. „Hängebrücke 48, III“, Übersicht.

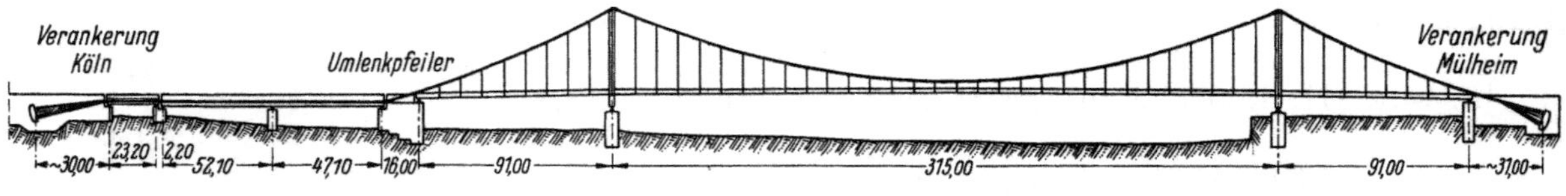

Abb. 100. „Hängebrücke 48, III", Verankerungssystem.

an die Mülheimer Rampe mit 1,45 % Neigung an und beseitigt damit den früheren ungünstigen Übergang.

Die größte Durchbiegung infolge 400 kg/m² Verkehrsbelastung und Temperaturänderung beträgt in Brückenmitte 1,46 m und am Rande des Schiffahrtsprofils 1,704 m. Bei Vollbelastung beider Gleise durch Straßenbahnzüge vergrößern sich diese Werte um 0,14 m bzw. um 0,185 m.

In der Mittelöffnung sind die äußeren Längsträger durch das Deckblech und durch einen unteren Verband mit den Versteifungsträgern verdrehungssteif verbunden. Die beiden Kästen sind durch die Querträger gekuppelt. Bei halbseitiger Belastung von 400 kg/m² in der Mittelöffnung wird die größte Querneigung auf 1,8 % beschränkt.

Die Pylone sind auf den alten, wiederverwendbaren Pfeilern fest eingespannt. Die Pylonenpfosten sind etwas geneigt, der Abstand verringert sich von 23,0 m am Fuß auf 21,0 m am Kopf. Ihre Abmessungen verringern sich von 3,0 × 3,0 m am Fuße auf 2,5 × 2,5 m am Kopf.

Das Konstruktionsgewicht des Entwurfes beträgt 7380 t.

Die Aufstellung soll ohne Rüstungen im Strom durch Anhängen der Querträger, Fahrbahn und Versteifungsträger an die Kabel mit Hilfe von auf dem Fahrbahnrost fahrenden Derriks erfolgen.

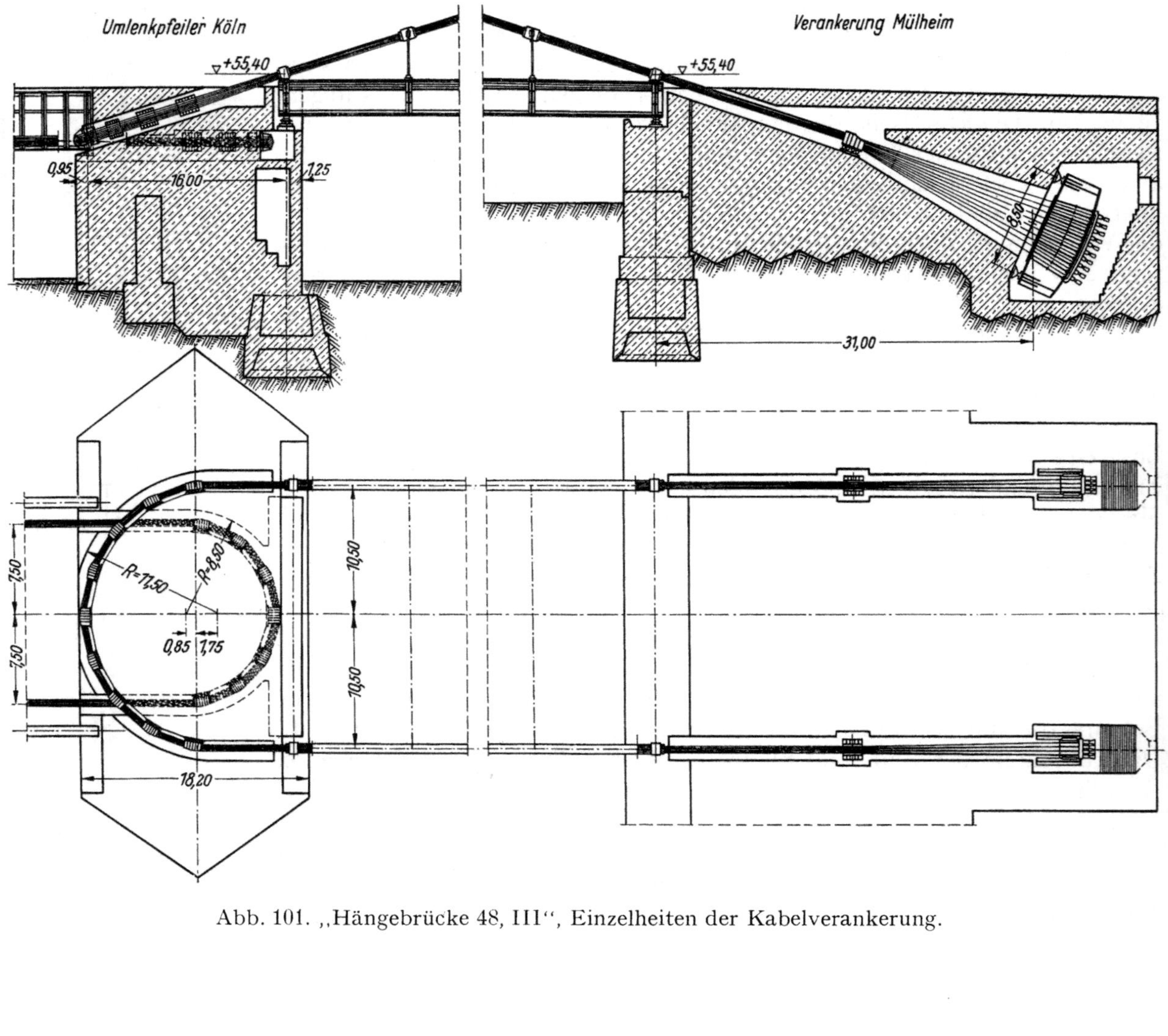

Abb. 101. „Hängebrücke 48, III", Einzelheiten der Kabelverankerung.

Verankerung Köln

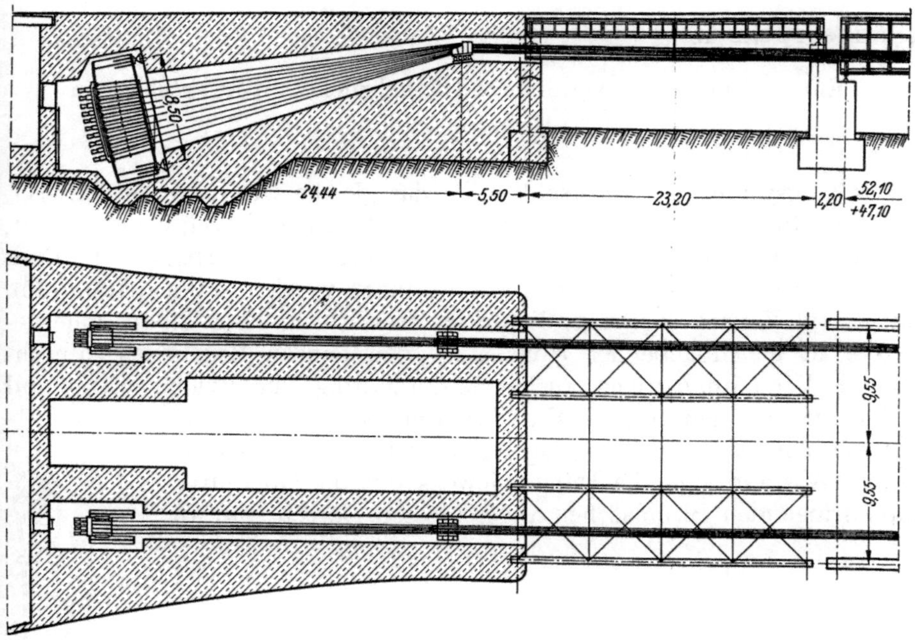

Abb. 102.
„Hängebrücke 48, III“,
Verankerung im Kölner Deichwiderlager.

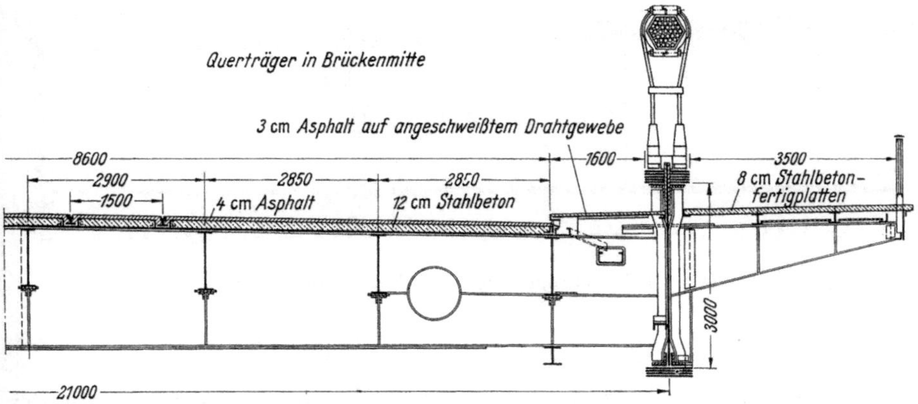

Abb. 103.
„Hängebrücke 48, III“,
Querschnitt.

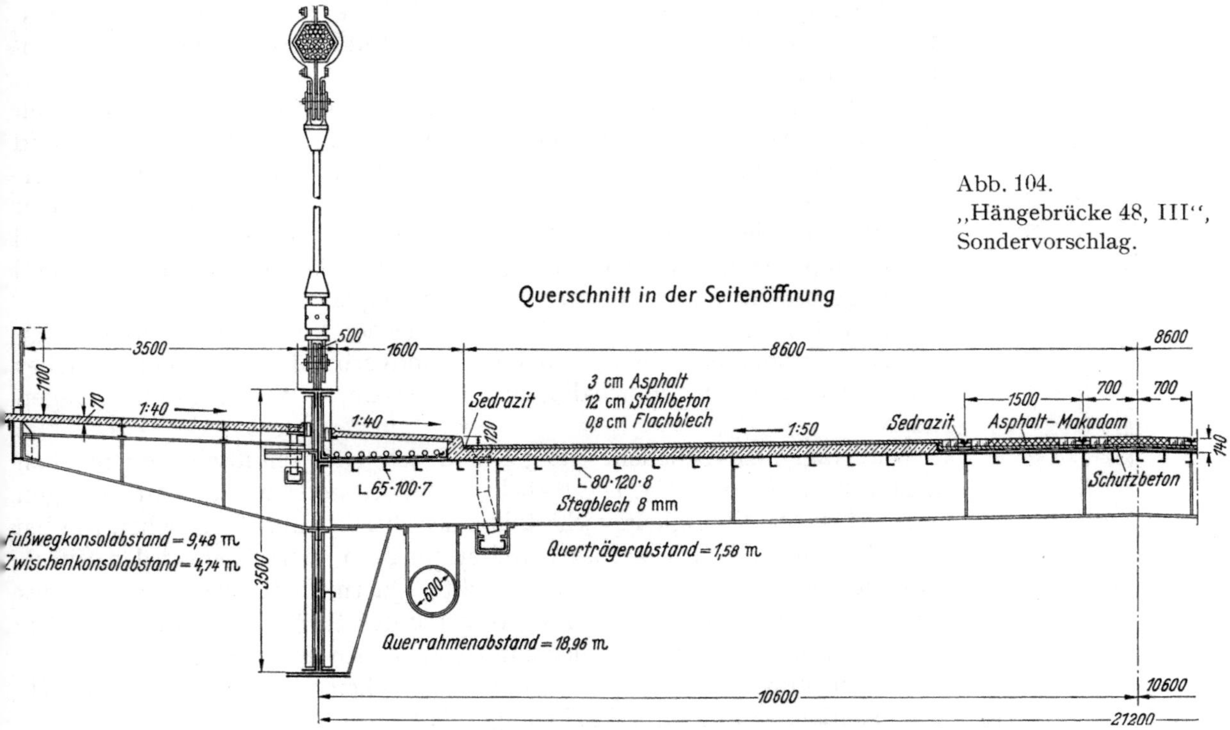

Abb. 104.
„Hängebrücke 48, III“,
Sondervorschlag.

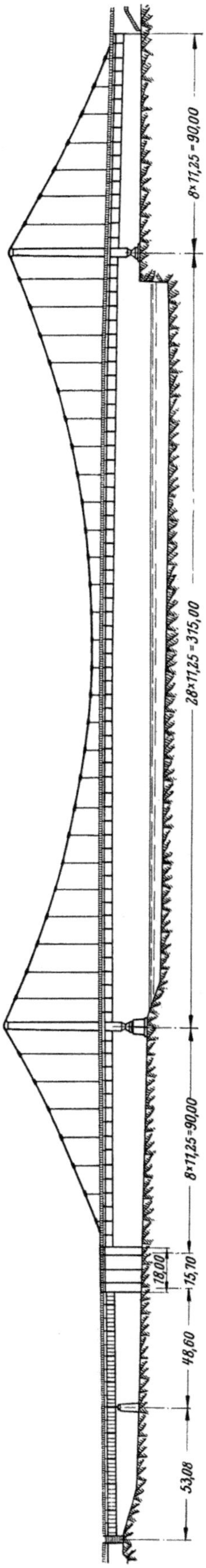

Abb. 106. „Die Brücke", Übersicht.

„Hängebrücke 48".

Entwurf IV. Bodenverankerte Hängebrücke mit frei stehenden Einzelpylonen.

Das Tragsystem dieses Vorschlags ist das gleiche wie beim Entwurf III. Die Portalpylone sind jedoch durch frei stehende Einzelpylone ersetzt, welche so weit auseinandergerückt sind, daß die Fahrbahn mit Rad- und Gehwegen zwischen ihnen durchgeführt werden kann (Abb. 105). Kabel und Versteifungsträger liegen in einer Ebene. Der 2,9 m hohe genietete, in gleichbleibender Höhe über den ganzen Brückenzug durchlaufende Versteifungsträger aus St 52 durchdringt die Pylone mittig und ist hier wie bei den anderen Entwürfen der Verfasser druck- und zugschlüssig beweglich gelagert. An den Trägerstößen in 10,1 m Abstand sind die Hänger jeweils mit die Obergurte durchdringenden Blechlaschen angeschlossen. Außen sind an

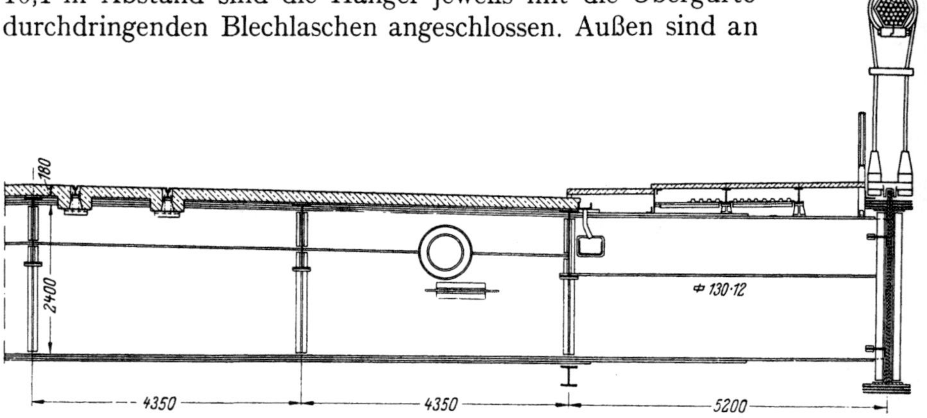

Abb. 105. „Hängebrücke 48, IV", Querschnitt.

diesen Stellen kräftig betonte senkrechte Steifen, innen waagrechte Steifen zur Beulsicherung angeordnet. Negative Auflagerdrücke der Versteifungsträger an den Widerlagern werden in den Endfeldern durch 150 t Betonballast ausgeglichen.

Die Fahrbahn besteht aus einer unmittelbar befahrbaren, 18 cm dicken Stahlbetonplatte, welche auf einem von Querträgern, Längsträgern und Zwischenquerträgern gebildeten Rost gelagert ist. Über jedem Hauptquerträger ist eine Trennfuge vorgesehen. Die geschweißten Hauptquerträger sind 2,46 m, die Längsträger 1,00 m hoch. In Abständen von je 2,0 m sind Zwischenquerträger aus I-D 26 angeordnet. Die Abdeckung der Rad- und Gehwege besteht aus 8 cm starken Stahlbetonplatten.

Unter den Längsträgern ist etwa in Höhe der Nullinie des Versteifungsträgers ein doppelter Rautenfachwerkwindverband angeordnet, welcher ohne Mitwirkung der Fahrbahnplatte die gesamten Windkräfte übertragen kann.

Die Tragkabel, Schellen, Hänger und deren Anschlußseile entsprechen denen des Entwurfes III. Die Kabel sind jedoch tiefer in die Verankerungen eingeführt. Die Steifigkeitsverhältnisse der Brücke sind die gleichen wie bei dem Entwurf III. Die größte Durchbiegung im Viertelspunkt der Mittelöffnung beträgt etwa 1,5 m. Die größte Querneigung bleibt infolge des großen Abstandes der Versteifungsträger unter 1,8%, auch wenn die Torsionssteifigkeit des Brückenquerschnitts außer Ansatz bleibt.

Die am Fuß eingespannten Pylone entsprechen denen des Entwurfes II. Der Stahlaufwand ist mit 7137 t angegeben.

„Die Brücke“.

Verfasser: Aug. Klönne, Dortmund, Dyckerhoff & Widmann KG., Niederlassung Köln.
Architekt Baurat TH. TEICHEN, Köln.

Auf Grund der beim Bau der Autobahnbrücke Köln-Rodenkirchen gewonnenen Erfahrungen wird eine echte, bodenverankerte Hängebrücke vorgeschlagen (Abb. 106). Die über drei Öffnungen durchlaufenden, 3,50 m hohen Versteifungsträger liegen ganz unter der Fahrbahn. Die Tragkabel haben in der Mittelöffnung 35 m Durchhang. Die Hängerteilung ist auch in den Seitenöffnungen durchgeführt. Die 46,4 m hohen Pylonen sind als Pendelrahmen ausgebildet, die unter Wiederverwendung

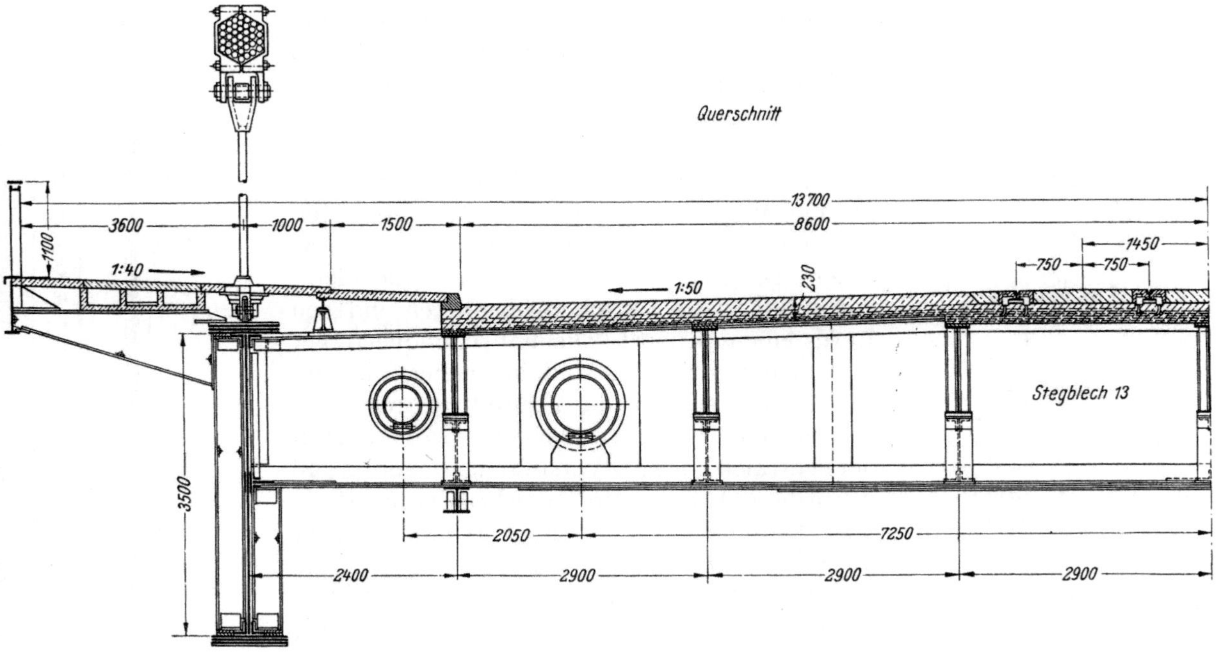

Abb. 107. „Die Brücke“, Querschnitt.

der alten Fußlager auf die vorhandenen Pylonenpfeiler aufgesetzt werden können. Der Kölner Verankerungspfeiler ist etwas nach der Stromseite verschoben und auf 18 m verbreitert. Durch Senkung des Brückenscheitels um 65 cm und flachere Ausrundung der Fahrbahn konnten die Sichtverhältnisse auf der Brücke verbessert werden.

Die Fahrbahntafel besteht aus einer unmittelbar befahrenen, 23 cm dicken, auf Längsträgern in 2,90 m Abstand gelagerten Stahlbetonplatte, welche mit Stahlbetonfertigbalken ohne Schalung hergestellt und mit Straßenfertigern verdichtet wird (Abb. 107 und 108). Der von Dyckerhoff & Widmann für Schiffbauten entwickelte Leichtbeton aus gebrannten, porigen Zuschlagstoffen mit glasierter, dichter Oberfläche hat ein Raumgewicht von 1,7 t/m³ und

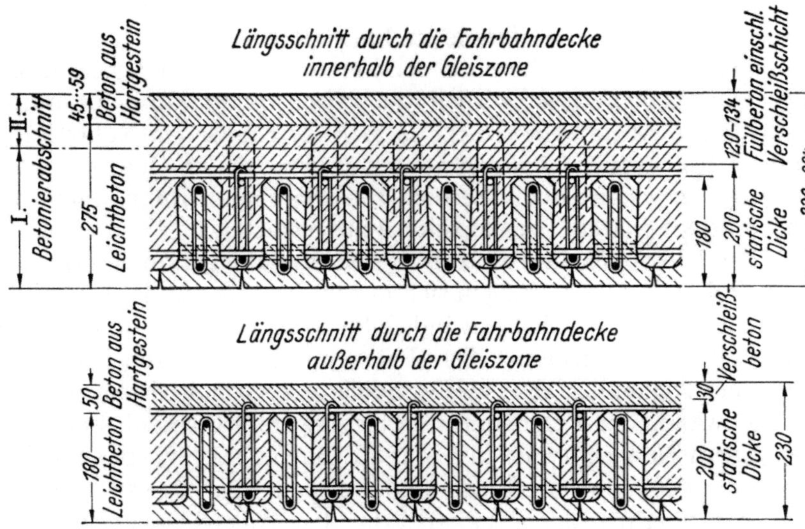

Abb. 108. „Die Brücke“, Fahrbahndecke.

Würfeldruckfestigkeiten bis zu 500 kg/cm². Auf den Leichtbeton wird eine 3 bis 5 cm dicke Verschleißdeckschicht aus Hartsteinbeton frisch aufgebracht. Die Fahrbahntafel ist wie bei der Rodenkirchener Autobahnbrücke in jedem Querträger durch Querfugen unterbrochen. Unter den Fugen sind die Längsträger an einem Ende fest, am anderen Ende längs beweglich angeschlossen (Abb. 109). Die Raumfugen machen die Fahrbahn unabhängig von den Verformungen des Haupttragwerks, haben aber bei Straßenbrücken mit Straßenbahnen den Nachteil, daß die Bewegungen an den Fugen sich auf die Schienen auswirken. Um kleine gegenseitige Verschiebungen zwischen Schiene und Platte zu ermöglichen, sind die Rillenschienen (Profil 20) auf einer 30 mm dicken Hartmastixschicht verlegt und mit Klemmplatten und Bolzen, welche in einbetonierten Hülsen stecken, befestigt. Für das Vergießen und Unterstopfen sind zwischen den Bolzen schräge Aussparungen im Beton vorgesehen.

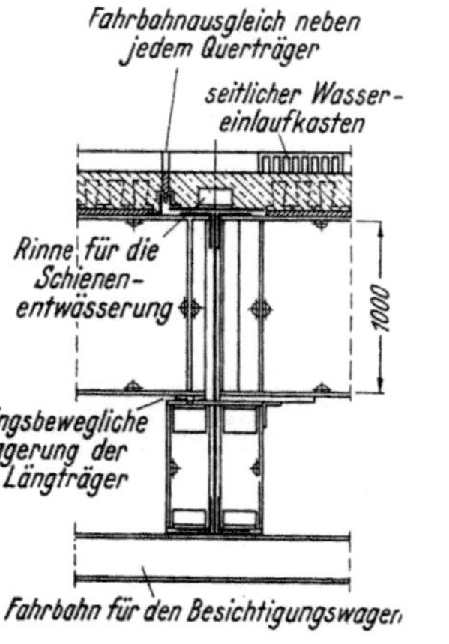

Abb. 109. „Die Brücke", Längsträgeranschlüsse.

Die 6,0 cm starken Stahlbetonfertigplatten aus Leichtbeton für die Rad- und Gehwege sind mit einem 2 cm dicken Gußasphaltbelag versehen. Die Platten sind auf dem Randträger, einem niedrigen Zwischenlängsträger und den Bordsteinen gelagert. Die Fahrbahnquerträger und Gehwegkonsolen sind im Hängerabstand von 11,25 m fest an die Versteifungsträger angeschlossen. Die Querträger-Unterkante liegt in der neutralen Zone der Versteifungsträger, so daß der in dieser Höhe angeordnete Windverband aus den Durchbiegungen der Versteifungsträger keine Zusatzspannungen erhält.

Die einwandigen Versteifungsträger mit gleichbleibender Stegblechhöhe von 3,50 m und 800 mm Gurtbreite sind an den Pylonen auf allseitig beweglichen Pendeln gelagert, welche Druck- und Zugkräfte übertragen können. Zur Aufnahme der Stützenmomente sind weitere Gurtplatten notwendig. Bei der Stoßanordnung an den Anschlußstellen der Hänger ist der Aufstellungsvorgang berücksichtigt.

Die Tragkabel aus je 37 patentverschlossenen Seilen von 80 mm ⌀ sind mit dreifacher Sicherheit gegenüber der rechnerischen Seilbruchlast bemessen. Die zweiteiligen Kabelschellen haben unten Ansätze, in welche der Bolzen zum Anhängen des mit Ösen versehenen oberen Seilkopfes der Hängeseile von 84 mm ⌀ eingreift. Die unteren Seilköpfe sind mittels eines Formstücks nachstellbar an die herausgezogenen Laschen der Versteifungsträger angeschlossen.

Das Oberflächenwasser wird durch Seiteneinläufe im Schrammbord und Sinkkasten in Abständen von 11,25 m in geschlossenen Rohren abgeführt, da offene Rinnen sich leicht verstopfen. Der unter den Querträgern laufende Besichtigungswagen ist mit seitlich ausschiebbaren Bühnen und mit fahr-, dreh- und klappbaren Teleskopleitern ausgestattet.

Die Pendelpylonen sind auf die alten Stahlgußlager aufgesetzt. Die 2,6 m breiten Pylonenstiele verjüngen sich nur in der Seitenansicht von 3,50 m auf 2,50 m nach oben. Die Außenwände bilden mit je 2 Quer- und Längswänden einen 9-zelligen Querschnitt. Das Pyloneninnere ist durch Mannlöcher und Steigleitern zugänglich. Der zweiwandige, 4,20 m hohe Pylonenriegel ist an die Innenwände der Pylonenpfosten biegungsfest angeschlossen.

Bei einem Nebenentwurf mit Standpylonen sind längsbewegliche Sattellager vorgesehen, um die Biege- und Einspannmomente zu verringern.

Die Verankerung der Tragkabel in den Ankerblöcken bedingt einen Umbau der Widerlager. Auf der Kölner Seite kann mit Rücksicht auf den

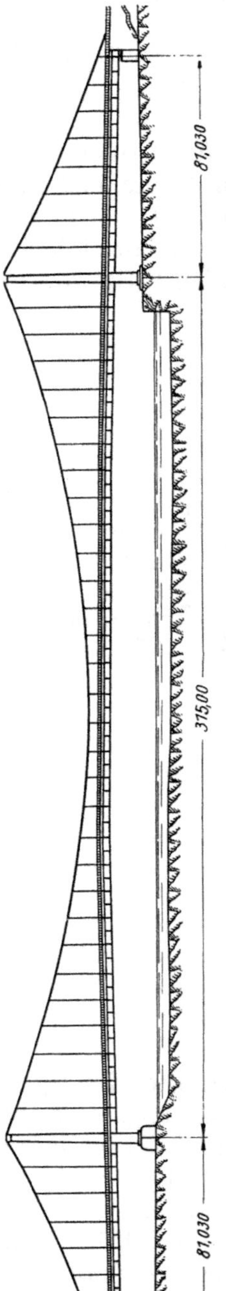

Abb. 110. „Orion", Übersicht.

Hochwasserabfluß der Ankerpfeiler nicht beliebig verbreitert werden. Im Entwurf ist eine Verbreiterung von 14 auf 18 m vorgesehen, welche durch Vorsetzen der Fundamentvorderkante gegen den Strom zu und einen Stahlbetonkragarm ermöglicht wurde, welcher im Hohlraum der anschließenden Flutbrücke Platz findet und in der Brückenansicht nicht in Erscheinung tritt. Auf der Mülheimer Seite ist ein mit Kies gefüllter Stahlbetonkasten in das Rampenbauwerk eingebaut. Die Pylonenpfeiler können ohne Änderung beibehalten werden.

Die Brücke wird in der Stromöffnung gerüstfrei aufgestellt. Nach dem Einbau der Seitenöffnungen mittels Portalkrans und der Aufstellung der Pylonen mittels Derriks werden die Hilfstege und Kabelseilbahnen eingebaut. Die Kabel werden zunächst in Hilfssättel verlegt und ausgehängt, dann in die Kabelsättel eingelegt. Die Versteifungs- und Fahrbahnträger werden anschließend von beiden Seiten gleichzeitig mit Vorbaukranen eingebaut, wobei die Versteifungsträger an den Stoßzellen zunächst mit Behelfslaschen im Ober- und Untergurt gelenkartig verbunden und erst nach dem Aufbringen der vollen ständigen Last vernietet werden.

Das Konstruktionsgewicht dieser bodenverankerten Hängebrücke beläuft sich auf 7747 t. Der Entwurf „Die Brücke“ ist eine klare, folgerichtige und reife Arbeit, eine technisch einwandfreie und wirtschaftlich vertretbare Lösung der Bauaufgabe, welche durch Ankauf ausgezeichnet wurde.

„Orion“.

Verfasser: Stahlbau Rheinhausen, Tiefbauunternehmung Fritz Pilgram, Köln-Mülheim, Tiefbauunternehmung Wiemer & Trachte, Dortmund. Architekt Prof. Hans Mehrtens, Aachen.

Aufbauend auf Erfahrungen im Hängebrückenbau wird eine echte, erdverankerte Hängebrücke (Abb. 110) vorgeschlagen und weiterentwickelt mit dem Ergebnis, daß der Entwurf „Orion“ den geringsten Gesamtstahlbedarf und die geringsten Kosten für den Stahlüberbau erfordert.

Das Straßenlängenprofil ist das gleiche wie bei der alten Brücke. Der Brückenscheitel liegt auf Kote 57,985 über NN, die Konstruktionsunterkante 12,4 m über dem höchsten schiffbaren Wasser-

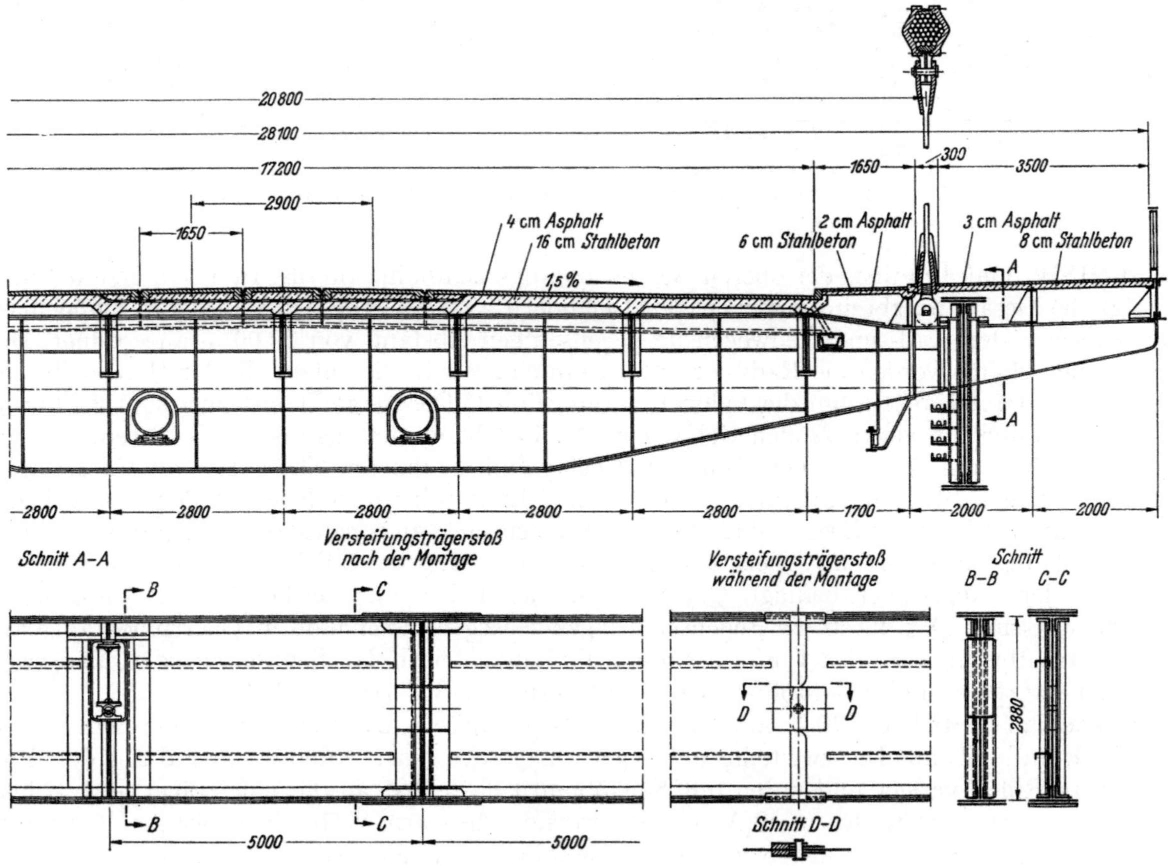

Abb. 111. „Orion“, Querschnitt des verbesserten Entwurfes.

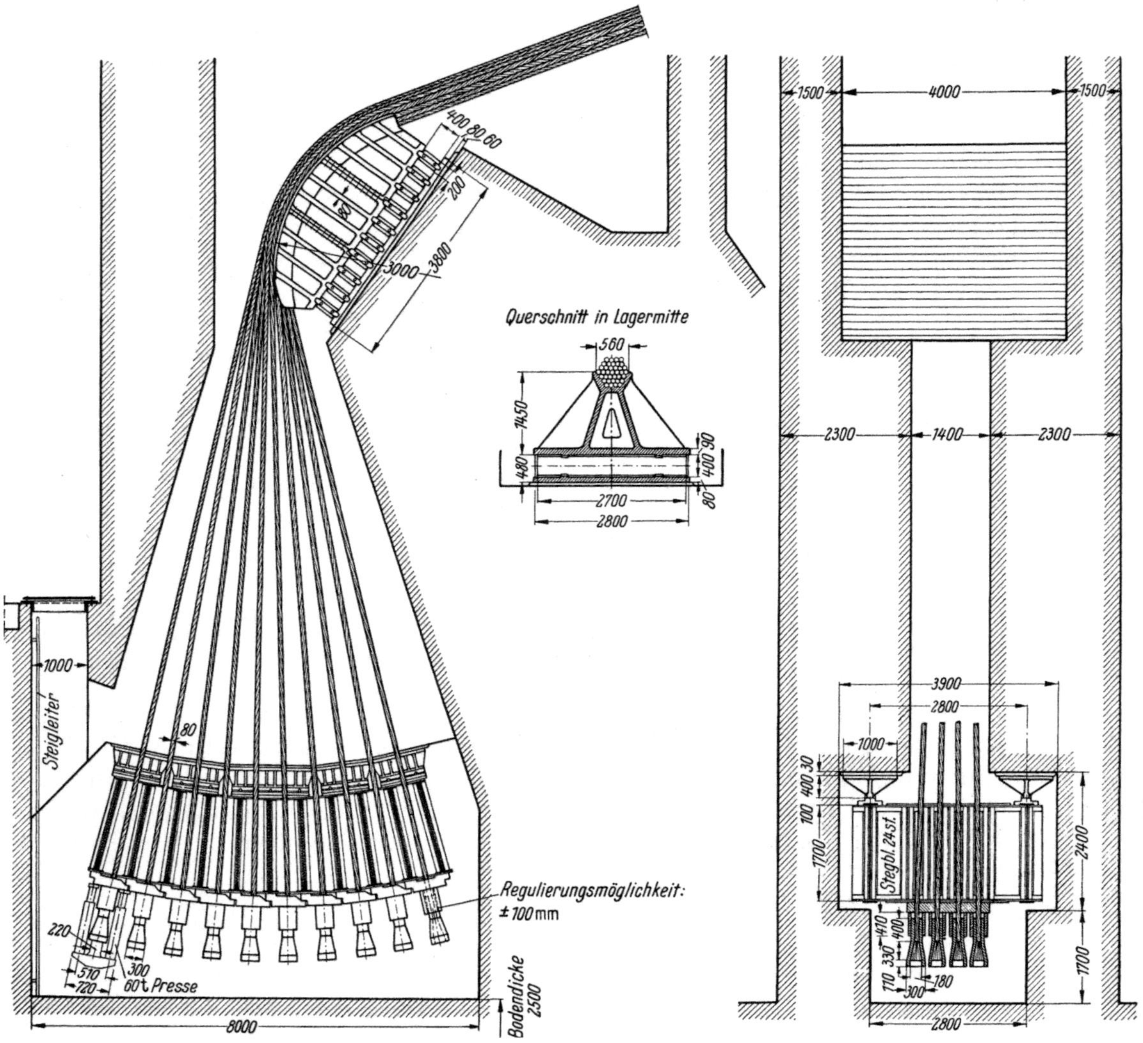

Abb. 112. „Orion", Kabelverankerung im linksrheinischen Ankerblock.

stand (HSW) und 3 m über der oberen Begrenzung des Schiffahrtsprofils. In einem ersten Entwurf beträgt die Gesamtnutzbreite zwischen den Geländern 29,20 m. Die Tragkabel und Doppelhänger sind zwischen den Rad- und Gehwegen im gegenseitigen Abstand von 22,00 m angeordnet. Durch die Pylonenschäfte werden die Radwege auf 1,15 m eingeengt. Die außerhalb der Hänger liegenden Gehwege sind auf Kanzeln um die Pylonen herumgeführt. Die Versteifungsträger sind 2,88 m hoch und liegen unter den auskragenden Gehwegen. Die Fahrbahntafel aus kreuzweis bewehrten, 16 cm dicken Stahlbetonplatten mit 5 cm Gußasphaltbelag und die inneren Gleiskoffer zur Unterbringung der 13 cm hohen Straßenbahnschienen ruhen auf 7 Längsträgern, welche mit den Querträgern in 10 m Abstand und mit je 2 Zwischenquerträgern in jedem Feld zu einem steifen Trägerrost verbunden sind. Die Längsträger sind an jedem zweiten Querträger längsbeweglich angeschlossen. Die Unterbrechung der Längsträger bedingt Querfugen in der Fahrbahn, welche bei Straßenbahngleisen unerwünscht sind. Das durch die Fugen eindringende Regenwasser muß in Querrinnen abgefangen werden. Im übrigen wird das Tagwasser durch Einlaufkasten in den Schrammborden, Längsrinnen unter der Fahrbahn und Abfallrohren bei den Pfeilern und Widerlagern abgeführt.

Die Tragkabel (Stichhöhe 31,5 m) bestehen aus 37 patentverschlossenen Seilen, von Felten & Guilleaume, Köln-Mülheim. Die zweiteiligen Hänger aus geschlagenen Rundseilen sind auf den Kabelschellen in Rillen verlegt und unten mit Seilköpfen nachstellbar an die Querträger angeschlossen.

Ein verbesserter zweiter Entwurf (Abb. 111) vermeidet die starre Verbindung zwischen Querträgern und Versteifungsträgern zugunsten gelenkiger Anschlüsse. Die Fahrbahnplatte konnte infolgedessen fugenlos durchgeführt werden. Mit einteiligen Drahtseilhängern konnten Kabelabstand auf 20,8 m und Lichtweite zwischen den Geländern auf 28,10 m verringert werden. Die Asphaltbelege sind hier etwas schwächer vorgeschlagen (Abb. 111). Beim ersten Entwurf waren die Doppelhänger aus in Rillen über die Kabelsätteln gelegten Drahtseilen an die Versteifungsträger angeschlossen. Die einteiligen Hänger des verbesserten zweiten Entwurfes greifen an den Querträgern an.

Die Wahl einer schweren Fahrbahn, welche mit rd. 600 kg/m² einen ausschlaggebenden Anteil an der gesamten ständigen Last der Hängebrücke ausmacht, ist eingehend begründet. Das hohe Eigengewicht wirkt sich auf die Verformungen und Durchbiegungen der Hängebrücke unter Verkehrsbelastungen günstig aus, bedingt wohl mehr Kabelquerschnitt infolge der größeren Horizontalkraft, dem aber Einsparungen im Konstruktionsgewicht der Versteifungsträger gegenüberstehen.

Die Pylone mit nach oben sich verjüngenden Stielen und hohem Querriegel sind als Standpylone ausgebildet und sitzen in voller Breite auf den Pfeilern auf. Um die Biegemomente in den Pylonenschäften herabzusetzen, ist eine Abspannung nach den Widerlagern mit Behelfsseilen vorgesehen, welche während der Bauausführung allmählich nachgelassen und nach dem Aufbringen der gesamten ständigen Last wieder beseitigt werden. Die Sattellager auf den Standpylonen sind fest mit den Pylonenköpfen verschraubt.

Die durchlaufenden Versteifungsträger sind in den Pylonen unnachgiebig gelagert. Um die großen negativen Stützenmomente bei den Pylonen abzubauen, sind Behelfsgelenke vorgesehen, welche nach dem Aufbringen der Fahrbahntafel geschlossen werden (Abb. 111). Die Stöße des Versteifungsträgers werden geschlossen, nachdem die Fahrbahnlast auf ganzer Brückenlänge mit Ausnahme der Gehwegplatten im mittleren Bereich aufgebracht ist.

Im rückwärtigen Teil des linksrheinischen Verankerungspfeilers sind die Tragkabel über ein Umlenklager in einen lotrechten Schacht geführt und die Seilköpfe auf einem Stahlträgerrost verankert (Abb. 112). Auf der Mülheimer Seite ist die Vorderwand des Widerlagers um 5 m vorverlegt. Hier sind die Tragkabel ohne Umlenkung unmittelbar zur Verankerung geführt.

Die größten Durchbiegungen in den Viertelpunkten der Stromöffnung betragen 1,75 bei einer Verkehrsbelastung mit 400 kg/m² und zwei Straßenbahnzügen in ungünstigster Stellung. Bei halbseitiger Belastung der Mittelöffnung mit 400 kg/m² ergibt sich in Brückenmitte eine Querverdrehung aus 1,383 m Durchbiegung des einen und 0,675 m des anderen Versteifungsträgers und eine größte Querneigung der Fahrbahn von 4,72%. Der kleinste Krümmungshalbmesser der Biegelinie unter Verkehrsbelastungen in ungünstigster Stellung ist zu 2180 m angegeben.

Das Konstruktionsgewicht beträgt 6330 t, die Gesamtbaukosten sind mit 17,7 Mill. RM angegeben.

Der Entwurf „Orion“ — baulich, statisch und konstruktiv mit großer Sachkenntnis und Sorgfalt bearbeitet und formschön gestaltet — wurde vom Preisgericht mit einem dritten Preis ausgezeichnet.

„Diana“.

Verfasser: Stahlbau Rheinhausen, Fritz Pilgram, Köln-Mülheim, Wiemer & Trachte, Dortmund. Prof. Hans Mehrtens, Aachen.

Der Entwurf zeigt eine erdverankerte Hängebrücke, deren Stützweiten und Gesamtbild mit dem Entwurf „Orion“ (Abb. 110) übereinstimmen. Die Tragkabel und Hänger liegen außerhalb der Geländer. Die Pylonenschäfte sind so weit auseinandergerückt, daß die Fahrbahn mit Rad- und Gehwegen, letztere mit geringfügiger Einschränkung, zwischen ihnen durchgeführt werden kann (Abb. 113). Die Pylone sind am Fuß eingespannt und 65,685 m hoch. Die unter den Gehwegen liegenden Versteifungsträger sind im Abstand von 25 m angeordnet und 2,50 m hoch. Im Brückenscheitel (Kote + 57,985) liegt die Konstruktionsunterkante noch 3,40 m über der oberen Begrenzung des Schiffahrtsprofils.

Wie bei „Orion“ sind im Mülheimer Widerlager die Kabel geradlinig zu den Verankerungen, und im linksrheinischen Ankerpfeiler über ein Umlenklager in einen lotrechten Verankerungsschacht geführt.

Die Fahrbahn besteht aus kreuzweis bewehrten Stahlbetonplatten mit 4 cm Gußasphaltbelag, welche auf einem steifen Trägerrost allseitig aufliegen. Die 100 mm hohen Straßenbahnschienen sind in einem Gleiskoffer eingebettet. Das Fahrbahngewicht beträgt 624 kg/m². Die Stahlbetonfertigplatten der Gehwege mit Asphaltbelag wiegen rd. 200 kg/m².

Die Fahrbahnlängsträger sind bei jedem zweiten Querträger längsbeweglich angeschlossen. An diesen Stellen sind die Stahlbetonplatten durch Fugen unterbrochen. Die konstruktive Durchbildung

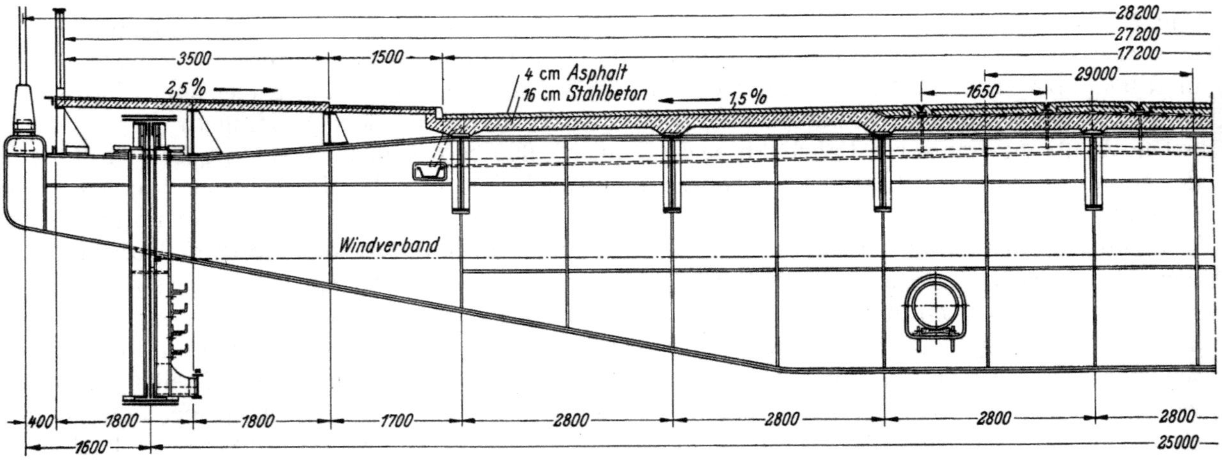

Abb. 113. „Diana", Querschnitt.

ist grundsätzlich dieselbe wie bei dem ersten Entwurf „Orion". Die niedrigen Versteifungsträger laufen innen an den Pylonen vorbei. Die Pylonenquerträger sind innerhalb der Pylone durch zug- und druckfeste Pendelsäulen abgestützt. Beim Anschluß der Hänger an die Enden der alle 10 m angeordneten Querträger von 28,20 Stützweite sind in die mit Innengewinde versehenen Seilköpfe Dorne eingeschraubt (Abb. 114), welche in ihrem unteren Ende konisch verlaufen und in einem Stahlstück drehbar gelagert werden. Die Verstellbarkeit in der Höhe wird durch Einschaltung von Halbringplättchen zwischen Spannring und Seilkopf ermöglicht.

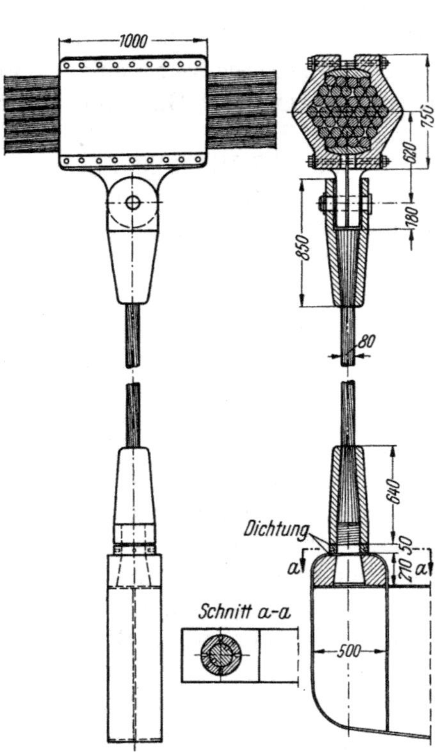

Abb. 114. Kabelschellen und Hänger.

Die Gehwege kragen etwas über die durch Schattenwirkung in der Brückenansicht noch schlanker erscheinenden Versteifungsträger aus. Die Aufhängung an den Querträgerköpfen außerhalb der Randträger belebt das Brückenbild.

Ein Windverband in der spannungslosen Zone des Versteifungsträgers gewährleistet im Hinblick auf den großen Abstand der Versteifungsträger eine besonders hohe Seitensteifigkeit bei Windangriff.

Die statische Berechnung nach der Theorie zweiter Ordnung ergab für Belastungen mit 400 kg/m² in jeweils ungünstigster Stellung und Temperaturänderungen ± 35° folgende Durchbiegungen:

Mitte Stromöffnung	1,462 m
Viertelpunkt der Stromöffnung	1,781 m
Mitte Seitenöffnung	0,448 m

Bei halbseitiger Belastung in der Mittelöffnung biegt sich der eine Hauptträger 1,245 m, der andere 0,756 m durch, die Querneigung wird 1,79%. Mit 1,5% Quergefälle der Fahrbahn ergibt sich somit die größte Fahrbahnquerneigung zu 3,29%. Der Krümmungshalbmesser der Biegelinie bei ungünstiger Teilbelastung der Mittelöffnung ist R = 1986 m.

Um die Fahrbahn von der Formänderung der Versteifungsträger unabhängig zu machen und eine fugenlos durchgehende Fahrbahn zu ermöglichen, wurde auch hier nachträglich ein Sonderverschlag mit beweglichem Versteifungsträgeranschluß vorgelegt. Die Querträger durchdringen die Versteifungsträger in gesäumten Fensteröffnungen.

Die Versteifungsträger werden mit Speziallagern, die sowohl Zug- als Druckkräfte aufnehmen können, gelenkig an die Querträger angehängt (vergl. Abb. 111). Auf den oberen Gurtungen der Querträger befinden sich Rollenlager zu beiden Seiten des Versteifungsträgers, welche ihn in seiner lotrechten Lage halten und die Seitenkräfte übertragen.

Die Montagestöße des Versteifungsträgers werden erst geschlossen, wenn die volle Fahrbahnlast ohne Gehwegplatten im mittleren Teil der Hauptöffnung aufgebracht ist.

Die Standpylone sitzen auf den Pfeilern in voller Breite auf. Um die Biegemomente in den Pylonenschäften und die Einspannmomente herabzusetzen, werden die Pylonenköpfe während des Bauvorgangs nach den Widerlagern mit Seilen abgespannt. Die Seile werden allmählich nachgelassen, so daß nach dem Aufbringen der gesamten ständigen Last die Biegespannungen ausgeschaltet sind.

Das Konstruktionsgewicht beträgt 6532 t. Als Vorteile des Entwurfs „Diana“ werden genannt: geringer Stahlaufwand, niedrige Gesamtkosten trotz schwerer, besterprobter Fahrbahn, statisch klare Lösung und große Sicherheit, niedriger Versteifungsträger, ungebrochener geradliniger Verlauf der Geländer, harmonisches Verhältnis von Höhe und Breite der Pylone.

Der Gesamteindruck ist leicht und beschwingt (Abb. 115).

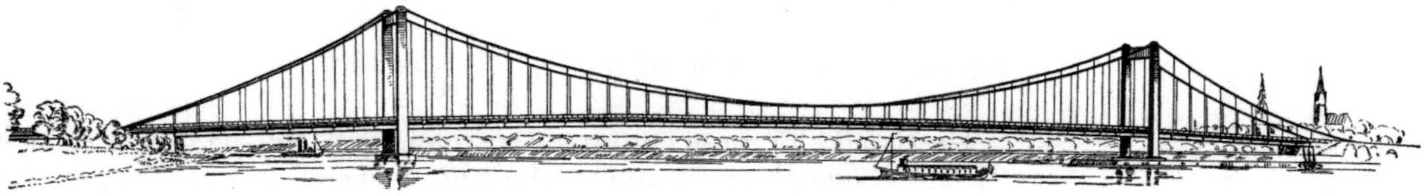

Abb. 115. „Diana“, Schaubild.

Entwurf „Oho“.

Verfasser: Dr.-Ing. Fritz Leonhardt, Stuttgart, Gutehoffnungshütte AG. Oberhausen-Sterkrade, Philipp Holzmann AG., Frankfurt/Main. Architekt Dipl.-Ing. Gert Lohmer, Köln.

Die Verfasser schlagen eine echte, im Boden verankerte Hängebrücke vor (Abb. 116). Linksrheinisch ist unter Ausnutzung des alten, 14 m breiten Ankerpfeilers, an den sich die Flutbrücken anschließen, ein 25 m breites Verankerungsbauwerk vorgesehen. Dadurch verringert sich die Stützweite des anschließenden Blechträgerüberbaus auf 49,96 m, während die zweite Flutöffnung nächst dem Kölner Deich unverändert beibehalten ist. Die durch Bombensplitter beschädigte Flutbrücke muß ausgebessert werden.

Während bei der alten, in sich versteiften Hängebrücke die Versteifungsträger bis 1,10 m über die Fahrbahn herausragten und den freien Ausblick auf Strom und Ufer beeinträchtigten, sind bei der erdverankerten Hängebrücke die 3,40 m hohen Versteifungsträger unter der Fahrbahn angeordnet. Mit dem in gleicher Höhe — rd. 3,80 m — über den ganzen Brückenzug durchlaufenden Fahrbahnband, der gleichmäßigen Hängerteilung und dem Ausklingen der natürlichen Seillinie nach den Seiten an Stelle der straff gespannten Rückhaltkabel der alten Brücke wirkt die bodenverankerte Hängebrücke leicht und beschwingt. Die Schlankheit der niedrigen Versteifungsträger wird durch die Schattenwirkung der ohne Konsole rd. 2,30 m auskragenden Gehwege noch gesteigert (Abb. 117).

Bei gleicher Durchfahrtshöhe für die Schiffe konnte die Kuppe weicher ausgerundet und das Straßenvisier gesenkt werden. Die flachere Ausrundung der Fahrbahn und die Senkung der Scheitelhöhe um rd. 1 m hat für den Straßenverkehr den Vorteil, daß geringere Steigungen zu überwinden sind und die Sichtweite der Autofahrer wesentlich vergrößert wird. Die Tragkabel sind in Brückenmitte so hoch gelegt, daß die Aussicht auch von der Straßenbahn aus frei bleibt.

Auf die Durchbildung der Fahrbahn haben die Verfasser besondere Sorgfalt verwendet. Um bei den großen Verformungen der Hängebrücke die Fahrbahn von Zwängungsspannungen möglichst frei zu halten, sind bisher bei Stahlbetonplatten Querfugen und längsbewegliche Längsträgeranschlüsse angeführt worden. Die Rodenkirchener Hängebrücke mit unter der Fahrbahn liegenden Versteifungsträgern hatte Bewegungsfugen in 10,50 m Abstand. Solche Querfugen sind bei der Köln-Mülheimer Brücke mit Rücksicht auf die Straßenbahn unerwünscht. Trotz tief liegendem Versteifungsträger ist hier erstmals die Ausführung einer fugenlos durchgehenden Fahrbahn durch eine bewegliche Verbindung zwischen den Querträgern und den Versteifungsträgern in Vorschlag gebracht worden. Bei einem ersten Vorschlag war durch Zuspitzung der Gurtplatten der Querträger an dem festen Anschluß an den Versteifungsträger eine gewisse Verdrehungsmöglichkeit des Querträgers angestrebt. In einem verbesserten Vorschlag sind die an die Tragkabel angehängten Querträger am Versteifungsträger in Rollen längsbeweglich gelagert (Abb. 118). Der Wegfall der Querfugen vereinfacht die Aufstellungsvorgänge und wirkt sich auch in der Unterhaltung günstig aus. Mit Rücksicht auf die

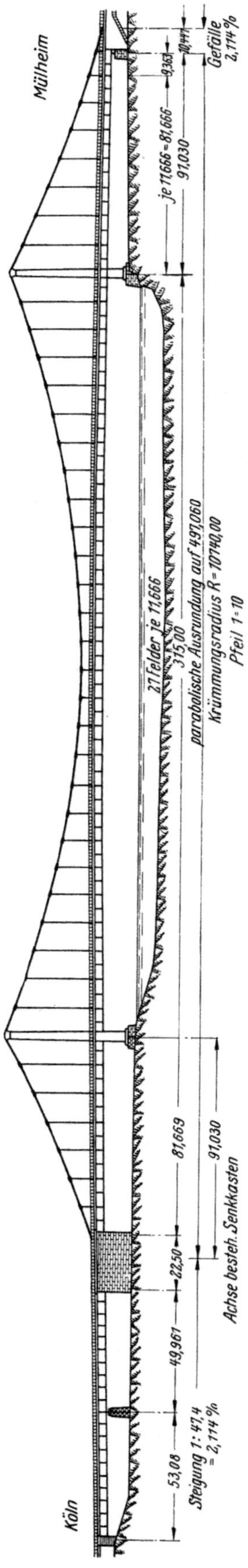

Abb. 116. „Oho“, Übersicht.

Einengung der Gehwege bei den Pylonen ist die Gesamtnutzbreite zwischen den Geländern auf 30,80 m vergrößert. Billiger ist eine kanzelartige Umgehung der Pylone.

Die Steifigkeit der Hängebrücke ist abhängig vom Verhältnis Eigengewicht zu Nutzlast g/p, vom Trägheitsmoment des Versteifungsträgers $J_{verst.}$ und vom Pfeilverhältnis der Tragkabel f/L. Je größer die ständige Last im Verhältnis zur veränderlichen Last ist, um so kleiner sind die Durchbiegungen unter Verkehrsbelastungen. In den Wettbewerbsbedingungen war eine Krümmung der Biegelinie mit Krümmungshalbmesser R = 1500 m zugelassen. Die Verfasser haben sich für R = 2000 m, größere Steifigkeit und eine schwere, solide Stahlbetonfahrbahn entschieden. Auf Grund von eingehenden Untersuchungen wurde

$$g/p = 2,\ J_{verst.} = 0{,}30\ m^4 \text{ und } \frac{f}{L} = \frac{1}{10} \text{ gewählt.}$$

Die Tragkabel bestehen aus 61 Einzelseilen von 63 mm ⌀ oder aus 37 Einzelseilen von 74 mm ⌀. Bei der Bemessung der Tragkabel berufen sich die Verfasser auf die Ergebnisse von Versuchen, die anläßlich des Baues der Autobahnbrücke Köln-Rodenkirchen mit patentverschlossenen Seilen von Felten & Guilleaume von der MPA der Technischen Hochschule Stuttgart unter Leitung von Prof. O. Graf durchgeführt worden sind. Die Dauerversuche ergaben bei einer Grundspannung von 3,8 t/cm² und einer Million Lastwechsel eine Schwingweite von 3,8 bis auf 5,8 t/cm² ohne Bruch. Die Tragkabel sind mit 2½facher Sicherheit gegenüber der Bruchfestigkeit der Einzelseile bemessen, während in den Ausschreibungsbedingungen eine mindestens 3fache Sicherheit gegenüber der aus mehreren Zerreißproben ermittelten Zugfestigkeit des Gußstahldrahtes gefordert wird. Die Entwurfsverfasser machen dazu geltend, daß aus Verkehrslasten und Temperaturänderungen Spannungen von höchstens 0,9 t/cm² öfters vorkommen, wobei die Tragkabel eine mindestens 2fache Sicherheit gegen Dauerbruch aufweisen.

Abb. 117. „Oho“. Schattenwirkung der auskragenden Gehwege.

Die Portalpylone zeigen einfache klare Rechteckformen. Die Pfosten verjüngen sich nach oben, haben einzelligen Kastenquerschnitt aus 4 durch I P 30 ausgesteiften Wandblechen, welche mit Querschotten verbunden sind. Sie stehen auf einem neuartigen Kipplager, welches Quereinspannung mit Einstellbarkeit in der Brückenrichtung verbindet. Von Standpylonen wurde abgesehen, weil die vorhandene Pfeilergründung nicht ausreicht, um die Einspannmomente aufzunehmen. Nur für die Aufstellung ist beiderseitige Fußeinspannung vorgesehen, wodurch freistehender Aufbau ermöglicht wurde. Neuartig sind die Kabelsättel aus zusammengeschweißten Panzerblechen, auf welche Stahlgußtröge zur Aufnahme der Kabel aufgesetzt sind und womit das Gewicht auf 15 t

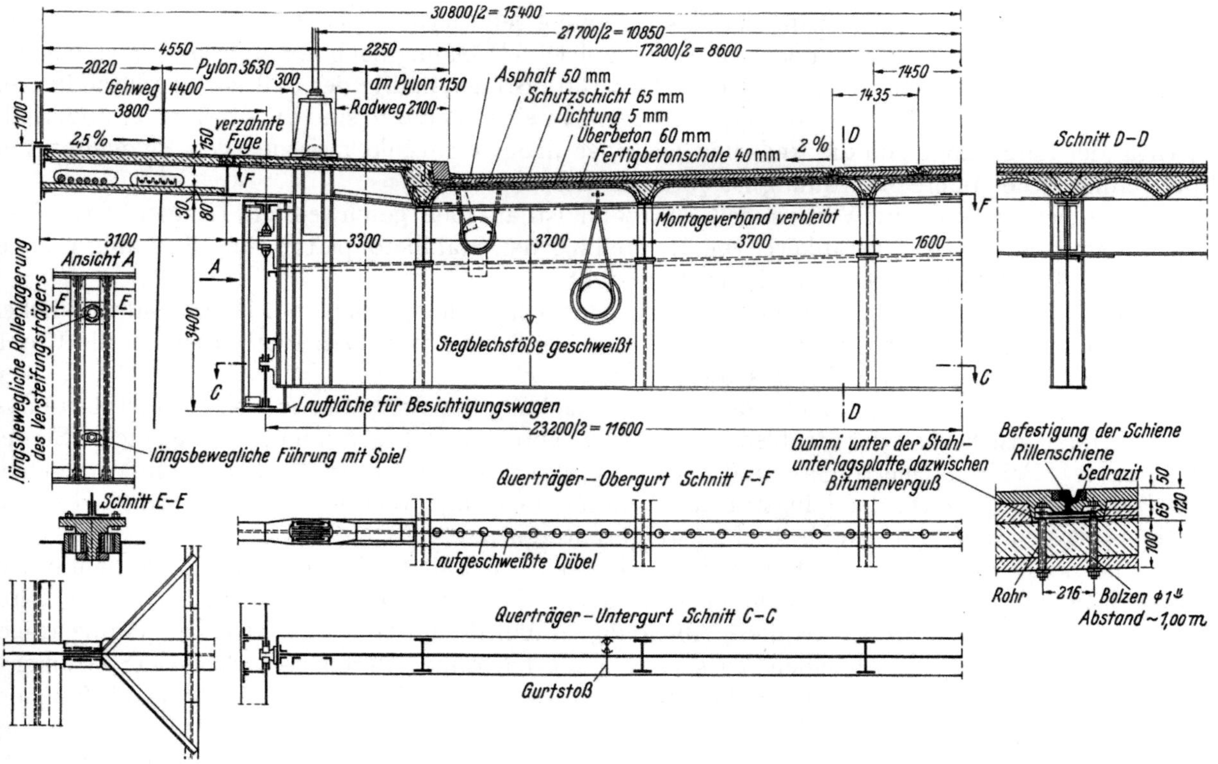

Abb. 118. „Oho“, Querträger mit längsbeweglichem Versteifungsträgeranschluß.

vermindert werden konnte. Die Kabelsättel sind mit den Pylonenköpfen fest verbunden. Die durchlaufenden Versteifungsträger sind im Pylon mit Litzenseilen aufgehängt, wodurch die großen Stützmomente bei fester Auflagerung abgebaut und die Neigungswinkel der Fahrbahn vermindert werden.

In den Verankerungsbauwerken sind die Seile ohne Ankerträger hinter Stahlbetonblöcken stahlsparend verankert (Abb. 119). Zur Sicherung der Enden der Versteifungsträger gegen Abheben vom Auflager sind Druckpendel unter den Kabeln angeordnet, welche gleichzeitig den Neigungswechsel der Fahrbahn verkleinern. Wie Abb. 119 zeigt, wurde im Rahmen eines verbesserten Entwurfes durch Schwerspatbeton im rückwärtigen Teil des Blockes und durch Verankerung mit Franki-Zugpfählen im Baugrund die Breite des Verankerungspfeilers auf 20 m verringert. Außerdem sieht der verbesserte Entwurf die Verringerung der Geh- und Radwegbreiten auf 3,65 m bzw. 1,65 m und an den Pylonen Umführungskanzeln vor.

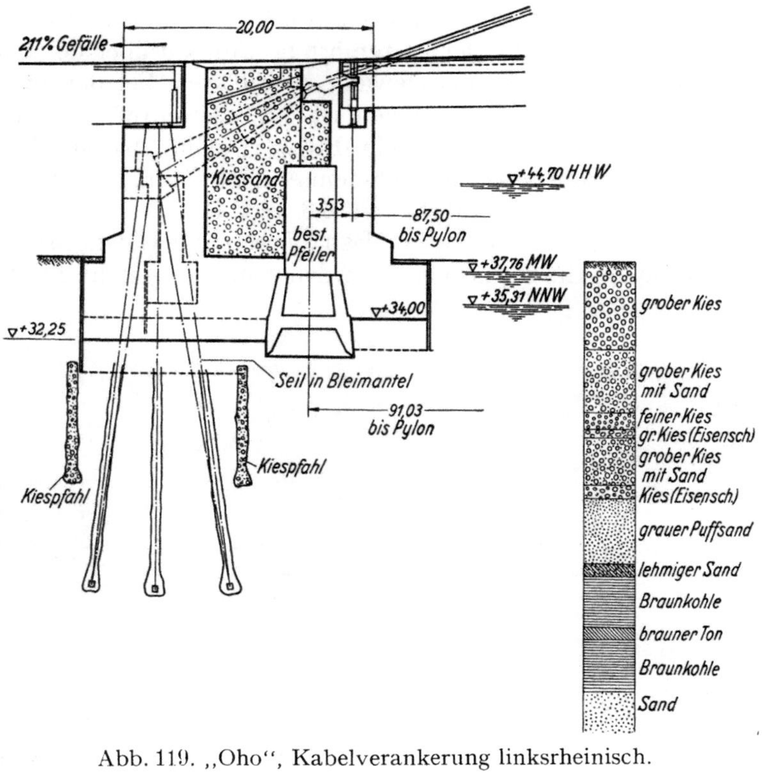

Abb. 119. „Oho“, Kabelverankerung linksrheinisch.

Die Hänger aus patentverschlossenen Seilen von 105 mm ⌀ in durchweg 11,67 m Abstand sind oben verbolzt, unten in der Höhenlage verstellbar angeschlossen und durch Stahlkappen gegen anfahrende steuerlose Fahrzeuge geschützt. Bei den

Hängern erachteten die Verfasser die der Ausschreibung geforderte 2½fache Sicherheit nicht für ausreichend. Die Hänger sind lotrecht oder können eine leichte Neigung nach innen erhalten, wie das bei amerikanischen Hängebrücken (Brooklyn-, Golden Gate Bridge) häufig der Fall ist. Sie durchdringen die Brückentafel zwischen den Rad- und Gehwegen. In einer Variante sind die Querträger außerhalb der Geländer aufgehängt und die Rad- und Gehwege uneingeschränkt zwischen den Pylonenpfosten durchgeführt. Die erstere Anordnung ist vorzuziehen.

Die Stahlbetonplatte mit Vouten der Fahrbahn ist auf den geschweißten Längsträgern quergespannt und schutzsicher verankert. Die Herstellung der Stahlbetonplatte ohne Schalung mit gepreßten Stahlblechen ist in einer Variante dargestellt.

Für die Rad- und Gehwege sind Betonfertigplatten vorgesehen, welche auf einem 840 mm hohen Randträger und zwei I-Längsträgern gelagert sind. Der Raum unter den Platten ist für die Unterbringung der Leitungskabel und -rohre ausgenutzt.

Die genieteten Versteifungsträger sind zur Vereinfachung der Stöße nur mit einer Gurtplatte ausgebildet. Die Beulsicherheit der Stegbleche ist durch äußere senkrechte und innere waagerechte Steifen gewährleistet. Bei den Querträgern sind kräftige senkrechte Steifen auf beiden Seiten vorgesehen.

In Höhe der Untergurte der Längsträger ist ein Montage- und Windverband angeordnet. Der Besichtigungswagen läuft auf den Versteifungsträgeruntergurten.

Die Unterkante der Stahlkonstruktion liegt bei „Oho“ 1,0 m und bei „Aha“ 1,1 m über dem frei zu haltenden Schiffahrtsprofil. Bei beiden Entwürfen sind die Durchbiegungen bei voller ungünstigster Belastung jedoch etwas größer als diese Abstände, so daß die unteren Teile der Versteifungsträger in das Schiffahrtsprofil einschneiden. Diesem Nachteil hätte man durch Höherlegen der Gradiente vorbeugen können. Die Verfasser glaubten jedoch diese Möglichkeit wegen der Verschärfung der Steigungen der Fahrbahn nicht wahrnehmen zu sollen, weil sie der Meinung sind, daß ungünstige Lastwirkungen, wie sie der Berechnung zugrunde gelegt werden, nur in etwa halber Größe vorkommen können. Das Schiffahrtsprofil wird dann von Bauteilen vollständig frei bleiben.

Die echte, erdverankerte Hängebrücke erfordert den geringsten Stahlaufwand, der Gesamtstahlbedarf bei „Oho“ ist 6850 t gegenüber 13030 t bei der alten, in sich versteiften Hängebrücke, die Stahlersparnis 55 %. Den Ersparnissen stehen Mehraufwendungen für die Erdverankerung gegenüber. Die Pylonenpfeiler können ohne Änderung wiederbenutzt werden, wenn auch eine niedrigere und breitere Ausführung erwünscht wäre. Bei den Verankerungen sind die vorhandenen Senkkasten mitverwandt. Der linksrheinische Ankerpfeiler, welcher die Hängebrücke von den Flutbrücken trennt, ist mit Abmessungen von 20 auf 50 m über dem Vorland etwas massig geraten. Rechtsrheinisch ist der Ankerblock in das alte Rampenbauwerk eingebaut. Auf beiden Seiten ist Gründung in offener Baugrube vorgeschlagen. Der kastenförmige Aufbau über der Sohlplatte ist mit Kies aufgefüllt, um das erforderliche Verankerungsgewicht zu erhalten. Bei den über Hochwasserspiegel angeordneten, zugänglichen Kabelverankerungen ist eine Bewehrung des Betonkörpers notwendig, um Betonzugspannungen zu vermeiden. Beim Entwurf „Oho“ ist eine Vorspannung mit Spannseilen vorgesehen.

Die Baukosten betragen nach dem Angebot: Stahlkonstruktion einschl. Nebenlieferungen 12,2 Mill. RM, Gründung und Unterbauten 6,3 Mill. RM.

Die vorzügliche Lösung der Bauaufgabe, die künstlerische Gestaltung und die sorgfältige Durcharbeitung des Entwurfs „Oho“ wurden vom Preisgericht mit dem 2. Preis ausgezeichnet (vgl. Abb. 120).

Abb. 120. „Oho“, Schaubild.

„Colonia docet“.

Verfasser: Ingenieurbüro Baurat Bock, Köln, Dortmunder Union, Brückenbau AG., Polensky & Zöllner, Zweigniederlassung Köln. Architektonische Bearbeitung: Reg.-Baum. a. D. Karl Haberaecker, Iserlohn, Baurat a. D. Hover, Köln-Dellbrück u. Wuppertal.

Die bodenverankerte Hängebrücke nach diesem Vorschlag entspricht in den Stützweiten der alten Hängebrücke (Abb. 121). Auch die Pfeilhöhe des Tragkabels ist mit 34,5 m beibehalten und die Pylonen sind wie bisher Zweigelenk-Pendelportalrahmen. Dagegen ist der 3,4 m hohe Versteifungsträger vollständig unter der Fahrbahn angeordnet und deren Aufhängung ist auch in den Seitenöffnungen durchgeführt.

Der Entwurf wurde in 3 verschiedenen, die Linienführung der Versteifungsträger betreffenden Vorschlägen eingereicht. In einem 1. Vorschlag sind zwecks Verminderung der auf die Ankerblöcke wirkenden Kippmomente die Tragkabel heruntergezogen und münden verhältnismäßig tief in die Blöcke ein. Damit die Kabel unter der Fahrbahn nicht sichtbar werden, sind die Enden der Versteifungsträger voutenartig ausgebildet. Das Brückenbild wird dadurch etwas ungünstig beeinflußt. Bei einem 2. Vorschlag sind die Kabel höher eingeführt und die Versteifungsträger ohne Endvouten ausgebildet. Ein 3. Vorschlag vermeidet auch die bei den Vorschlägen 1 und 2 vorgesehenen Vouten an den Pylonen und zeigt über den ganzen Brückenzug ein in gleicher Höhe durchlaufendes Fahrbahnband (Abb. 121).

Die einwandigen Versteifungsträger laufen bei sämtlichen Vorschlägen über alle 3 Öffnungen durch. Sie sind überall längsbeweglich gelagert und können sich infolgedessen in eine zur Brücken-

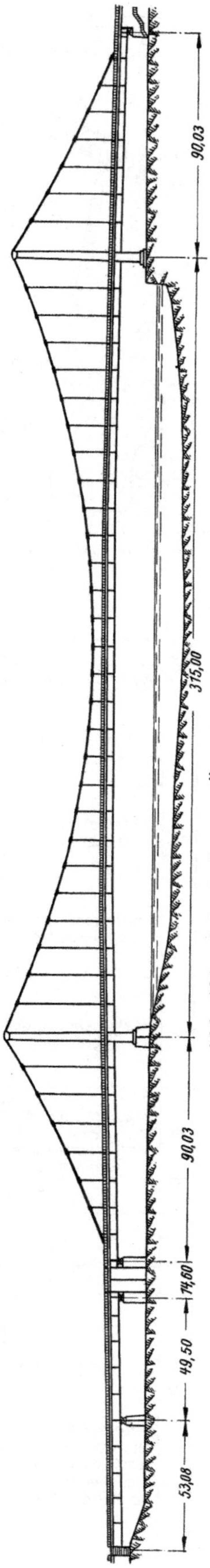

Abb. 121. „Colonia docet“, Übersicht des Vorschlages 3.

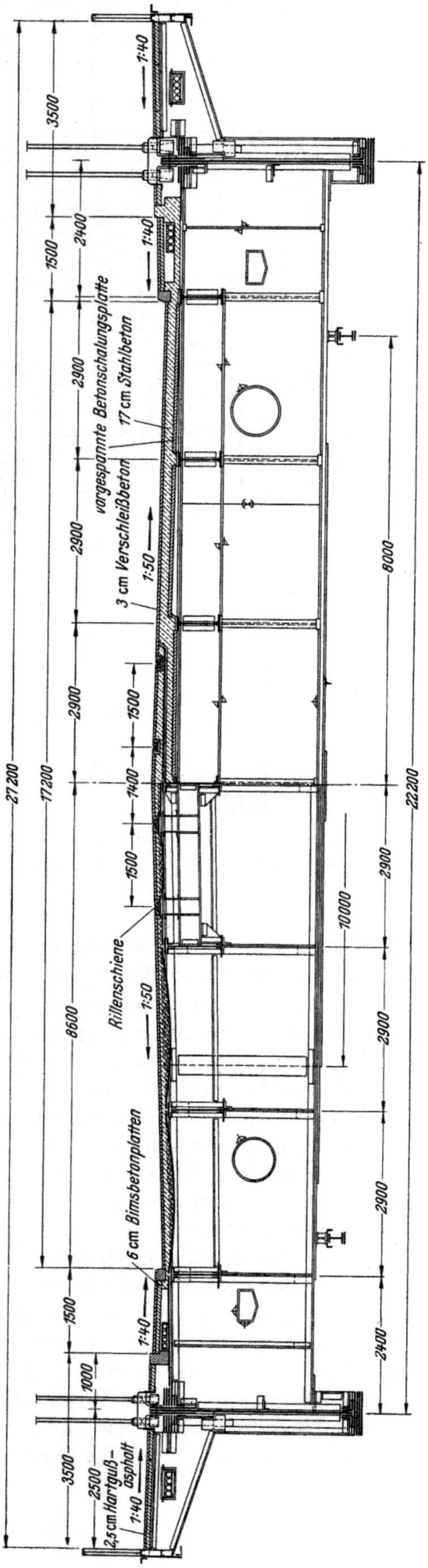

Abb. 122. „Colonia docet“, Querschnitte, Vorschläge 1 und 2.

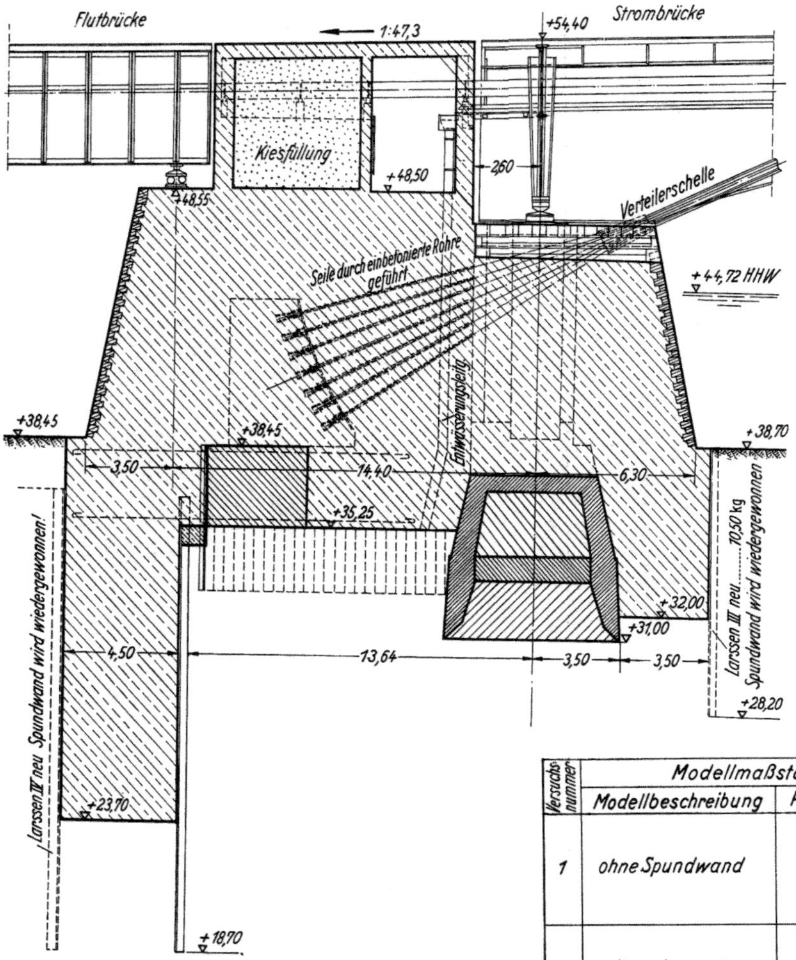

Abb. 123. „Colonia docet“. Linksrheinischer Ankerblock mit Schürze.

mitte symmetrische Lage einpendeln. Zwecks Durchführung der Kabel sind die Versteifungsträger vor den Widerlagern auf größeren Abstand gespreizt.

Bei der Kabelverankerung der in sich versteiften Hängebrücke wurden die Seilenden infolge verschieden großer Ablenkungen ungleichmäßig beansprucht. Dieser Nachteil ist bei dem vorliegenden Entwurf dadurch vermieden, daß sämtliche 37 Einzelteile der Kabel von 80 mm ⌀ hinter der Verteilerschelle symmetrisch abgelenkt und im Beton in Rohren hindurchgeführt werden. Zur Übertragung der Kabelkräfte auf das Verankerungsbauwerk ist eine kräftige Stahlgußkalotte angeordnet (Abb. 123).

Unter bewußtem Verzicht auf die nach Ansicht der Verfasser bei Großbauten nicht genügend erprobten Leich bauweisen sind nach einem Vo schlag 2 für die Fahrbahntafel au gesteifte Tonnenbleche mit Beto füllung und mit einer 3 cm sta ken Verschleißschicht vorgeseh (Abb. 122). Die Fahrbahntafel i auf einem aus Quer- und Läng trägern gebildeten Rost gelage Die 100 mm hohen Rillenschien der Straßenbahn liegen mit elas scher Unterlage auf Zwillingstr gern. Die Radwege haben über d ganze Brückenlänge die verlang Breite von 1,5 m. Die Gehwe sind um die Pylone kanzelart herumgeführt. Die Abdeckung d Rad- und Gehwege besteht a 6 cm dicken Bimsbetonfertigpla ten mit Maschengitterbewehru und mit 2,5 cm Asphaltbelag. B

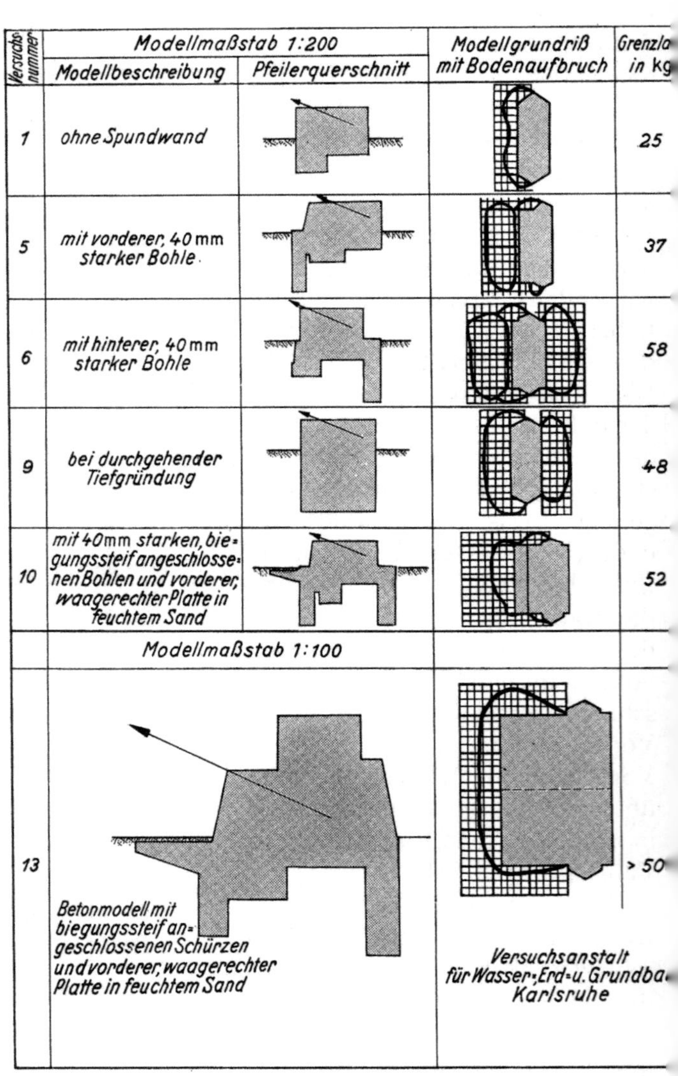

Versuchsnummer	Modellmaßstab 1:200 Modellbeschreibung	Pfeilerquerschnitt	Modellgrundriß mit Bodenaufbruch	Grenzla in kg
1	ohne Spundwand			25
5	mit vorderer, 40 mm starker Bohle			37
6	mit hinterer, 40 mm starker Bohle			58
9	bei durchgehender Tiefgründung			48
10	mit 40 mm starken, biegungssteif angeschlossenen Bohlen und vorderer, waagerechter Platte in feuchtem Sand			52
	Modellmaßstab 1:100			
13	Betonmodell mit biegungssteif angeschlossenen Schürzen und vorderer, waagerechter Platte in feuchtem Sand		Versuchsanstalt für Wasser-, Erd- u. Grundba Karlsruhe	> 50

Abb. 124. „Colonia docet“. Karlsruher Modellversuche.

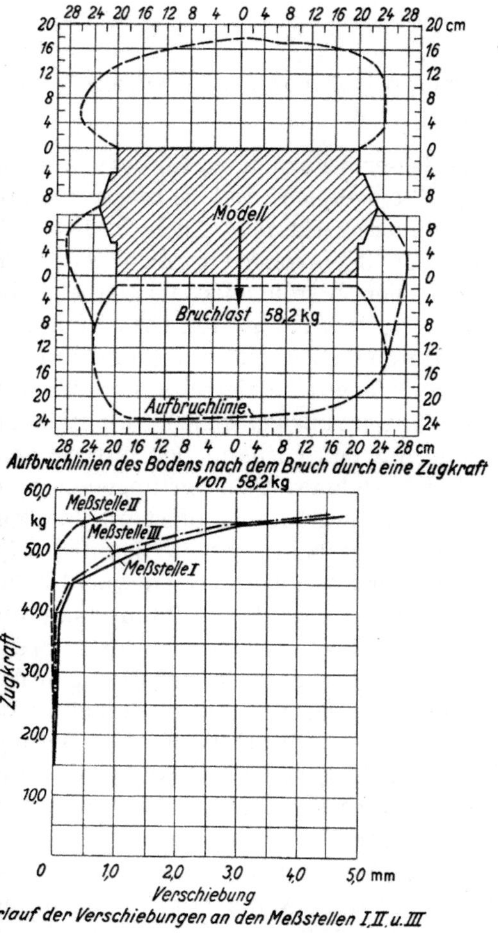

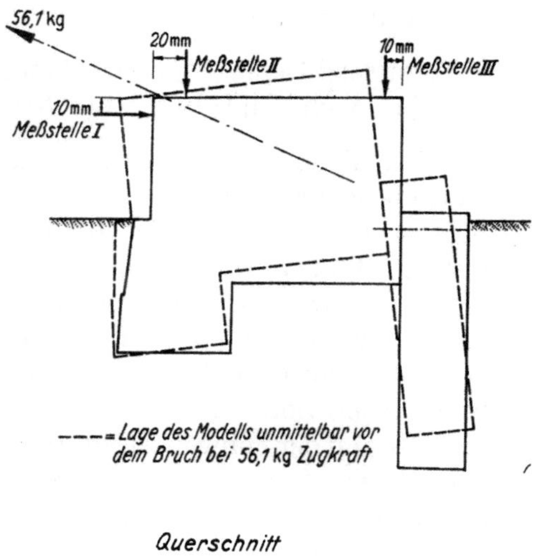

Abb. 125. „Colonia docet". Ergebnisse des Karlsruher Modellversuchs Nr. 6.

einem Vorschlag 2 besteht die Fahrbahntafel aus einer 17 cm dicken Stahlbetonplatte mit 3 cm Verschleißschicht, wobei durch Stahlbetonfertigbalken mit vorgespannten Bewehrungseisen die Einschalung gespart wird (Abb. 122). Im Bereich der Straßenbahngleise ist eine Auskofferung mit besonderer Dichtungsschicht vorgesehen.

Das 8176 t betragende Konstruktionsgewicht bei Vorschlag 1 verringert sich beim Vorschlag 2 mit hochliegender Kabeleinführung auf 6964 t.

Zur Übertragung des 14500 t betragenden Kabelzugs auf den Baugrund werden Ankerklötze mit rückwärtiger Schürze zur Aktivierung des Erdwiderstandes vorgeschlagen (Abb. 123). Das linksrheinische Ankerbauwerk ist von 14 m auf 22 m verbreitert. Form und Tiefe der Schürzen oder Sporne sind auf Grund von Modellversuchen bestimmt, die von Prof. Dr.-Ing. Loos im Hamburger Erdbau-Institut (jetzt Versuchsanstalt für Wasser-, Erd- und Grundbau in Karlsruhe) durchgeführt wurden (Abb. 124 und 125). Das Ergebnis der Modellversuche ist wie folgt zusammengefaßt:

„Schürzen ergeben eine große Steigerung der Tragkraft. Sie sind auf der Landseite wirksamer als auf der Wasserseite. Spundwände mit dazwischen eingeschlossenen Boden wirken ähnlich wie massive Fundamente. Handelsübliche Spundwandprofile sind hierfür zu schwach, das heißt zu biegsam, weshalb technisch und wirtschaftlich nur eine Betonschürze die gestellte Aufgabe erfüllen kann."

Form und Ausmaße der nach vorstehenden Gesichtspunkten ausgebildeten Ankerpfeiler gehen aus Abb. 123 hervor. Bei den Verankerungsblöcken sind zur Kosteneinsparung Räume mit Kiesfüllung vorgesehen.

Nachträglich wurden noch verschiedene Varianten mit verkleinertem Sporn eingereicht.

Die Abb. 126 und 127 vermitteln Gesamtbilder der Vorschläge 1 und 3 dieses in seinen Einzelheiten gut durchgebildeten Entwurfes.

Abb. 126. „Colonia docet", Schaubild nach Vorschlag 1.

Abb. 127. „Colonia docet", Schaubild nach Vorschlag 3.

„Zukunft I“, „Ia“ und „II“.

Verfasser: Demag AG., Duisburg, Philipp Holzmann AG., Niederlassung Köln. Arch. Dipl.-Ing. HEIN NOECKER, Köln.

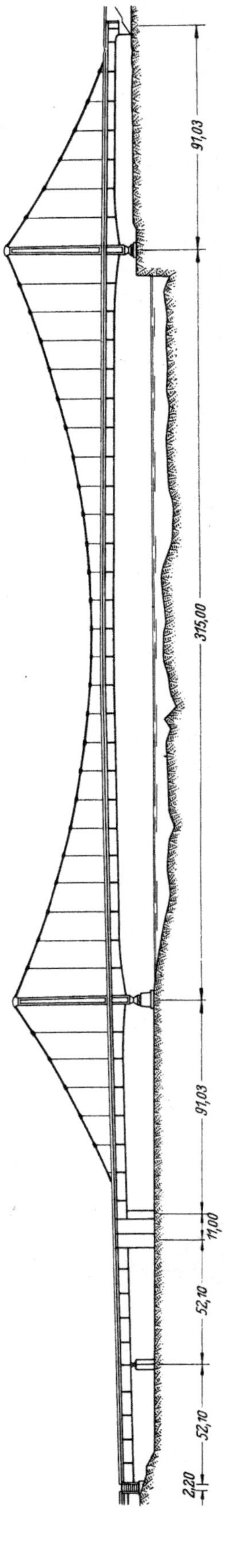

Abb. 128. „Zukunft“. Übersicht der Vorschläge I, Ia und II.

Unter diesem Kennwort haben die Verfasser 3 Vorschläge für erdverankert Hängebrücken „Zukunft I“, „Ia“ und „II“ eingereicht, welche hinsichtlich de Stützweiten mit denen der alten Brücke übereinstimmen. Auch die Form de Pylone, Tragkabel und Hänger ist bei den 3 Vorschlägen gleich (Abb. 128)

Die aus 37 verschlossenen Spiraldrahtseilen bestehenden Tragkabel habe 34,5 m Durchhang in der Hauptöffnung = $^1/_9$ der Spannweite. Die Aufhängung der Fahrbahn erfolgt in 12 m Abstand durch Litzenseile mit längs und que beweglichen Bolzenanschlüssen an den Querträgern. Beiderseits der Pylone is der Abstand der Hänger auf 13,5 m vergrößert, im übrigen gleicher Lichtabstand eingehalten. Die 50 m hohen Pylone sind auf den vorhandenen festen Punkt kipplagern der alten Brücke aufgesetzt. Die Pylonenstiele verjüngen sich vo unten nach oben in der Querrichtung. Der Querriegel am Kopf ist am Untergur leicht geschwungen. Der Fahrbahnscheitel liegt beim Entwurf I auf + 57,8 über NN und bei Ia und II auf + 56,70 m über NN. Die nach Entwurf I 4,35 m hohen, einwandigen Versteifungsträger liegen unter der Fahrbahn und sind übe den Pylonenpfeilern voutenförmig auf 6,5 m erhöht. Wie bei der alten Brück sind auch an den Widerlagern die Versteifungsträger mit kreisförmigen Aus rundungen versehen. Die geradlinige Endigung der Versteifungsträger an de Widerlagern wirkt günstiger. Bei Vorschlag Ia ist die Höhe der Versteifungs träger auf 2,9 m verringert. Die Fahrbahntafel, bestehend aus einer 18 cm dicken Stahlbetonplatte mit 5 cm Gußasphaltbelag liegt bei den Entwürfen I und Ia auf einem Rost aus Quer- und Längsträgern (Abb. 129). Im mittlere Teil ist die Platte für die Unterbringung der 13 cm hohen Straßenbahnschiene muldenartig vertieft. Unter dem Trägerrost ist ein Windverband angeordnet welcher im Zusammenwirken mit der Fahrbahntafel und den Versteifungs trägern die Querneigung der Fahrbahn bei ungünstiger halbseitiger Belastung auf 2% beschränkt. Die Radwege und die auf Konsolen abgestützten Gehwege sind mit 6 cm dicken Stahlbetonfertigplatten abgedeckt, auf die ein 2 cm Asphaltbelag aufgebracht wird.

Längsträger und Fahrbahnplatte sind in größeren Abständen unterbrochen um die Längsträger von Hauptträgerspannungen zu entlasten. Beim Entwurf I ist der aus 2 Kasten bestehende Versteifungsträger nur 2,9 m hoch (Abb. 130) Auf dem oberen Deckblech der beiden Kasten wird die Fahrbahndecke von 12 cm Dicke schubsicher verankert. Im mittleren Teil sind die Straßenbahnschiene mit 2 cm dicken Gummizwischenlagen auf einer 18 cm dicken Stahlbetonplatt

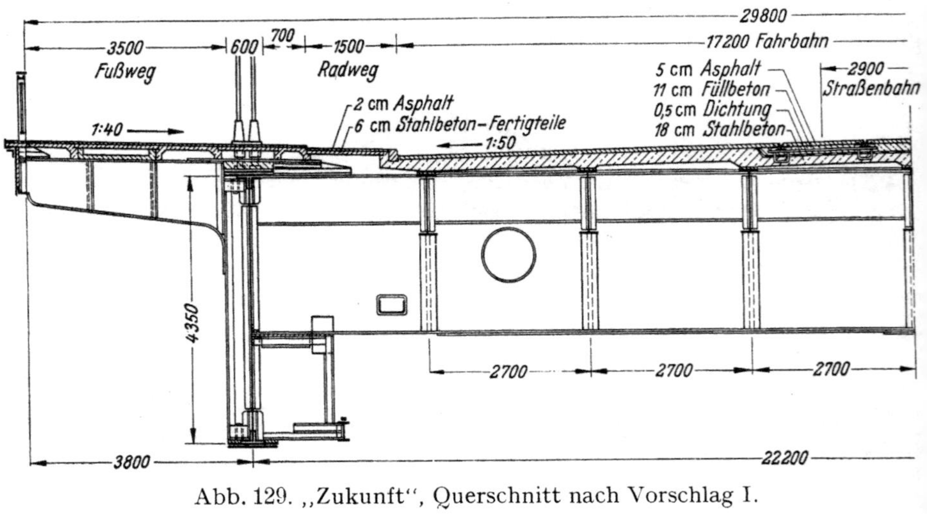

Abb. 129. „Zukunft“, Querschnitt nach Vorschlag I.

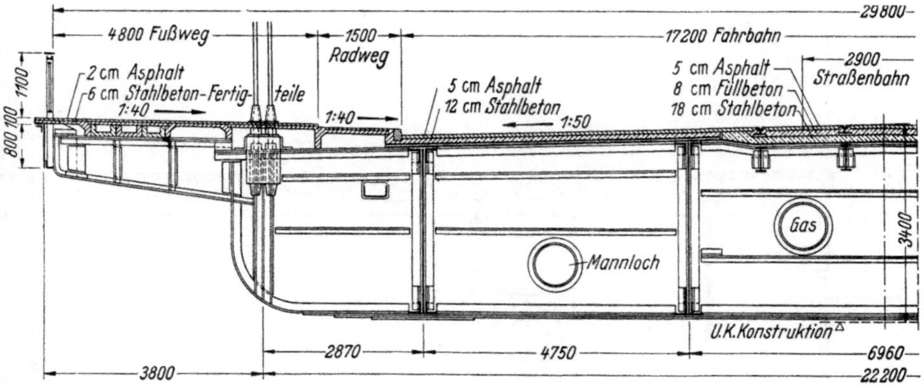

Abb. 130. „Zukunft", Querschnitt nach Vorschlag II.

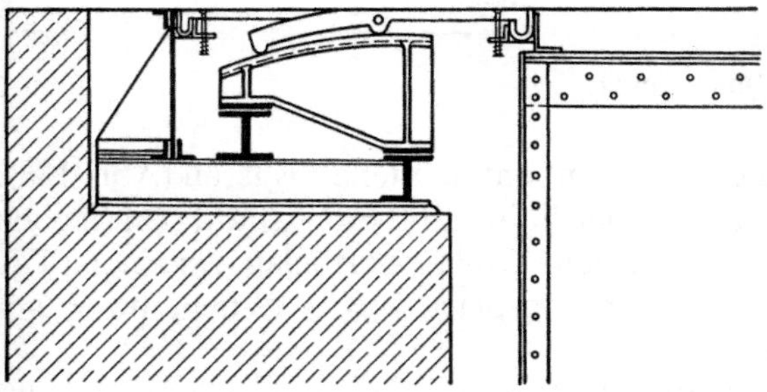

Abb. 131. „Zukunft", Fahrbahn-Längenausgleich.

gelagert. Der der Entwurfs-Verfasserin, der Demag, geschützte Fahrbahnlängenausgleich ist aus Abb. 131 zu ersehen. Bei ungünstigster Belastung durch Menschengedränge (400 kg/m^2) ergibt sich die größte Durchbiegung beim Vorschlag I mit 4,35 m hohem Versteifungsträger = 1,21 m, bei Ia und II mit 2,9 m Versteifungsträgerhöhe 1,52 m. Das Konstruktionsgewicht beträgt beim Vorschlag I 7270 t und beim Vorschlag II 8323 t.

Alle noch vorhandenen verwendbaren Teile der alten Brücke sind in den Neuaufbau mit einbezogen. Die beiden Verankerungen erfordern größere Umbauten.

Beim Entwurf II ist ein Abbruch der anschließenden Flutbrücke und ein Neuaufbau als Stahlbetonrahmenkonstruktion vorgeschlagen. Unter dem Flutgelände ist eine Verbindung zwischen dem Ankerpfeiler und dem letzten Flutpfeiler mit Stahlankern vorgesehen. Davon versprechen sich die Verfasser eine erhöhte Sicherheit gegen Pfeilerverschiebungen. Ein anderer Vorschlag zeigt am Ankerpfeiler einen zwischen den Stahlträgern in die Flutöffnung vorgestreckten Stahlbetonkragarm, der die Auflagerdrücke der stählernen Flutbrücke aufnimmt. Die Durchbiegungen am freien Ende des Kragarmes (bis 2 cm) werden in der Übergangskonstruktion ausgeglichen.

Die mit Längenmarken versehenen Einzelteile der Tragkabel werden mit hydraulischen Pressen in ihrer Lage genau ausgerichtet und fixiert. Für den Fall, daß nach dem Aufbringen der gesamten ständigen Last wider Erwarten eine Berichtigung der Kabellänge notwendig werden sollte, ist eine Nachspannvorrichtung vorgesehen. Sämtliche Seilenden sind in einer Traverse zusammengefaßt, welche in zwei Führungen beweglich ist. Sobald das Kabel durch gleichmäßige Verschiebung der Traverse in die gewünschte Lage gebracht ist, wird die Traverse durch entsprechende Unterlagen festgemacht.

„Rivalin".

Verfasser: Hein, Lehmann & Co. AG., Düsseldorf, Neußer Eisenbau, Bleichert, Neuß, Dipl.-Ing. Herbert Droste, Holzwickede, P. Bauwens, Köln. Arch. Gestaltung: Arch. P. F. Schneider, Essen-Köln.

Mit diesem Entwurf wird eine bodenverankerte Hängebrücke mit 3 m hohen, über den ganzen Brückenzug in gleicher Höhe durchlaufenden Versteifungsträgern unter der Fahrbahn vorgeschlagen (Abb. 132). Tragkabel, Kabelsättel, Kabelschellen entsprechen der früheren Ausführung.

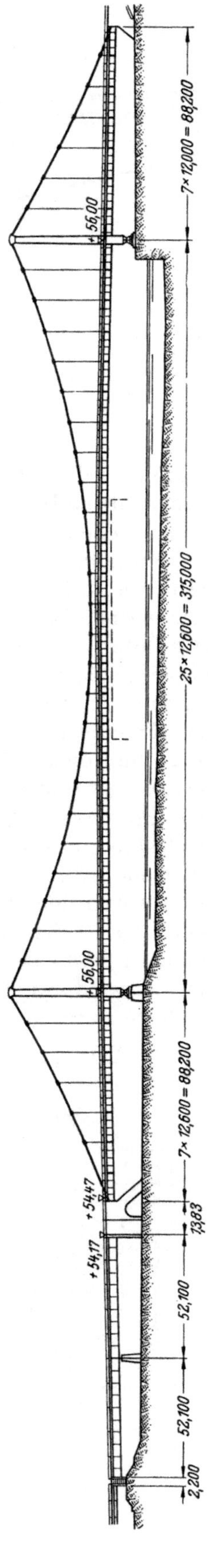

Abb. 132. „Rivalin", Übersicht.

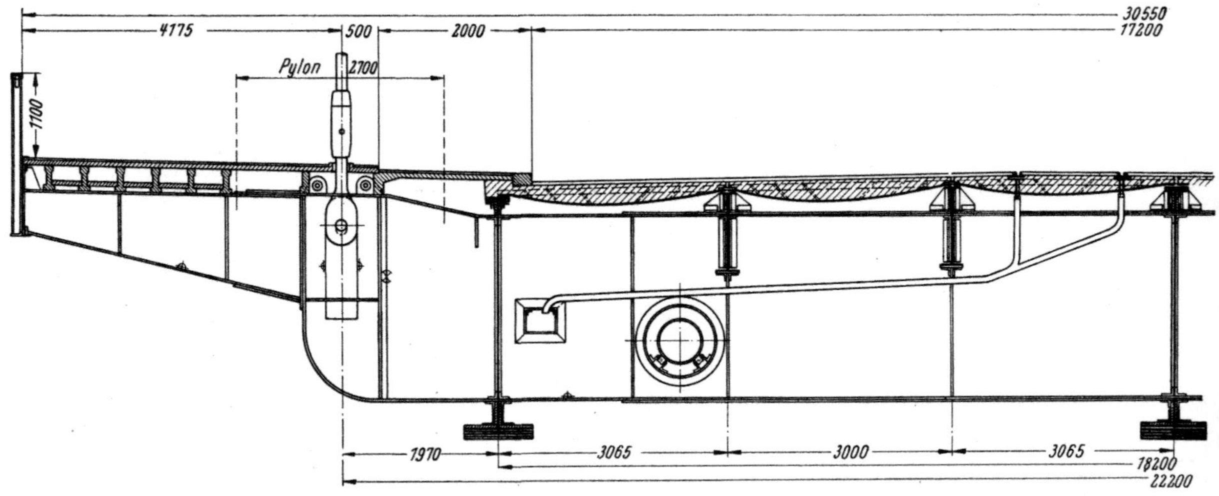

Abb. 133. „Rivalin", Querschnitt.

Der Versteifungsträger bildet mit 3 Blechträgern einen zweizelligen, unten offenen Kasten (Abb. 133). Zwischen den 3 Blechträgern sind je 2 Längsträger angeordnet. Der Fahrbahnbeton ist auf den flachen Tonnenblechen schubsicher verankert und mit einem 4 cm dicken Gußasphaltbelag versehen. Die nur 6 cm hohen Straßenbahnschienen sind über einer Stoßdämpfungsplatte auf Schienenstühlen gelagert, welche auf den Tonnenblechen aufgeschweißt werden.

Die geringe Bauhöhe gestattet eine Senkung des Fahrbahnscheitels in Brückenmitte um rd. 1 m. Die größten Durchbiegungen in Brückenmitte werden infolge von Temperatureinflüssen 0,475 m und bei ungünstigster Laststellung 0,776 m, die größte Querneigung der Fahrbahn infolge einseitiger Belastung 1 : 42,6 oder 2,35 %.

Die Pylone sind unter Verzicht auf Längsschotte wesentlich vereinfacht und verbilligt. Die durchweg 25 mm dicken Wandbleche des Hohlquerschnitts sind durch je 2 Breitflanschträger verstärkt.

Das Gesamtkonstruktionsgewicht des Überbaus beläuft sich auf 7814 t.

Die Forderung eines uneingeschränkten Durchflußquerschnitts bei Hochwasser führte zu einem aufgelösten linksrheinischen Verankerungsblock unter Ausnutzung der vorhandenen Fundamente und Pfeilerteile (Abb. 134). Die Tragkabel sind über Umlenklager in einem hinter den vorhandenen Senkkasten angeordneten Schwergewichtsblock hinabgeführt und dort in einer Stahlkonstruktion verankert. Die Auflagerkraft am Umlenklager wird durch eine massive, schräge Stütze auf eine vor dem alten Senkkasten und unter Flutgelände liegende Fundamentplatte übertragen.

Damit wird ein unförmig großer, den Hochwasserabfluß störender Ankerblock vermieden. Die aufgelöste Form und die schräge Abstützung ist ungewohnt und beeinträchtigt den Gesamteindruck der Brücke.

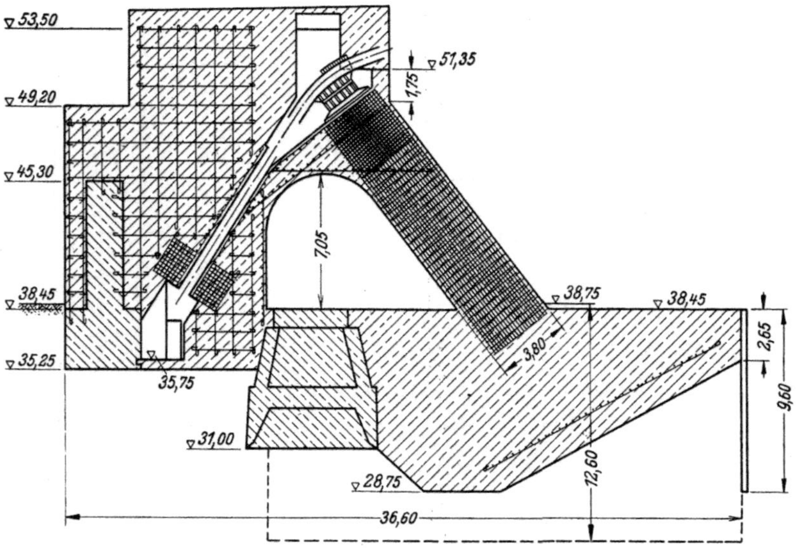

Abb. 134. „Rivalin". Linksrheinischer Verankerungsblock.

Die Ausführung des Bauwerks ist so vorgesehen, daß nach dem Einbau der Seitenöffnungen auf festen Rüstungen die Pylone aufgestellt und zunächst behelfsmäßig mittels Drahtseilen abgespannt werden. In der Form der endgültigen Kabellage wird dann ein über die Stromöffnung durchgehender Hilfssteg errichtet. Dann erfolgt das Auflegen der Kabel und schließlich der Einbau der Versteifungsträger von beiden Seiten gleichmäßig voranschreitend und die Aufhängung der eingebauten Teile an den Kabeln.

„Tor des Westens".

Verfasser: Dortmunder Brückenbau C. H. Jucho, Dortmund-Wambel, Wayß & Freytag AG., Niederlassung Düsseldorf. Architekt BDA. GEORG WELLHAUSEN, Hamburg.

In Erwägung aller für die Lösung der vorliegenden Bauaufgabe in Betracht kommenden Möglichkeiten haben die Verfasser unter dem Kennwort „Tor des Westens" eine bodenverankerte, echte Hängebrücke nach dem Vorbild der Rodenkirchener Autobahnbrücke vorgeschlagen (Abb. 135). Auf dem Wege weitgehender Ausnutzung neuer theoretischer Forschungen und deren Weiterentwicklung ist es ihnen gelungen, das Fahrbahnband sehr niedrig zu halten und damit modernem Formungs- und Gestaltungswillen sichtbaren Ausdruck zu geben.

Der nur 2,14 m hohe Versteifungsträger liegt vollständig unter der Fahrbahn und ist über den ganzen Brückenzug in gleichbleibender Höhe durchgeführt. Wie bei anderen gleichartigen Entwürfen trägt auch hier die Aufhängung der Fahrbahn in den Seitenöffnungen zur Hebung des Gesamteindrucks bei. Die frühere Form der Tragkabel ist ungefähr beibehalten, um möglichst viele von früher noch vorhandene Einzelteile wiederverwenden zu können.

In Verbindung mit einem weiteren Vorschlag betonen die Entwurfsverfasser, daß durch Verwendung von Paralleldrahtkabeln nach amerikanischen Vorbildern noch bedeutende Kostenersparnisse zu erzielen sind. Die Bewährung solcher Kabel steht außer allem Zweifel. Sie sind in Hunderten von Beispielen bis zu den größten Spannweiten erprobt. Das bei der Herstellung solcher Kabel anzuwendende Spinnverfahren erfordert allerdings längere Bauzeit. Die Verfasser verpflichten sich jedoch, die Bauzeit für die gesamte Brückenanlage auch bei Verwendung dieser Kabelart einzuhalten. Mit dem geringeren Preis verbinden diese Kabel noch die Vorteile gleichmäßiger Beanspruchung aller Einzeldrähte, die Vermeidung von Zusatzspannungen bei Krümmungen und günstigerer Dehnungsverhältnisse.

Auf Grund von eingehenden rechnerischen Untersuchungen wurde der Kabeldurchhang in der Hauptöffnung zu 27,50 m oder 1/11,5 L gewählt. Das straffgespannte Tragseil ist das Haupttragelement, der schlanke Versteifungsträger wirkt lastverteilend. Die Pylone zeigen in der Seitenansicht ungefähr die frühere Form und sind als Pendelrahmen auf den vorhandenen Punktkipplagern gelagert.

Die Absenkung des Schiffahrtsprofils und die wesentlich geringere Bauhöhe ermöglichten eine Senkung des Fahrbahnscheitels von + 57,987 m auf + 56,775 m über NN. Im Bereich des neuen Überbaus konnte die Gradiente in einfachster Weise mit einem Kreisbogen von 1300 m Radius ausgerundet werden.

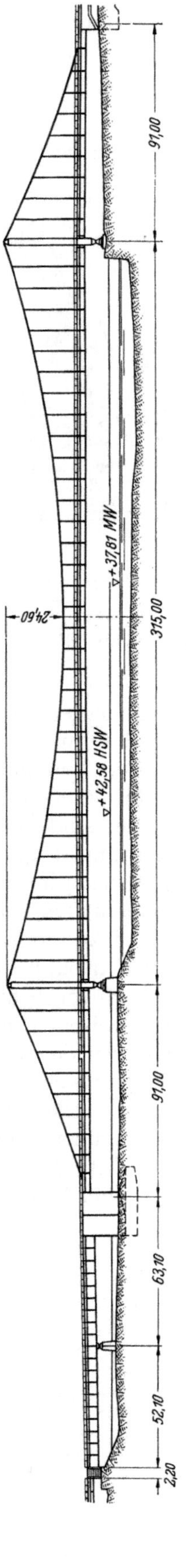

Abb. 135. „Tor des Westens", Übersicht.

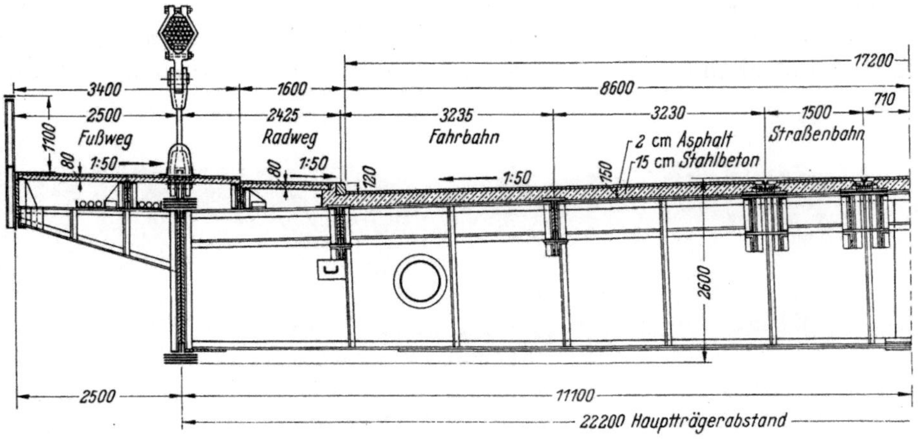

Abb. 136. „Tor des Westens", Querschnitt des weiterentwickelten Entwurfs.

Unter Berücksichtigung der Einschnürung an den Pylonen sind die Radwege 1,6 m und die Gehwege 3,8 m breit vorgeschlagen, während die Fahrbahnbreite nach den Ausschreibungsbedingungen eingehalten ist. An den Pylonen werden die Radwege auf 1,25 m eingeschnürt, die verringerte Gehwegbreite ist mittels Durchgängen durch Aussparungen an den Pylonen einigermaßen ausgeglichen. Unter Vermeidung dieser Pylonenschwächung sind in einer Variante die Gehwege über Ausbaukanzeln um die Pylone herumgeführt. Bei der nachträglichen Weiterentwicklung des Entwurfes wurde der Hauptträgerabstand von 20,7 m auf 22,2 m vergrößert und die Gehwegbreite, in Anpassung an das Gelände der alten Flutbrücken, auf 3,4 m verringert. Der Querschnitt nach Abb. 136 enthält bereits diese geänderten Maße.

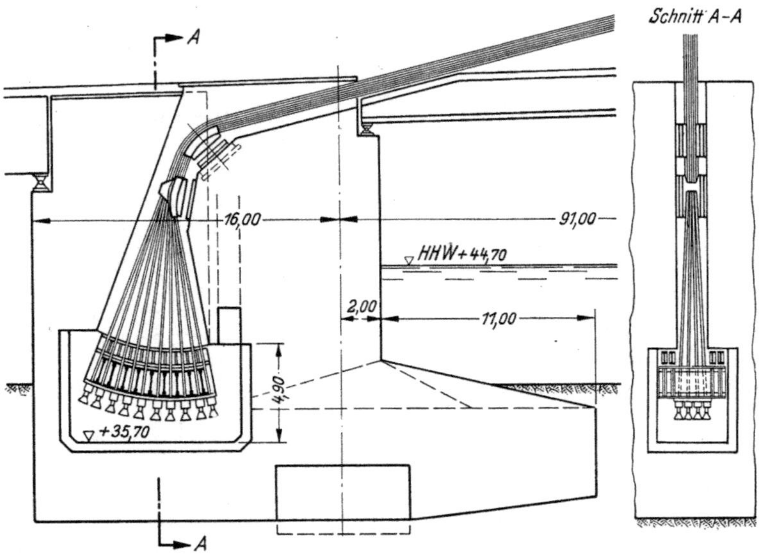

Abb. 137. „Tor des Westens", Kabelverankerung.

In voller Absicht haben die Verfasser eine schwere Fahrbahn gewählt, welche den durch Windstöße verursachten Schwingungserscheinungen der Hängebrücke größeren Widerstand und größeres Beharrungsvermögen entgegensetzt.

Demzufolge besteht die Fahrbahntafel (Abb. 136) aus vorgespannten 15 cm dicken Stahlbetonfertigplatten (3,0 × 3,0 m), die mit Bitumen-Fugen aneinandergereiht werden. Die Fugen sollen die Übertragung von Längsspannungen aus der Biegung der Versteifungsträger auf die Fahrbahnplatte verhindern. Weil die Verfasser feste Verbindungen gegenüber beweglichen und gelenkigen bevorzugen, sind die Querträger mit den Versteifungsträgern fest vernietet und die Längsträger ohne Längsbeweglichkeit kontinuierlich durchgeführt. Die Verfasser sind der Ansicht, daß die in Höhe der Längsträger auftretenden Längenänderungen der Versteifungsträger gering sind, weil die kurzen positiven Bereiche der nach der Theorie 2. Ordnung ermittelten Einflußlinien ein rasches Abklingen der Zwängungsspannungen erwarten läßt. Auf die auf einem Trägerrost aus Quer- und Längsträgern gelagerte Betonplatte ist ein Asphaltbelag von 2 cm Dicke aufgebracht.

Die Fahrbahn ist mit Hängern an den Kabeln und den Versteifungsträgern nachstellbar aufgehängt.

Im Hängerabstand und in der Mitte der etwa 8,9 m großen Hängerfelder sind Hauptquerträger und dazwischen je 2 Zwischenquerträger angeordnet. Unter den Längsträgern und an den unteren Gurtungen der Versteifungsträger sind 2 kräftige Windverbände in K-Form vorgesehen. Die Versteifungsträger sind an den Pylonen unterbrochen und als Balken auf 2 Stützen gelagert. Für negative Auflagerdrücke sind sie mit 1 mm Spielraum auch nach oben drehbar abgestützt.

Bei ungünstigster Belastung mit 400 kg/m² und 35° Temperaturerhöhung werden die Durchbiegungen in der Mitte der Hauptöffnung 1,901 m und an der Begrenzung der Schiffahrtsöffnung 2,031 m, bei zusätzlicher Belastung durch Straßenbahnzüge erhöhen sich diese Werte auf 2,033 m bzw. auf 2,183 m.

Abb. 138. „Tor des Westens", Schaubild.

Bei halbseitiger Belastung wird die größte Fahrbahn-Querneigung in der Mitte der großen Stromöffnung 1 : 43,6. Die Kabelverankerung im linksrheinischen Ankerblock geht aus Abb. 135 hervor.

Das Konstruktionsgewicht des Überbaus beträgt 6239 t.

Dem geringen Stahlbedarf stehen Mehraufwendungen für die Verankerungsklötze (Abb. 137) gegenüber. Die Gesamtbaukosten sind mit 19,281 Mill. RM veranschlagt.

Die Aufstellung der Brücke beginnt mit dem Einbau der Versteifungsträger und des Fahrbahnrostes in den Seitenöffnungen auf gerammten Jochen. Dann folgt auf den Pylonenpfeilern der Aufbau der Pylone und das Herüberziehen der Kabel. Zu diesem Zweck werden etwa 1 m unter den Kabeln Hilfsseile mit schwebenden Arbeitsbühnen eingezogen. Das Herüberziehen der Kabel erfolgt mittels einer Seilbahn. Die Einzelseile des Kabels werden dann mit den Kabelschellen zusammengepreßt und die Hänger angebracht. Daraufhin werden die Fahrbahnteile und die Versteifungsträger in der Mittelöffnung eingebaut, an den Hängern befestigt und an den Stößen zunächst nur behelfsmäßig verbunden. Die Vernietung dieser Stöße erfolgt erst nach dem Ausrichten. Schließlich werden die Fahrbahnplatten und Rad- und Gehwegbahnen verlegt.

Der Antransport der Geräte und Bauteile auf der Kölner Seite erfolgt auf Rheinkähnen. Zur Entladung am Pylonenpfeiler wird eine hochwasserfreie Umladebühne errichtet und mit einem Schwenkmast ausgerüstet. Auf der Mülheimer Seite kann wahlweise Schiffs- oder Eisenbahntransport gewählt werden. Gesamtbauzeit 4 Jahre.

Das Schaubild 138 vermittelt die besonders feine Wirkung des niedrigen Fahrbahnbandes im Rahmen des gut gestalteten Entwurfes.

„Notzeit — Aufstieg“.

Entwurfsverfasser: Dr.-Ing. Karl Hoening, Düsseldorf-Kaiserswerth in Verbindung mit Dortmunder Union Brückenbau AG., Dortmund, Polensky & Zöllner, Köln. Arch. Mitarbeiter: Baurat a. D. J. Th. Hover, Köln-Dellbrück, Wuppertal, Reg.-Baumstr. a. D. Karl Haberaecker, Iserlohn.

Von dem Gedanken ausgehend, daß man sich in Notzeiten mit einer schmalen Brücke begnügen und den Vollausbau auf die Zeit eines neuen wirtschaftlichen Aufstiegs verschieben sollte, versuchen die Entwurfsverfasser das schwierige Problem des zweistufigen Ausbaus einer bodenverankerten Hängebrücke zu lösen. (Abb. 139).

Im ersten Ausbau werden die Kabel in einem schmalen Reibungswiderlager fest verankert, dessen Bodenplatte jedoch mit Rücksicht auf den 2. Ausbau verbreitert ist. Kabel, Hängeseile und Pylone werden nur für die Belastung des ersten Ausbaus bemessen, während der als verdrehungssteifer Kasten ausgebildete Versteifungsträger bereits dem Vollausbau genügt (Abb. 140).

Im zweiten Ausbau werden neue Kabel in den hufeisenförmig um das Kernwiderlager des ersten Ausbaus angeordneten, kippbaren Betonkörpers[4] verankert. Die Nachstellbarkeit dieses Gegengewichtes dient in erster Linie zum Anspannen des Kabels bei der Überleitung der Brückenbelastung von den Tragkabeln des ersten Ausbaus auf diejenigen des zweiten Ausbaus. Danach wird das Gegengewicht gegenüber dem Ummantelungskörper des Verankerungswiderlagers festgestellt, wobei später eine nochmalige Regulierung stattfinden kann, falls dies aus irgendeinem Grunde wünschenswert sein sollte.

Bei dem nachstellbaren Betonkörper geht die resultierende, aus Kabelzug und Gegengewicht in der fertigen, nur mit dem Eigengewicht belasteten

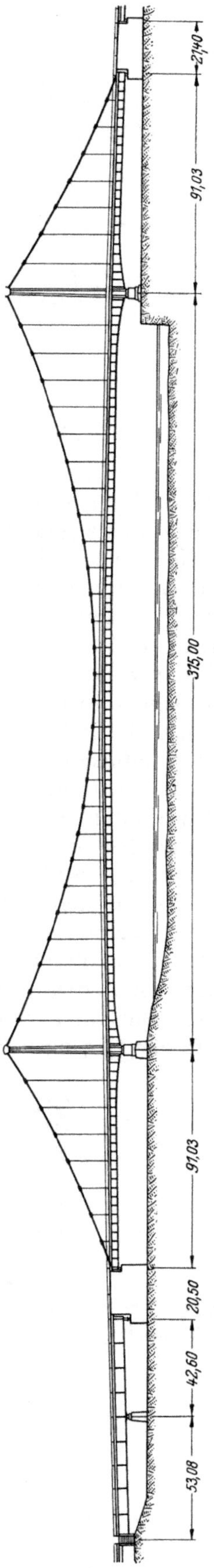

Abb. 139. „Notzeit — Aufstieg“. Zweiter Ausbau. — Übersicht.

[4] Bautechnik 1947, Heft 1, Seite 4, DRP 738 768.

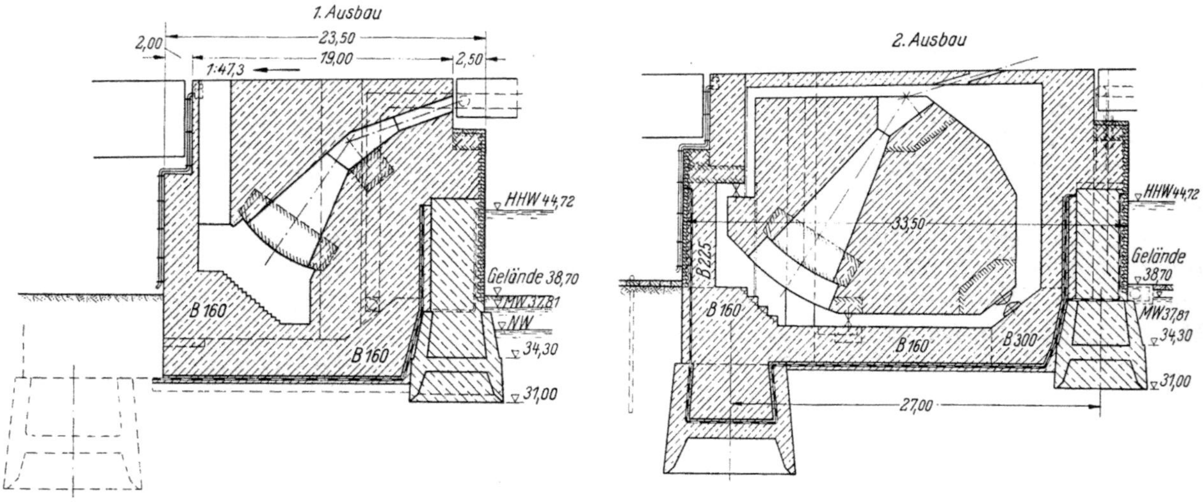

Abb. 140. „Notzeit — Aufstieg". Erster und zweiter Ausbau des linksrheinischen Verankerungsblocks.

Brücke durch das untere Kipplager. Das unter Verkehrsbelastung auftretende Kippmoment wird durch Anschläge des Kippkörpers an der Hinterwand des umschließenden Betonkörpers aufgenommen.

Die Fahrbahn ist im ersten Ausbau 8,7 m, im zweiten Ausbau 17,2 m breit. Die Gesamtbreiten sind 17,3 m bzw. 29,6 m.

Der Versteifungsträger ist ein in die Brückenachse verlegter, verwindungssteifer Hohlkastenträger mit 5,8 m Wandabstand und 3,0 m Höhe, welche über den Pylonenpfeilern voutenförmig auf etwa 6,3 m anwächst (Abb. 141). Er ist mit einem mittragenden, versteiften Deckblech von 8,7 m Breite versehen, auf welchem die 13 cm dicke Betondecke der Fahrbahn aufbetoniert wird. Der Abstand der Tragkabel beträgt im ersten Ausbau 9,7 m. Die Hängeseile greifen an den Querträgern an. Die Seitensteifigkeit der verhältnismäßig schmalen Brücke wird durch besondere Windverspannungen zwischen den äußeren Randträgern gewährleistet.

Im zweiten Ausbau werden die Querträger beiderseits verlängert, so daß sie für 22,2 m Kabelabstand ausreichen. Die Verankerungswiderlager werden in der Weise ergänzt, daß jedes von ihnen auf den drei Außenseiten von einem hufeisenförmigen, hebelartig gestützten Gegengewicht umfaßt wird, in welchem Schächte zur Aufnahme der neuen Kabelverankerungen vorgesehen werden. Die Gegengewichte sind von festen Wänden umschlossen. Die neuen Pylone werden neben denen der ersten Baustufe errichtet, die Pylonenriegel umgreifen diese zunächst mit einer Hilfskonstruktion. Nach dem Auflegen und Verankern der neuen Kabel und nach dem Anschluß der neuen Hängeseile an die Querträger wird die Brückenlast in der Weise auf die neuen Kabel überlagert, daß diese mit Hilfe der Gegengewichte gespannt und die Kabel des ersten Ausbaus entlastet werden. Die Kabel und Pylone der ersten Baustufe werden dann abgebaut. Infolge dieser Bauweise mußte die Fahrbahnbreite im ersten Ausbau möglichst eingeschränkt werden.

Da ein geringes Eigengewicht des Überbaus größere Momente im Versteifungsträger zur Folge hat, ist für die Verbreiterung der Fahrbahn eine schwere Decke aus Fertigbetonplatten vorgesehen. Im ersten Ausbau sind infolge geringerer Nutzlast die Momente kleiner, so daß hier eine Leichtdecke verwendet werden konnte.

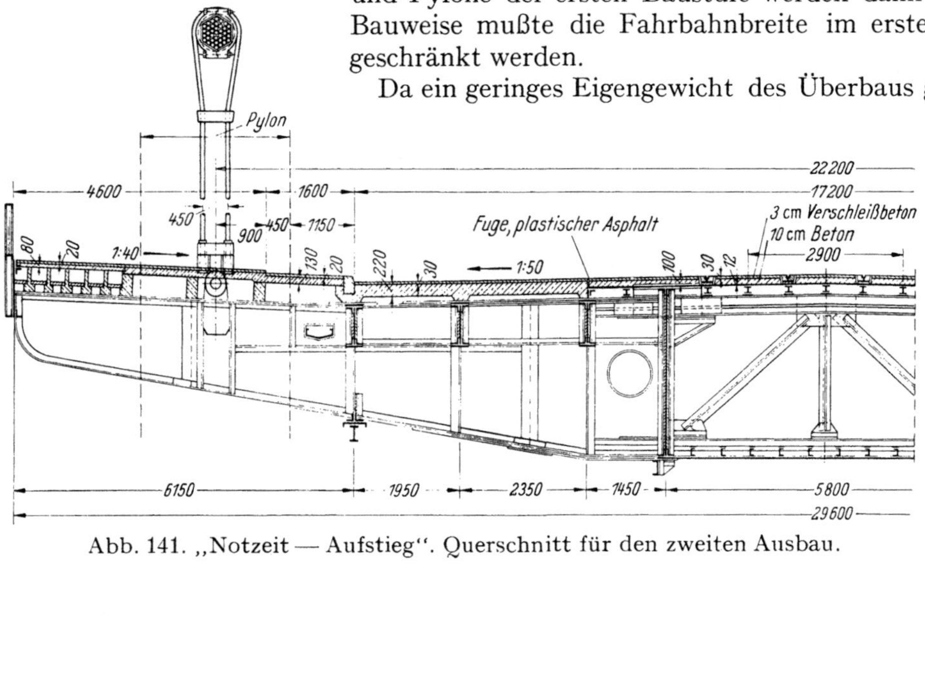

Abb. 141. „Notzeit — Aufstieg". Querschnitt für den zweiten Ausbau.

Trotz höherer Gesamtbaukosten würde

sich ein wirtschaftlicher Vorteil daraus ergeben, daß ein erheblicher Teil des Kapital-, Baustoff- und Arbeitseinsatzes auf einen späteren Zeitpunkt verschoben und beträchtlicher Zinsaufwand erspart wird. Bei der Bewertung der Entwürfe kam dieser Vorteil nicht zur Geltung, weil die Kosten der Unterbauten zu hoch eingesetzt waren, was sich auf die Gesamtkosten sehr ungünstig auswirkte.

Für die Berechnung der Schnittgrößen im Versteifungsträger wurden geschlossene Formeln verwendet, welche zunächst nur für den Versteifungsträger auf zwei Stützen mit unveränderlichem Trägheitsmoment gelten. Die Berechnung des durchlaufenden Trägers auf vier Stützen wurde in der Weise vorgenommen, daß die in Betracht zu ziehenden Momente und Biegeordinaten zunächst für ein Tragwerk von den Gesamtstützweiten der drei Öffnungen berechnet und die Stützkräfte der Zwischenauflager als Einzellasten derart bestimmt werden, daß die Biegeordinaten in diesen Punkten zu Null werden. Den Berechnungen ist ein vorher durch Einflußflächen ermittelter endgültiger Kabelzug H_{g+p+t} zu Grunde gelegt, welcher bei allen auf den zu untersuchenden Belastungsfall bezüglichen Einzelrechnungen denselben Wert beibehalten muß. Bei dieser Berechnungsweise werden nach einem besonderen Verfahren die Trägerverstärkungen über den Pylonenpfeilern berücksichtigt.

„Aha“.

Verfasser: Dr.-Ing. Fritz Leonhardt, Stuttgart, Gutehoffnungshütte AG., Oberhausen-Sterkrade, Philipp Holzmann AG., Frankfurt a. M. Architekt Dipl.-Ing. Gert Lohmer, Köln.

Diese echte Hängebrücke verkörpert eine großzügige Lösung (Abb. 142). Das linksrheinische Verankerungswiderlager ist bis zum Kölner Deich hinausgerückt, der linksrheinische Pylonenpfeiler auf

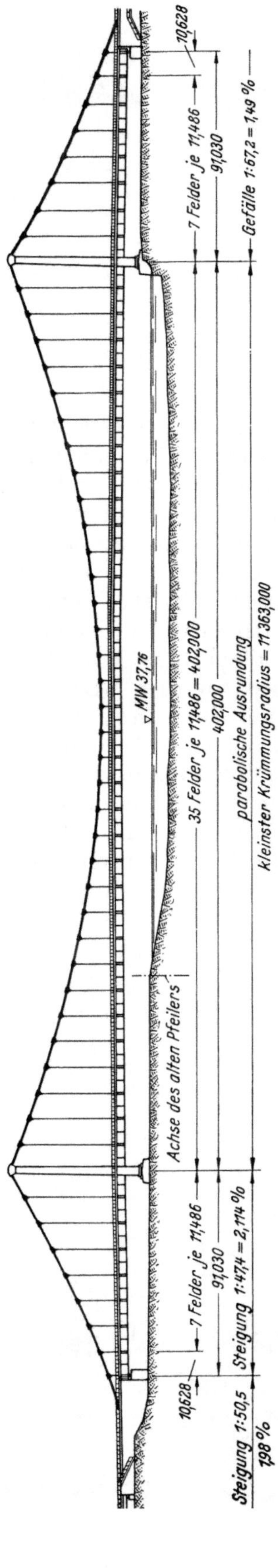

Abb. 142. „Aha“, Übersicht.

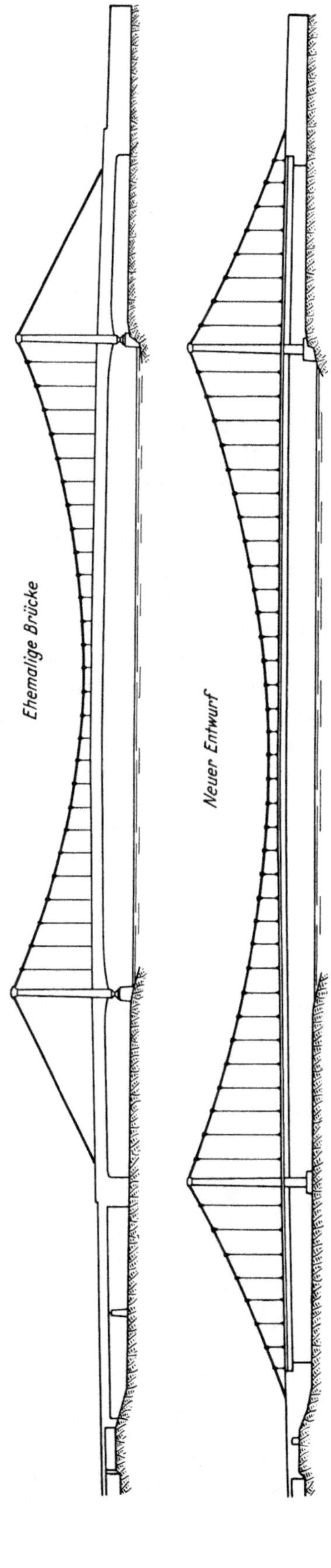

Abb. 144. Vergleich des Entwurfes „Aha“ mit der ehemaligen Hängebrücke.

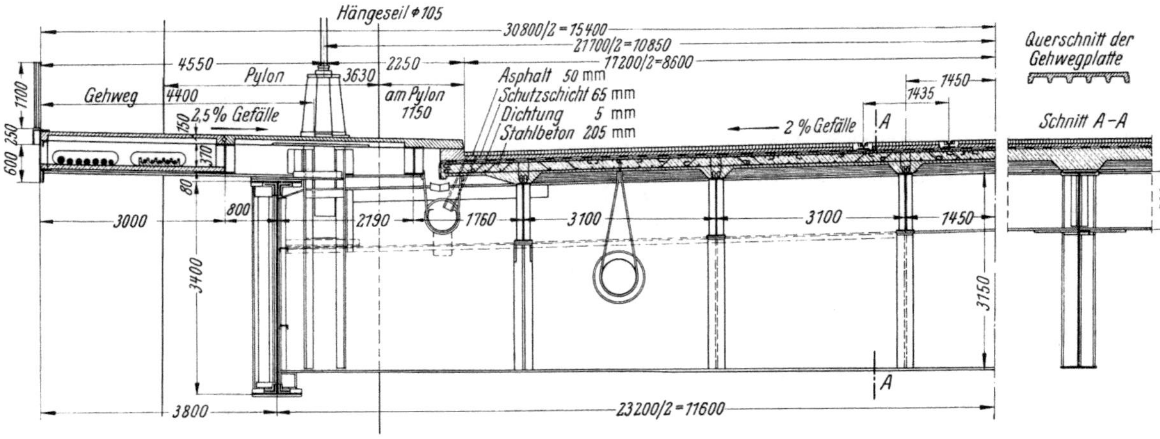

Abb. 143. „Aha", Querschnitt.

dem Grundkörper des alten Verankerungspfeilers errichtet, und die rechtsrheinische Verankerung ist in der Mülheimer Rampe untergebracht. Die beschädigten Flutbrücken fallen weg, desgleichen der bisherige Pylonenpfeiler auf dem linken Stromufer und der breite, den Hochwasserfluß störende Verankerungspfeiler im Vorland. Die vom Kölner Deich bis zur Mülheimer Rampe sich erstreckende neue symmetrische große Hängebrücke wirkt ausgezeichnet. Die Versteifungsträger sind ganz unter der Fahrbahn angeordnet. Die Sicht von der Brückenfahrbahn aus auf Strom, Ufer und Stadtbild bleibt dadurch frei. Der außerordentlich schlanke, vom auskragenden Gehweg beschattete Versteifungsträger von 3,40 m Höhe und das zarte Fahrbahnband kommen in der Silhouette wirkungsvoll zum Ausdruck. Die Höhenlage der Fahrbahn konnte durch ihre flachere Ausrundung über die ganze Brückenlänge um rd. 1 m abgesenkt werden, wodurch beim Befahren geringere Steigungen zu überwinden sind und die Sichtweite auf der Brücke verbessert wird.

Die Gesamtnutzbreite zwischen den Geländern beträgt 30,80 m, was sich auf die Kosten ungünstig auswirkt. Eine Umfahrung der Pylone mit Kanzeln wäre billiger. Konstruktion und bauliche Durchbildung der Pylone, Tragkabel, Hänger, Kabelschellen, Versteifungsträger, Querträger, Längsträger und Fahrbahntafel sind ähnlich wie beim Entwurf „Oho" der gleichen Verfasser. Die schön geformten Pylonenportale mit durchbrochenen Querriegeln sind rd. 60 m hoch, jedoch auf der

Abb. 145. „Aha", Übersicht in der Stromlandschaft.

Mülheimer Seite mit den Maßstabsverhältnissen der Clemenskirche nicht in Einklang zu bringen.

Die Fahrbahn aus einer 20,5 cm dicken Stahlbetonplatte mit Dichtungsschicht und 5 cm Asphaltbelag ist absichtlich schwer gehalten (Abb. 143). Die Querträgerenden sind bei einem verbesserten Vorschlag am Versteifungsträger beweglich gelagert, so daß der Fahrbahnträgerrost von den Verformungen der Versteifungsträger nicht beeinflußt wird und die Fahrbahntafel fugenlos durchgeführt werden kann. Die Stahlbetonplatte ist auf dem Längsträger schubsicher verankert.

Das Gesamtkonstruktionsgewicht beträgt 9220 t gegenüber 13100 t bei der alten Hängebrücke. Beim Mülheimer Pylon ist die alte Pfeilergründung ausreichend. Beim linksrheinischen Pylon reicht der vorhandene Senkkasten nicht aus. Für die Verbreiterung der Fundamente ist Flachgründung zwischen Spundwänden vorgesehen. Die neuen Verankerungsklötze haben die Form von langen, flach gegründeten Stahlbetontrögen mit Kiesfüllung. Die Tragseile sind mit geringer Umlenkung in die Widerlager eingeführt und ohne besondere Stahlträger im rückwärtigen Teil hinter Stahlbetonkörpern stahlsparend verankert.

Die Vorzüge des Entwurfs wurden vom Preisgericht „lobend“ bewertet.

Die Abb. 144 gibt einen Vergleich zwischen der alten, in sich verankerten, und der neuen, 402 m weit gespannten, bodenverankerten Hängebrücke.

Das Schaubild 145 zeigt eindrucksvoll die Wirkung der großen Hängebrücke mit dem schlanken Fahrbahnband in der weiten Stromlandschaft. Insbesondere beeinflußt der Wegfall des massigen Verankerungspfeilers im sichtbaren Brückenzug das Gesamtbild sehr vorteilhaft.

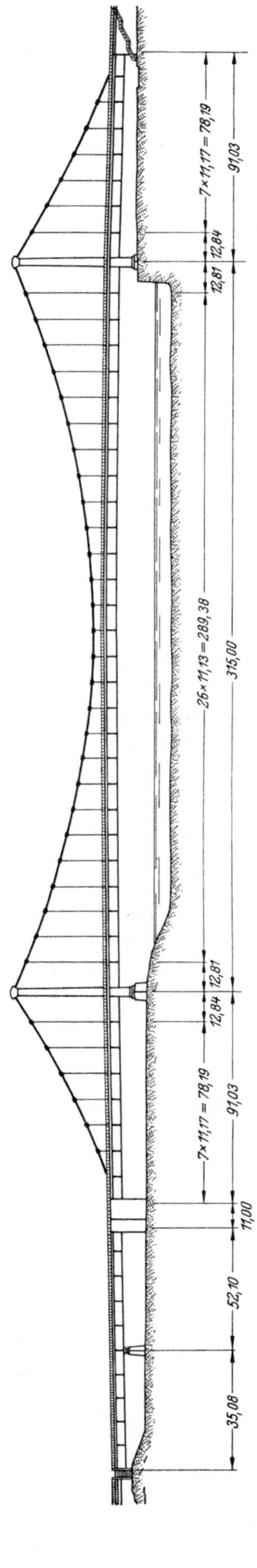

Abb. 146. „Stadt und Strom“, Übersicht.

„Stadt und Strom“.

Verfasser: Dortmunder Union Brückenbau AG., Dortmund, Polensky & Zöllner, Zweigniederlassung Köln. Architektonische Mitarbeiter: Baurat a. D. J. Th. Hover, Köln-Dellbrück-Wuppertal, Reg.-Baumstr. a. D. Karl Haberaecker, Iserlohn.

Die „echte“, nämlich die im Boden verankerte Hängebrücke ist zweifellos die wirtschaftlichste Lösung, sofern die Brücke mitsamt ihren Grundungen vollkommen neu gebaut werden muß. Wenn jedoch wie im vorliegenden Falle die Widerlager einer in sich verankerten Hängebrücke bereits vorhanden sind, so kann von vornherein nicht angenommen werden, daß die hohen Kosten für den Umbau der Widerlager bei einer echten Hängebrücke durch die Kostenersparnisse am Stahlbau ausgeglichen werden. Die Entwurfsverfasser haben es sich im Hinblick darauf zur Aufgabe gemacht, das alte Tragsystem in konstruktiver Hinsicht so umzuarbeiten, daß sich dadurch eine sowohl wirtschaftliche als auch in ästhetischer Hinsicht befriedigende Lösung ergibt (Abb. 146). Diese Bemühungen waren insofern von Erfolg, als das Konstruktionsgewicht, welches bei der alten Brücke etwa 13100 t betrug, beim Neuentwurf auf 9833 t herabgemindert werden konnte. Doch liegt der gesamte Stahlbedarf für die Strom- und Flutbrücke einschließlich der Widerlager und der Fahrbahndecke mit 11454 t über dem einer echten Hängebrücke.

Die Gewichtsersparnis von 3150 t oder rund 24% wurde ermöglicht durch die Wahl eines kastenförmigen Versteifungsträgers und einer leichteren Fahrbahndecke. Der Versteifungsträger liegt im Gegensatz zu früher vollkommen unter der Fahrbahn. Infolge der kastenförmigen Ausbildung des Versteifungsträgers konnte dessen Höhe von 6,0 auf 4,5 m vermindert werden. Er wird in gleicher Höhe über die ganze

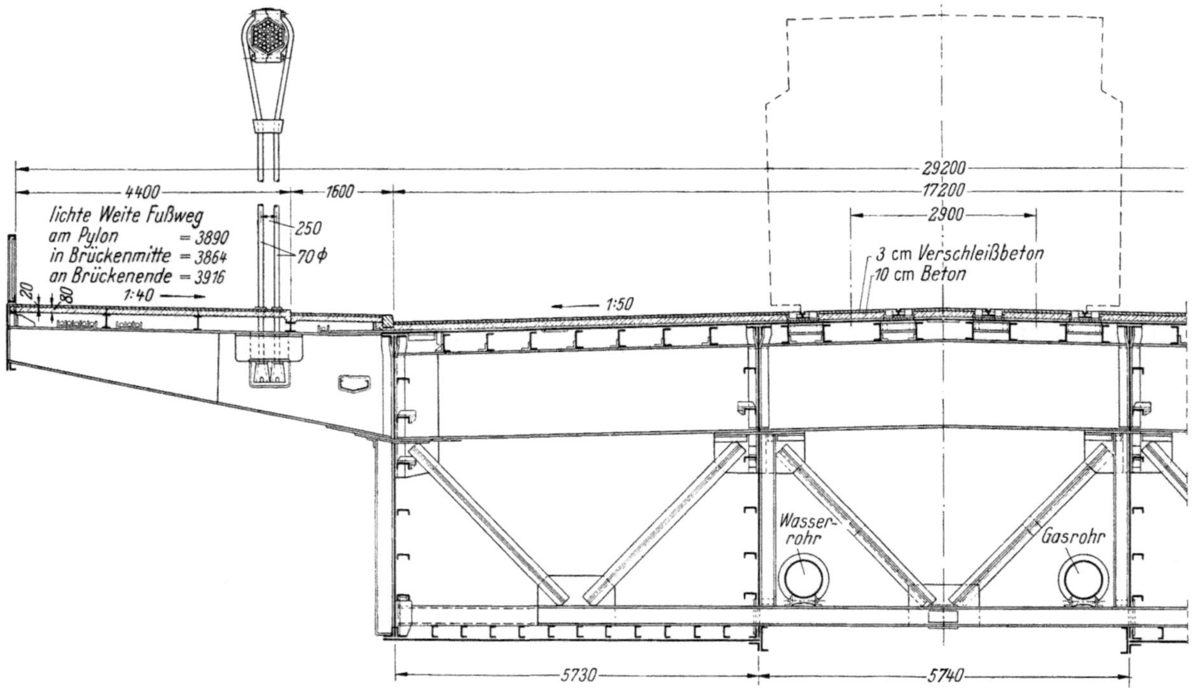

Abb. 147. „Stadt und Strom“, Querschnitt.

Brückenlänge ohne Vouten durchgeführt (Abb. 146). Ferner wurde im Gegensatz zu früher die Fahrbahn auch in den Seitenöffnungen an die Tragkabel angehängt.

Die Pylone haben die Form von Standpylonen. Die Gelenklager an den Pylonenfüßen sind verkleidet. Die Stützweiten von 91,03 + 315 + 91,03 m sind in der Mittelöffnung in 28, in den Seitenöffnungen in je 8 Felder unterteilt. Der Kabeldurchhang ist mit 34,5 m (Pfeilverhältnis 1 : 9,13) der gleiche wie bei der alten Brücke. Der Abstand der Pylonenpfosten mit 22,2 m ist ebenfalls beibehalten. Bei 21,1 m Querabstand der Hängeseile über der Fahrbahn ergibt sich eine geringe Schräglage der Hänger nach innen.

Der Versteifungsträger besteht aus 2 geschlossenen Einzelkästen. Das obere Deckblech ist zwischen den beiden Kästen durchgeführt und nimmt die Fahrbahndecke auf. Die Dicken wechseln zwischen 12 und 22 mm. Die Deckbleche sind durch Längsrippen mit [-Querschnitten ausgesteift, welche bei vollgedeckten Stößen zum tragenden Querschnitt gehören (Abb. 147).

Die einschließlich Verschleißschicht rund 13 cm starke Betondecke der Fahrbahn ist durch aufgeschweißte Rundstahlbügel mit dem Deckblech in Verbundwirkung gebracht. Die Längsrippen der oberen Deckplatte sind im Abstand von 2,80 m durch Zwischenquerträger und alle 11,20 m durch die Querträger unterstützt. Außerdem sind in Hängerabstand Querscheiben angeordnet, um eine hohe Verwindungssteifigkeit des Kastens zu erzielen und die Querneigung der Fahrbahn bei einseitiger Belastung auf 1 : 85 herabzumindern. Schließlich ist der kastenförmige Versteifungsträger mit seiner breiten Deckplatte zur Aufnahme der Windkräfte geeignet, so daß sich die Anordnung eines besonderen Windverbandes erübrigt.

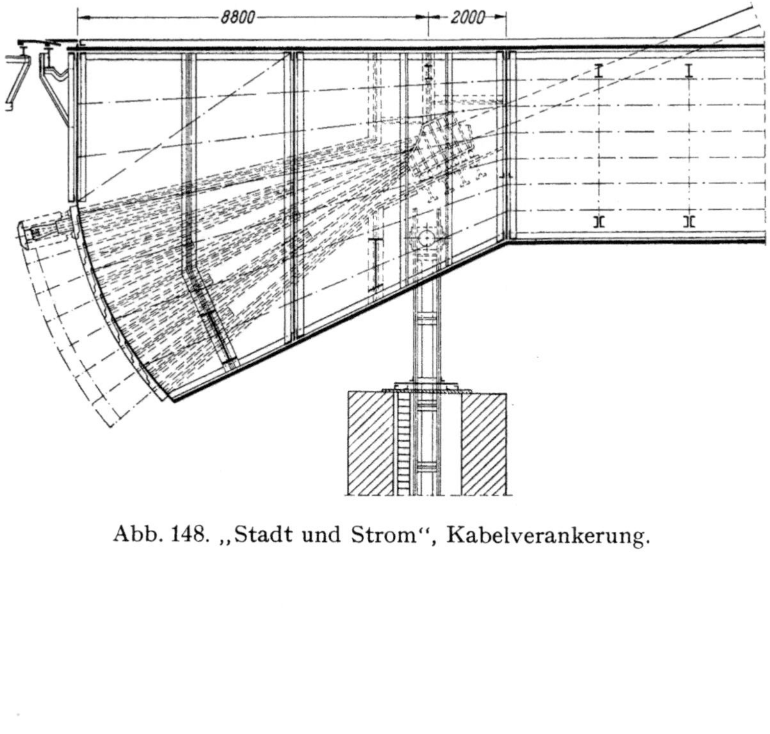

Abb. 148. „Stadt und Strom“, Kabelverankerung.

Besondere Aufmerksamkeit ist der Einführung der waagrechten Kräfte aus den Kabeln in die innerhalb der Kabelebenen angeordneten Versteifungsträger gewidmet (Abb. 148). Die Bodenbleche des Versteifungsträgers sind an beiden Enden im Bereich der Widerlager auf etwa 9 m Länge schräg nach unten gezogen. Der Kasten wurde durch zwei weitere senkrechte Wände verbreitert, um den nötigen Raum zur Verankerung der Tragkabel, für die lotrechten Zuganker sowie zur Unterbringung des Ballastbetons zu schaffen. Zur Übertragung der Kabelkräfte auf den ganzen Kastenquerschnitt sind an den Enden die Bodenbleche über die ganze Brückenbreite durchgeführt und sämtliche Blechquerschnitte entsprechend verstärkt.

Bei 17,20 m Kastenbreite kann der Versteifungsträger zwischen den Pylonenpfosten durchgeführt werden. Er ist mit doppelwandigen Querträgern im Pylon gelagert. Mit Rücksicht auf Querbewegungen aus Temperaturänderungen ist von diesen Lagern das eine fest, das gegenüberliegende querbeweglich ausgebildet. Am andern Pylon ist ein Lager längsbeweglich, das andere allseitig beweglich. An den Brückenenden sind zur Aufnahme der negativen Auflagerkräfte Zugpendel vorgesehen, welche ebenfalls kleine Querbewegungen ermöglichen. Der Versteifungsträger ist im Abstand von 1,95 m von den Außenwänden an Querträgerkonsolen aufgehängt.

Die Kragarme der Querträger, welche gleichzeitig zur Auflagerung der Tragkonstruktion für die Rad- und Gehwege dienen, sind so weit nach außen geführt, daß für die Gehwege an den Pylonen noch genügend Breite bleibt, und die Geländer über die ganze Länge der Brücke geradlinig durchgeführt werden können.

Die Tragkabel aus je 37 patentverschlossenen Einzelseilen sind für eine größte Kabelkraft von 7180 t bemessen. Die Hänger aus Flachlitzenseilen sind oben in einer Rille der gußeisernen zweiteiligen Kabelschellen geführt und unter dem Kabel durch eine Kausche auf einen geringen Abstand zusammengezogen, um die Nutzbreite der Gehwege möglichst wenig einzuschränken. Zwischen den Gehweglängsträgern sind die Kabelkästen aus gekanteten Stahlblechen untergebracht.

Die tiefbaulichen Arbeiten beschränken sich bei diesem Entwurf auf die Ausbesserung geringfügiger Schäden an den Strompfeilern, Abbruch und Instandsetzungsarbeiten am linksrheinischen Verankerungspfeiler, Aufbringen des Fahrbahnbetons und der Stahlbetonfertigplatten für die Rad- und Gehwege.

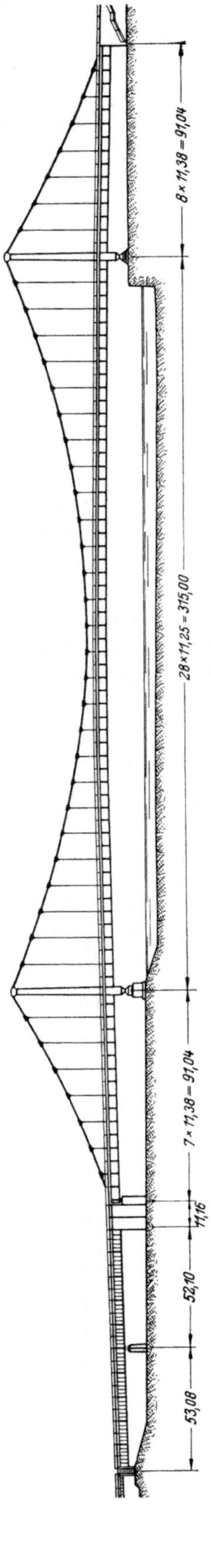

Abb. 149. „Der Aufbau", Übersicht.

„Der Aufbau".

Verfasser: Aug. Klönne, Dortmund, Dyckerhoff & Widmann, KG., Niederlassung Köln. Architektonischer Mitarbeiter Baurat Th. Teichen, Köln.

Dieser Entwurf einer in sich verankerten Hängebrücke ist ohne erhebliche Tiefbauarbeiten ausführbar, da die vorhandenen Pfeiler und Widerlager wiederverwendet werden. Die Stützweiten sind die gleichen wie bei der alten Hängebrücke (Abb. 149). Abweichend von der bisherigen Form ist die Fahrbahn auch in den Seitenöffnungen angehängt. Die Versteifungsträger sind unter der Fahrbahn angeordnet. Das niedrige Fahrbahnband ist in unveränderter Höhe über den ganzen Brückenzug durchgeführt. Dadurch hat das Gesamtbild an Ausgeglichenheit und gutem Aussehen gewonnen.

Tragkabel, Kabelschellen, Hänger und Versteifungsträger entsprechen denen des Entwurfs „Die Brücke" der Verfasser. Der Versteifungsträger ist ein 8zelliger, verwindungssteifer, geschlossener Kasten, dessen Deckbleche in der Längs- und Querrichtung ausgesteift sind (Abb. 150). Die Stegbleche sind durch senkrechte äußere und waagerechte innere Steifen gegen Ausbeulen gesichert. In Hängerabstand sind kräftige Fachwerkquerscheiben und zwischen diesen in 2,8 m Abstand Zwischenquerträger eingebaut, auf welche sich die Längsträger abstützen. Die 14 mm dicken Stege des Zellenträgers werden im Werk mit je einer oberen

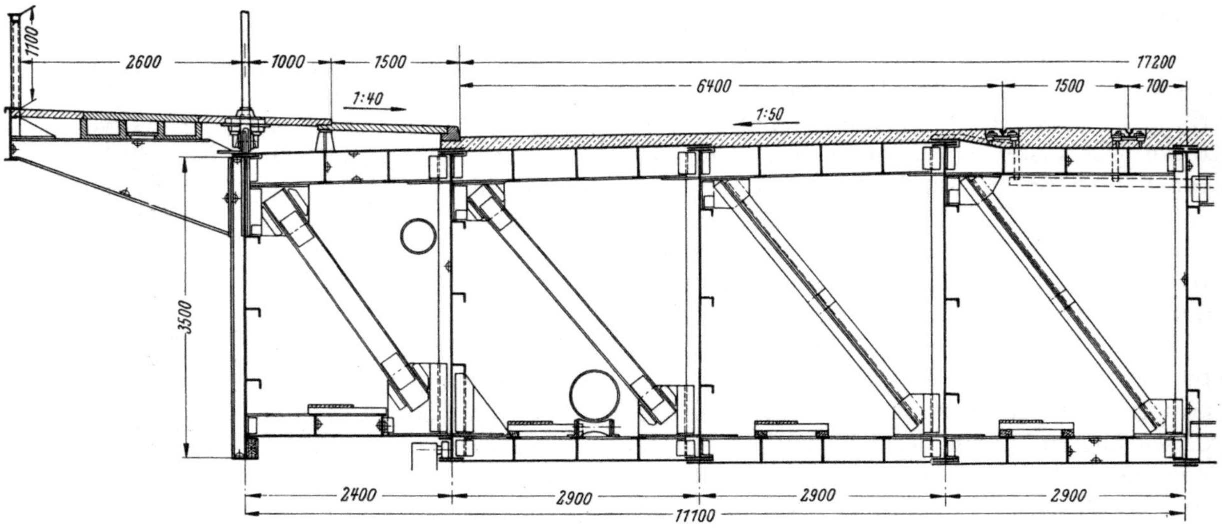

Abb. 150. „Der Aufbau", Querschnitt.

und unteren Gurtplatte verschweißt und in 11,25 m Länge zur Baustelle geliefert. Auch die 10 bis 24 mm dicken Deckbleche werden in gleicher Weise mit den Zwischenlängsträgern im Werk verschweißt und in gleichen Längen auf der Baustelle eingebaut. Dort werden jedoch alle Verbindungen genietet.

Die 15 cm dicke, fugenlose Stahlbetondecke der Fahrbahntafel ist auf dem Deckblech des Kastenträgers schubfest verankert. Die quer zur Fahrtrichtung gespannte Platte wird durch Zwischenträger in Abständen von 725 mm unterstützt. Für die Fahrbahnplatte soll der gleiche Leichtbeton verwendet werden wie beim Entwurf „Die Brücke". Die obere, 3 cm dicke, härtere Betonschicht ist für den Verschleiß vorgesehen. Der als Verbundkonstruktion mittragende Teil der Fahrbahndecke ist mit 12 cm Stärke in die Berechnung eingeführt. Zur Aufnahme der in der Längsrichtung wirkenden Zugkräfte im Bereich der negativen Stützenmomente sind abgebogene, auf dem Deckblech aufgeschweißte Rundstahleinlagen angeordnet. In die obere Verschleißschicht ist ein Maschengitter ein-

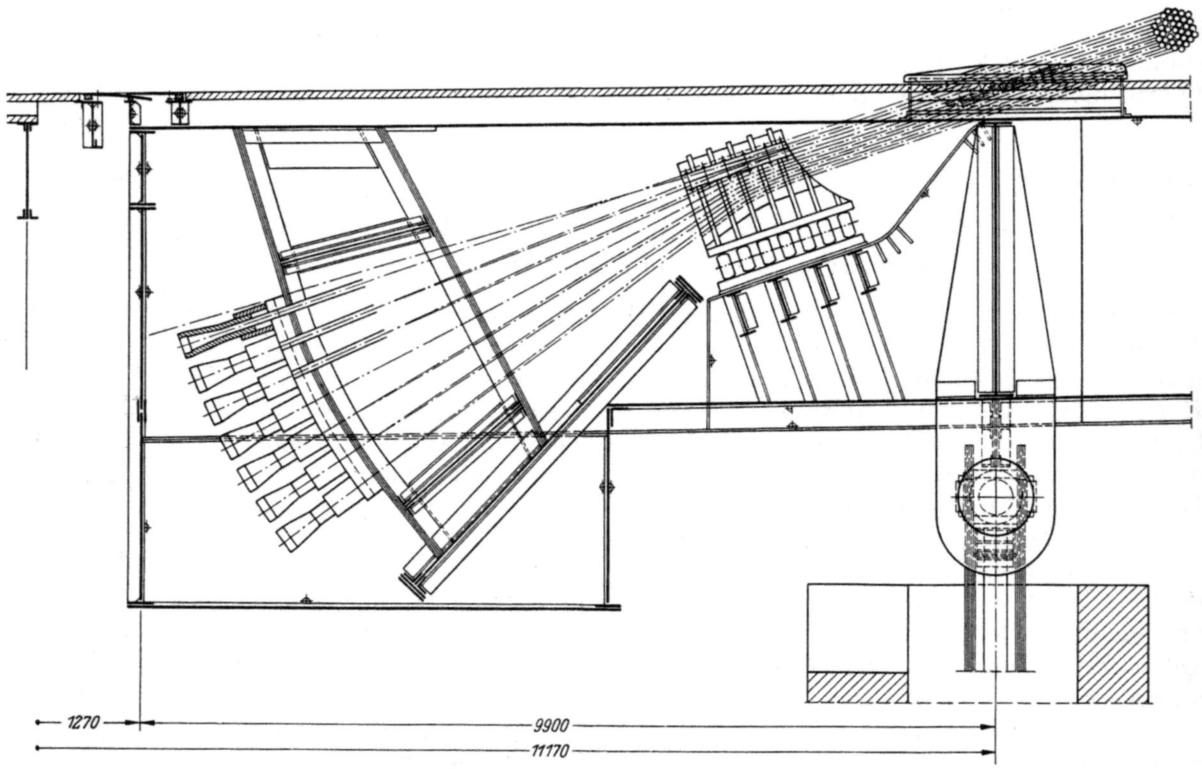

Abb. 151. „Der Aufbau", Kabelverankerung.

gelegt. Die 100 mm hohen Straßenbahnschienen laufen verschweißt über die ganze Brückenlänge durch und werden mittels Schienenauszügen an den Widerlagern übergeleitet.

Die Abdeckung der Fuß- und Radwege ist aus Abb. 150 zu ersehen.

Die Pylone entsprechen der für den Entwurf „Die Brücke“ vorgeschlagenen Ausführung. Die Versteifungsträger sind mit zug- und druckfesten Pendeln in den Pylonen beweglich gelagert. Die Windkräfte werden mittels längsbeweglicher Konsole auf die Kipplager der Pylone abgeleitet.

Die Verankerung der Kabel an den Versteifungsträgerenden erfolgt über ein Umlenklager mittels Seilköpfen auf kräftigen Traversen (Abb. 151), welche oben mit dem Deckblech des Kastenträgers und unten mit einem schräg gelagerten Blechbalken verbunden sind. Der Kastenquerschnitt ist an diesen Stellen bis zum Fußwegrandträger verbreitert. Zugpendel an den alten Verankerungsstellen übertragen die negativen Auflagerkräfte.

Die überschläglich ermittelten Durchbiegungen betragen in der Mitte der Stromöffnung 1,16 m und in den Viertelspunkten 1,07 m.

Das Konstruktionsgewicht mit 10880 t ist um rund 3000 t höher als das der bodenverankerten Hängebrücke, aber immer noch um rd. 2300 t niedriger als das der alten, in sich verankerten Hängebrücke.

In den Seitenöffnungen ist Aufstellung auf festen Rüstungen und in der Schiffahrtsöffnung Freivorbau über 3 Behelfsjoche geplant, welche Schiffahrtsrinnen von 70 bis 80 m Breite frei lassen. Nach dem Aufbau der Pylone, dem Einziehen und Verankern der Tragkabel, dem Einbau der Kabelstellen und Hänger werden die Versteifungsträger auf Pressen abgesenkt, bis sie am Kabel frei hängen. Zum Schluß wird die Fahrbahndecke betoniert.

„Stets bewährt“.

Verfasser: Hein, Lehmann & Co., Düsseldorf, Neußer Eisenbau, Bleichert KG., Neuß, Dipl.-Ing. Lorenzonie, Hannover, P. Bauwens, Köln. Architektonische Gestaltung: Arch. P. F. Schneider, Essen.

Dieser Entwurf einer in sich verankerten Hängebrücke ist im wesentlichen der alten Brücke nachgebildet und stimmt mit dieser in den Stützweiten, in der Felderteilung, in der Linienführung der Fahrbahn und der Kabel überein.

Der Versteifungsträger ist jedoch unter der Fahrbahn angeordnet und mit 4600 mm Höhe niedriger als der alte (Abb. 152). Außerdem läuft er in gleicher Höhe unverändert über den ganzen Brückenzug

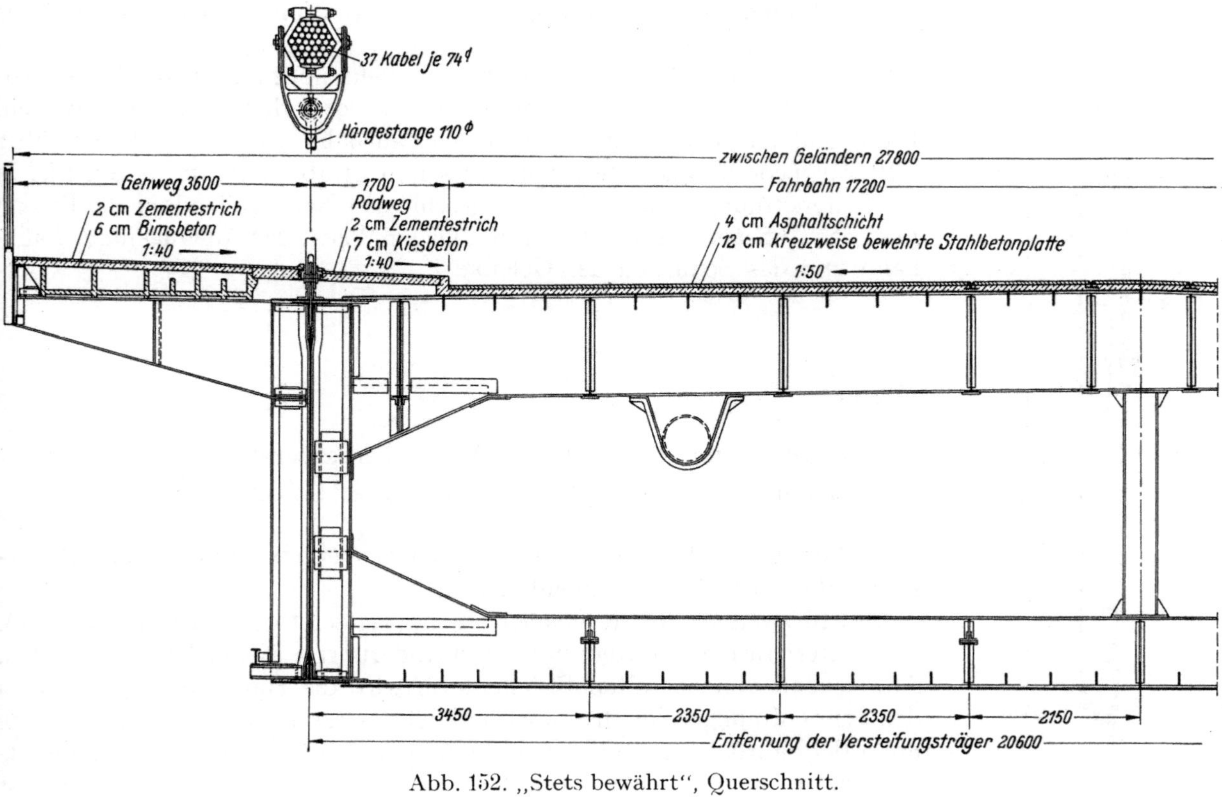

Abb. 152. „Stets bewährt“, Querschnitt.

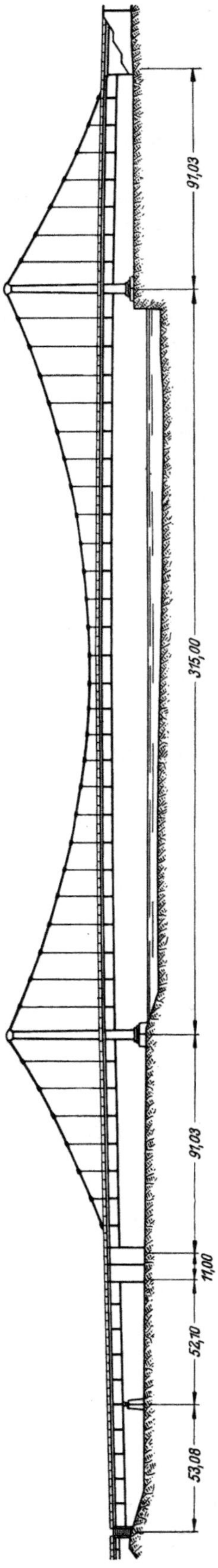

Abb. 153. „Reno“, Übersicht.

durch. Er besteht aus 2 einwandigen Blechträgern mit 1 m breiten Gurtplatten. Die Blechträger bilden mit den über die ganze Breite reichenden Deckblechen von 10 bis 12 mm Dicke einen geschlossenen Kasten. Durch vier mittlere, längs durchlaufende Fachwerke ist der Kasten in 5 Zellen unterteilt. Die Flachbleche werden außerdem noch durch Längsrippen ausgesteift. Die Stegbleche der äußeren Blechträger sind durch Längs- und Quersteifen gegen Ausbeulen gesichert. Rahmenartig ausgebildete Querscheiben mit oberen und unteren Riegeln machen den Kasten verwindungssteif. Die hohe Verdrehungssteifigkeit des Kastens beschränkt bei einseitiger Belastung die Querneigung der Fahrbahn auf etwa 1,1%. Der Kasten ersetzt auch den Windverband. Das Kasteninnere ist durch begehbare Mannlöcher in den unteren Flachblechen vom Besichtigungswagen aus zugänglich.

Die Fahrbahndecke besteht aus einer 12 cm dicken, kreuzweis bewehrten Stahlbetonplatte mit 4 cm Asphaltauflage, die Gehwegabdeckung aus Bimsbetonplatten auf Bimsbetonrippenkörpern. Wie früher sind im Versteifungsträger drei Aufstellungsgelenke vorgesehen, welche nach Aufbringen der ständigen Last geschlossen werden. Zur Verankerung der Tragkabel sind die Blechträger an den Enden doppelwandig ausgeführt. Der Übergang zu dem einwandigen Querschnitt erfolgt mittels Stahlgußformstücken an den Stegblechen und durch Verlaschung der Gurte.

Die Aufhängung der Fahrbahn an Hängern aus Rundstahl von 110 mm ⌀ und die Gestaltung der Pylonenportale entsprechen der früheren Ausführung.

Der kastenförmige Versteifungsträger ermöglicht eine Verringerung des Abstandes der lotrechten Wände auf 20,6 m. Die Gehwege sind auf Kanzeln um die Pylonenschäfte herumgeführt.

Für die Haupttragteile ist Baustahl St 52 vorgesehen, für die untergeordneten Teile St 37.

Zur Oberflächenentwässerung der Fahrbahn sind Gullys aus Beton vorgesehen, deren Abflußrohre in Blechkastenrinnen münden. Die Schienen der Straßenbahn werden gesondert entwässert.

Die gesamte ständige Last beträgt in der Mittelöffnung 24,6 t/m, in den Seitenöffnungen 21,5 t/m. Das gesamte Konstruktionsgewicht des Überbaus ist zu 10131 t errechnet.

Die Aufstellung ist so gedacht, daß die Seitenöffnungen auf festen Rüstungen gleichzeitig mit den unteren Teilen der Pylone eingebaut werden. Dann schließt sich der Freivorbau der Fahrbahn von beiden Seiten über 2 Behelfsjoche und 2 weitere Hilfsstützen an. Dabei werden die Gelenke in den Seitenöffnungen vorübergehend geschlossen. Nach Vollendung der Pylone folgt das Auflegen der Tragkabel in üblicher Weise, das Anhängen der Fahrbahn und das Schließen der Gelenke.

„Reno“.

Verfasser: Gutehoffnungshütte AG., Oberhausen-Sterkrade, Philipp Holzmann AG., Frankfurt a. M. Arch. GERT LOHMER, Köln.

Die Verfasser haben sich in dankenswerter Weise bemüht, die in sich versteifte Hängebrücke weiterzuentwickeln.

Die Stützweiten sind die gleichen wie bei der zerstörten Brücke (Abb. 153). Der Unterbau kann mit geringfügigen Änderungen wieder benützt werden. Abweichend von der alten Brückenform wird die Hängerteilung auch in den Seitenöffnungen durchgeführt und der Versteifungsträger als Hohlplatte unter der Fahrbahn angeordnet. Die über den Pylonenpfeilern durchlaufende Hohlplatte ohne Gelenke ist auf dem rechtsrheinischen Widerlager fest

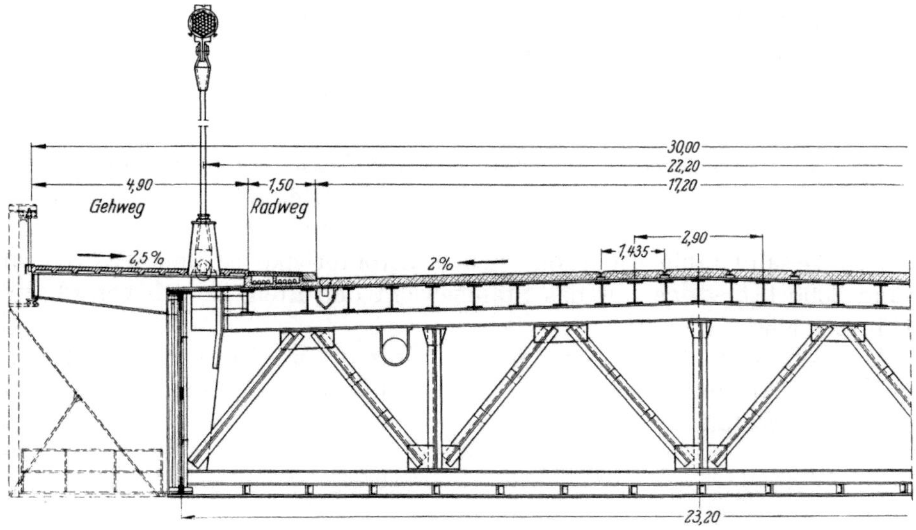

Abb. 154. „Reno", Querschnitt.

gelagert. Das Tragsystem ist dreifach statisch unbestimmt. Die Tragkabel aus 37 patentverschlossenen Seilen von 70 mm ∅ sind zu einem Sechseckquerschnitt zusammengefügt. Die Kabelkräfte werden an den Brückenenden in die Hohlplatte eingeleitet, welche im Bereich der Kabeleinführung zur gleichmäßigen Druckverteilung auf die Kastenbreite verstärkt und ausgesteift ist. Die großen negativen Auflagerdrücke an den Brückenenden (2460 t je Kabel) werden durch Schrottbetonballast ausgeglichen, um den Einbau von Zugpendeln und die damit verbundenen tiefbaulichen Ausbesserungen zu sparen. Der Querschnitt der 23,2 m breiten Hohlplatte ist aus Abb. 154 zu ersehen. Die Dicke der Deckbleche schwankt zwischen 12 und 40 mm. Das obere Deckblech, welches die Fahrbahndecke aufnimmt, ist durch Längsträger in 75 bis 90 cm Abstand ausgesteift, das untere und die lotrechten Außenwände durch Längssteifen. In der Querrichtung sind neben Fachwerkquerträgern in Hängerabstand (11,67 bzw. 11,38 m) lastverteilende Zwischenquerverbände in Feldmitte vorgesehen. Die Aufhängung des Hohlkastens an den Querträgern erleichtert die Aufstellung. Die Längsträger und Längssteifen sind mittragende Teile des Kastenquerschnitts und steigern die Biegesteifigkeit. Bei der großen Seitensteifigkeit der 23,2 m breiten Hohlplatte kann ein besonderer Windverband gespart werden.

Die Pylone mit oberem doppelwandigem Querriegel sind am Fuß in der Querrichtung eingespannt, in der Brückenrichtung auf Linienkipplagern gelenkig gelagert. Eine Einspannung nach beiden Richtungen hätte eine Verbreiterung der Pfeiler erfordert. Die Pylonenstiele aus 4 durch IP-Profile verstärkten Wandblechen sind gegen Verdrehung durch Schotte aus]-Rahmen gesichert. Die Kabelsättel sind aus dicken Blechen und einem Stahlgußstück zur Aufnahme des Kabels zusammengeschweißt.

Die 14 cm dicke, quer- und längsbewehrte Stahlbetonfahrbahndecke ist auf dem Deckblech der Hohlplatte mit aufgeschweißten Rundstählen schubsicher verankert, so daß mit Verbundwirkung gerechnet werden kann. Bei den auskragenden Gehwegen sind Stahlbetonfertigplatten verwendet, welche auf Konsolen und Stichträgern aufliegen. Die Randträger sind 80 cm hoch.

Die maximale Seilspannung von 5,8 t/cm² ergibt bei einer Zerreißfestigkeit der gezogenen Stahlgußdrähte von 15 t/cm² und einer Bruchlast des Einzelseiles von 475 t eine rund 2,5fache Bruchsicherheit, welche mit Rücksicht auf die hohe Dauerfestigkeit der patentverschlossenen Seile aus gleichen Gründen wie beim Entwurf „Oho" gewählt wurde.

Abb. 155. „Reno", Durchblick.

Die größte Durchbiegung in Brückenmitte wird:

für Verkehrsbelastungen mit 400 kg/cm²	99 cm
für Straßenbahnzüge	14 cm
und für Temperatureinflüsse	29 cm

Infolge des sehr geringen Einflusses der Verformung der Pylone, der Hänger und der Versteifungsträger auf die Kräfte wurde die statische Berechnung nach der Theorie I. Ordnung durchgeführt.

Das Gesamtstahlgewicht der neuen Strombrücke ist mit 11247 t um rund 2000 t niedriger als das Stahlgewicht der alten, in sich verankerten Hängebrücke.

Mit dem schlanken Fahrbahnband wirkt die in sich versteifte Hängebrücke leicht und beschwingt. Die Pylonenportale (Abb. 155) sind ansprechend gestaltet.

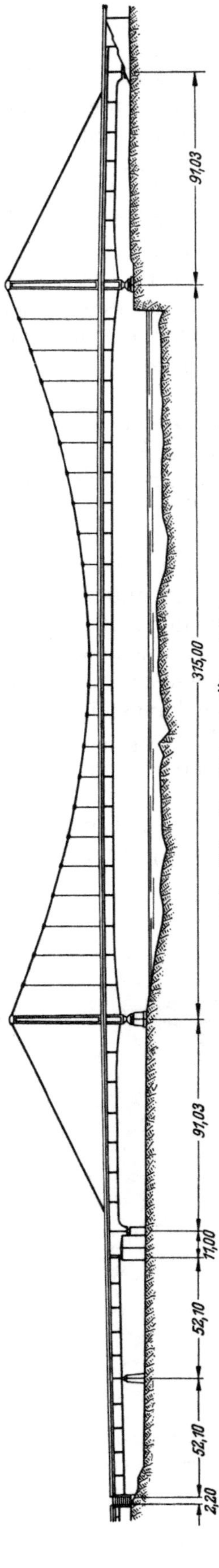

Abb. 156. „Tradition", Übersicht.

„Tradition".

Verfasser: Demag AG., Duisburg, Philipp Holzmann AG., Köln.
Architekt Dipl.-Ing. Hein Noecker, Köln.

Abgesehen von den niedrigeren Versteifungsträgern ist der Entwurf eine fast getreue Nachbildung der zerstörten, in sich verankerten Hängebrücke (Abb. 156). Auch auf das Anhängen der Fahrbahn in den Seitenöffnungen wird verzichtet, was dem Brückenbild nicht gerade zum Vorteil gereicht. Um die vorhandenen Pfeiler und Widerlager für den Wiederaufbau nutzbar zu machen und die noch vorhandenen Lagerteile wieder verwenden zu können, sind Stützweiten, Pylone und Kabel der früheren Ausführung genau angepaßt.

Bei 22,2 m Hauptträgerabstand und 30,55 m Gesamtnutzbreite der Fahrbahn zwischen den Geländern sind die im Ausschreiben geforderten Breiten der Fahrbahn, Rad- und Gehwege eingehalten (Abb. 157). Die auf 5,60 m abgeminderte Höhe der Versteifungsträger, welche noch 0,65 m über die Fahrbahn hinausragen, ergibt eine Verbesserung der Sichtverhältnisse.

Wie bei der alten Brücke sind die Versteifungsträger mit flachen Vouten auf die Pylonenpfeiler herabgezogen und an den Widerlagern mit kreisförmigen Ausrundungen versehen.

Das Längenprofil der Fahrbahn ist das gleiche wie bei der alten Brücke. Die Fahrbahn steigt auf der linken Rheinseite mit 1:49,1 und 1:47,07, auf der rechten Rheinseite mit 1:67,1 und 1:47,07 an, die Kuppe ist mit einer Parabel ausgerundet.

Die Tragkabel aus je 37 patentverschlossenen Seilen sind in verbreiterten Endstücken der doppelwandigen Versteifungsträger nachstellbar verankert. Zur Aufnahme der negativen Auflagerkräfte ist im linksrheinischen Ankerpfeiler eine Verankerung der Versteifungsträgerenden und ein Ballastträger vorgesehen.

Die in 19,22 m Abstand angeordneten Hänger bestehen aus einem über die Kabelschellen geschlungenen Doppellitzenseil, welches unten mit Seilköpfen nachstellbar und beweglich an den Versteifungsträger angeschlossen ist.

Die am Fuß 2,60 × 3,50 m messenden Pylonenstiele verjüngen sich in der Seitenansicht von unten nach oben und in der Brückenquerrichtung von oben nach unten. Die 4 m hohen Pylonenriegel am Kopf der Pylone sind leicht geschwungen und bilden mit den Pfosten einen Zweigelenkrahmen zur Ableitung der Windkräfte auf die Punktkipplager.

Die Fahrbahntafel aus 18 cm dicken, auf einem Rost von Längsträgern und Querträgern gelagerten Stahlbetonplatten ist in Abständen von 67 m durch Querfugen unterbrochen, um bei den großen Verformungen des Haupttragwerks die Zwängungsspannungen herabzusetzen (Abb. 157).

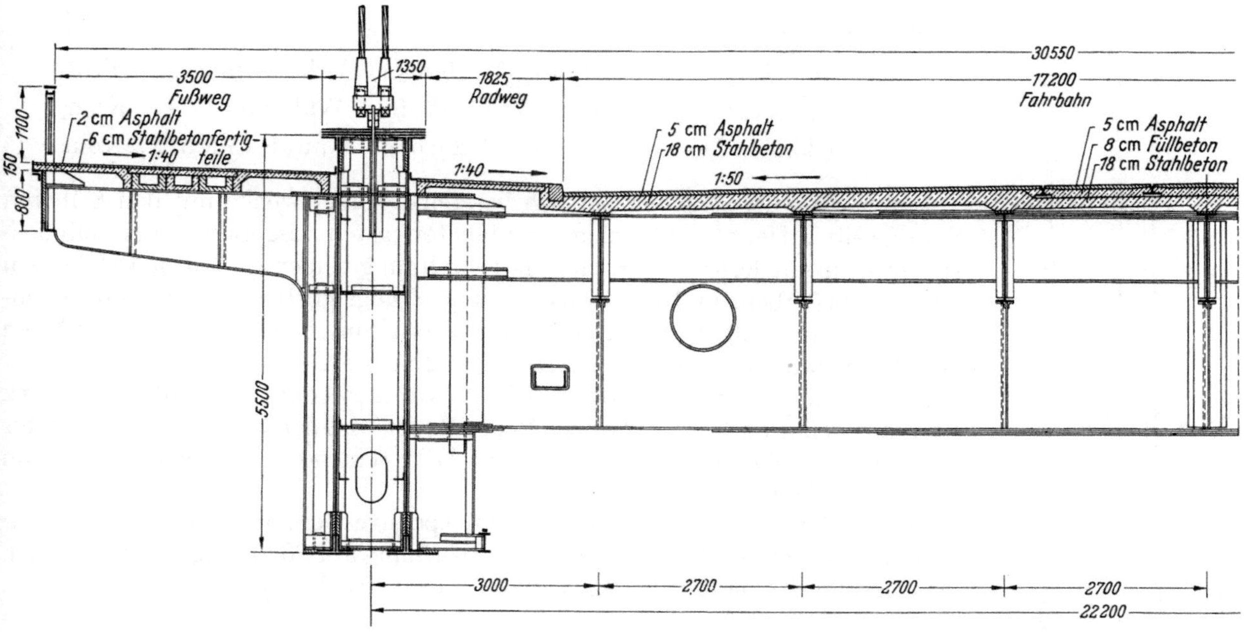

Abb. 157. „Tradition", Querschnitt.

Zur Aufnahme der 100 mm hohen Straßenbahnschienen auf 5 cm dicker Hartgummi- oder zähplastischer Asphaltunterlage ist die Fahrbahntafel im Mittelteil muldenartig vertieft.

Auf den Stahlbetonfahrbahnplatten ist eine Gußasphaltdeckschicht von 5 cm Dicke und auf den Rad- und Gehwegen 2 cm Gußasphaltbelag vorgesehen.

Die größte Durchbiegung in der Mitte der Schiffahrtsöffnung bei 400 kg/cm² Verkehrsbelastung und Höchsttemperatur beträgt 1,094 m, die größte Querneigung der Fahrbahn bei einseitiger Belastung 2,7%.

Das Gesamtkonstruktionsgewicht des Überbaus beläuft sich auf 10989 t. Gegenüber der alten Brücke sind rd. 2000 t eingespart. Der Entwurf wurde durch Ankauf ausgezeichnet.

„Dresden und Kombination".

Verfasser: Stadtoberbaurat Dr. Hans Sievers, Duisburg, Demag Aktiengesellschaft, Duisburg.

Beide Entwürfe sind in sich verankerte Hängebrücken, deren Tragkabel aus verschlossenen Stahlseilen der Carlswerke in Köln-Mülheim bestehen. Der Entwurf Dresden sieht den Einbau eines neuen Strompfeilers und Verringerung der Stromöffnung auf 224,0 m Stützweite vor.

Der über 3 Öffnungen durchlaufende Versteifungsträger besteht aus einer mehrzelligen Verbundkonstruktion mit steifer Fachwerksbewehrung. Die während des Betonierens aufkommenden Kabelzüge werden wechselweise von den zuerst eingebauten Stahlfachwerkträgern übernommen.

Im Hinblick auf die kleine Stützweite ist das schätzungsweise ermittelte Konstruktionsgewicht der Stahlkonstruktionen mit 8700 t reichlich hoch. Auch die Gesamtkosten des Entwurfes scheinen von gleichartigen reinen Stahlbau-Entwürfen mit größerer Stützweite erheblich unterschritten zu sein.

Bei dem Entwurf Kombination kragt der Stahlbetonversteifungsträger der Seitenöffnungen etwas in die Mittelöffnung über und bildet mit der hier gelenkig angeschlossenen reinen Stahlkonstruktion einen Gerberbalken. Auch hier sollen in den Nebenöffnungen zuerst Stahlfachwerkträger als steife Bewehrung eingebaut werden. Der Verfasser schlägt vor, die Gelenkdrücke durch obere und untere Querträger von den äußeren auf die inneren Versteifungsträger zu übertragen. Baulich wird dies aber wohl kaum durchführbar sein, und kräftige Stahlgußwälzlager würden diese Aufgabe ohne weiteres übernehmen können.

Die Stahlkonstruktion des Versteifungsträgers der Mittelöffnung besteht aus 2 kastenförmigen Tragwerken, welche durch eine obere Stahldeckplatte und durch einen fachwerkartigen Windverband verbunden sind.

Die Stahlkonstruktionen des Überbaus erfordern insgesamt etwa 9700 t Stahl. Dieser Stahlaufwand ist bei reinen Stahlbau-Entwürfen gleicher Art ebenfalls erreicht oder unterschritten.

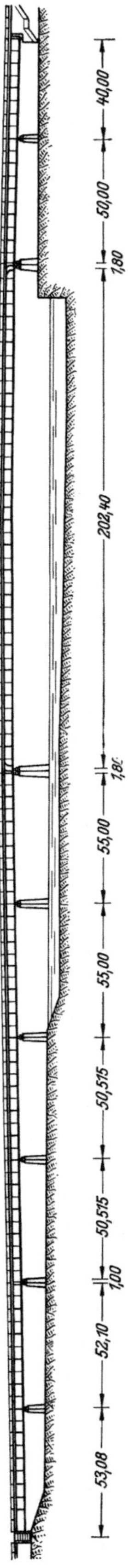

Abb. 158. „Neptun", Übersicht.

„Neues Bauen".

Verfasser: Prof. Dr.-Ing. Franz Dischinger, Berlin-Grunewald, Prof. Dr.-Ing. Schleicher, Berlin, Dyckerhoff & Widmann AG., Köln, Aug. Klönne, Dortmund. Arch. Mitarbeit: Baurat Teichen, Köln.

Dieser Entwurf zeigt eine in sich versteifte Hängebrücke mit den früheren Spannweiten. Der als mehrzelliger Stahlbetonkasten ausgebildete Versteifungsträger ist im mittleren Teil der Hauptstromöffnung beiderseits mit je 12 Hängern an den Tragkabeln und im übrigen mit je 8 Zügelgurten an den Stahlbeton-Pendelpylonen aufgehängt. Der 5zellige Versteifungsträger ist an den Pylonen 5 m hoch und einschließlich Konsolen 30,2 m breit.

Der Stahlbedarf mit 11290 t und die Gesamtkosten mit 20,4 Millionen Mark sind sehr hoch, und der Entwurf „Neues Bauen" ist der weitaus teuerste unter den gleichartigen Stahlbau-Entwürfen. Auch sein hohes Gewicht wurde von beteiligter Seite beanstandet.

Für die Aufstellung sind unerwünschte sperrige Gerüsteinbauten im Strombett erforderlich, wodurch die Schiffahrtsöffnung auf 80 m eingeschränkt wird. Das Gesamtbild des Entwurfs ist nicht sehr befriedigend.

„Neptun".

Verfasser: Stahlbau Rheinhausen, Fritz Pilgram, Köln-Mülheim, Wiemer & Trachte, Dortmund. Architektonische Gestaltung: Prof. Fritz Mehrtens, Aachen.

Der Entwurf umfaßt ein äußerlich geschlossen erscheinendes, gleich hohes Blechbalkenband von 4,4 m Höhe, dessen Stromhauptöffnung durch einen Stabbogen verstärkt wird und in dessen Bereich mithin ein sogenannter Langerscher Balken entsteht. Die Verfasser erstrebten mit diesem Vorschlag eine möglichst wirtschaftliche Lösung der Aufgabe, welche zugleich in der Umgebung von guter Wirkung sein sollte. Obgleich der Einbau von 4 neuen Pfeilern erforderlich wird, läßt sich aber feststellen, daß die Verfasser das angestrebte Ziel möglicherweise erreicht haben, denn das gesamte Konstruktionsgewicht beträgt nur 4735 t. Der Gesamteindruck des Bauwerks ist auch unter Einbeziehung der Rücksichtnahme auf das Mülheimer Städtebild durchaus günstig.

Wie aus Abb. 158 hervorgeht, soll auf beiderseitigem Ufer- bzw. Flutgelände je ein neuer Pfeiler errichtet werden und im Bereich der linksrheinischen seitlichen Stromöffnungen deren zwei.

Der die Hauptschiffahrtsöffnung überspannende Stabbogen ist unabhängig von den Seitenöffnungen als Tragwerk auf zwei Stützen vorgeschlagen, während die Flut- und Seitenöffnungen auf beiden Seiten durch Balken, welche über vier bzw. zwei Öffnungen kontinuierlich durchlaufen, überbrückt werden. Auf der gesamten Länge des neuen Bauwerks ist der Abstand der beiden Hauptträger jeweils 20,2 m, und der Abstand der geschweißten, vollwandigen Querträger beträgt 10 m.

Der Stabbogen der Hauptöffnung besteht aus einem doppelwandigen Kasten von 400 mm Stegblechabstand, dessen Höhe von 2 m an den Kämpfern sich bis zum Scheitel auf 1,5 m verjüngt. An den Querträgeranschlüssen sind die einwandigen Versteifungsbalken mittels Drahtseilen an ihm aufgehängt (Abb. 159). Die Hänger enden in Seilköpfen, welche unten in Stahlgußsattelstücken befestigt sind, und welche sich oben auf Querschotten verstellbar abstützen. Die Standsicherheit der Bogen wird durch einen gekreuzten Strebenverband gewährleistet, welcher sich an der Fahrbahn portalartig an die Bogenquerschnitte anschließt. Ein zweiter Windverband liegt in Höhe der Querträgeruntergurte.

Die Verbindung des Bogens mit dem einwandigen Blechträgerband geht aus Abb. 160 hervor.

Die über die ganze Länge des Brückenzuges gleichartig durchgeführte Fahrbahndecke ist die gleiche wie die der Entwürfe „Diana“ und „Orion“. Die Stahlbetonplatten stützen sich auf einem aus den Querträgern, 7 durchlaufenden Längsträgern und Zwischenquerträgern gebildeten Trägerrost ab. Alle sonstigen Einzelausbildungen der Fußgängerstege, der Entwässerung usw. entsprechen den anderen Entwürfen der Verfasser.

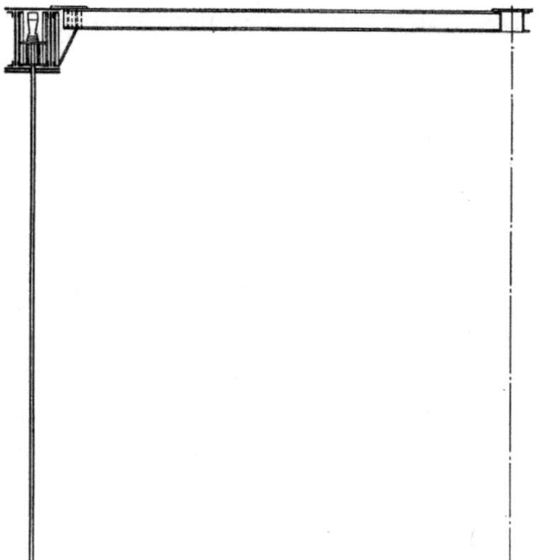

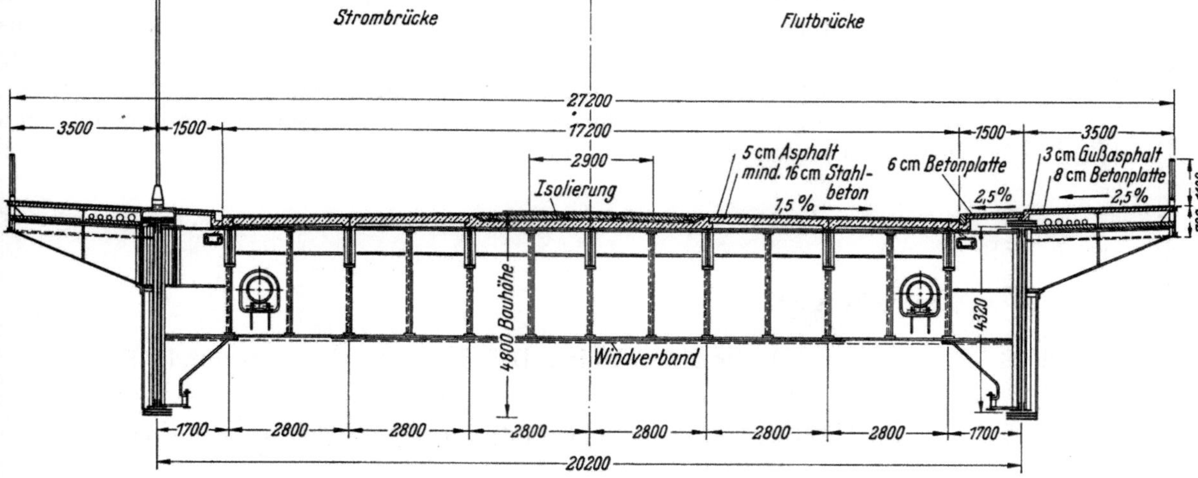

Abb. 159. „Neptun“, Querschnitte.

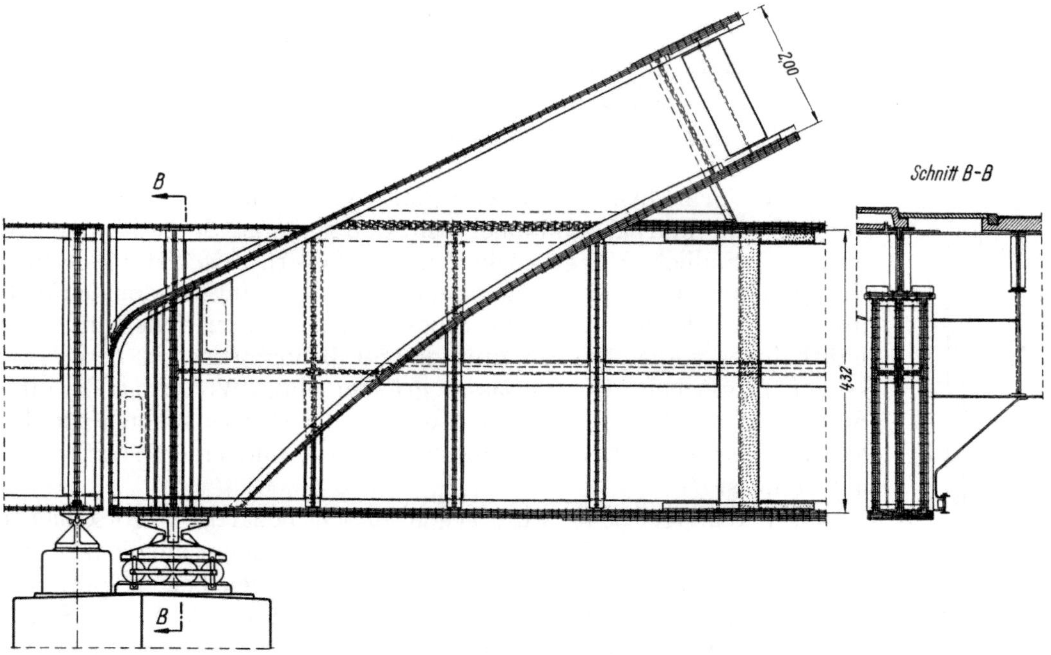

Abb. 160. „Neptun“, Einführung des Stabbogens in den Versteifungsträger.

Für die Hauptteile der Überbauten soll auch hier Stahl St 52, für alles andere Stahl St 37 verwendet werden.

Die größte Durchbiegung der großen Stromöffnung beträgt bei ungünstiger Verkehrsbelastung in der Mitte 1,25 m oder 1/1600 L.

Mit 24 m ist die Höhe des Stabbogens über der Fahrbahn so mäßig gehalten, daß er auf das angrenzende Städtebild von Mülheim nicht erdrückend oder störend wirkt.

Die landseitigen Überbauten werden auf beiden Ufern auf festen Stahlgerüsten errichtet. Anschließend sollen die linksrheinischen beiden Seitenöffnungen vom Ufer aus frei vorgebaut werden.

In der großen Stromöffnung sind in 52,5 m Abstand von den Pfeilern zwei mit Leitwerken versehene Behelfsjoche vorgesehen. Bis zu diesen Jochen werden dann die Blechträger mit der Fahrbahnkonstruktion im Freivorbau vorgestreckt. Nach deren Abstützung auf den Behelfsjochen wird der Freivorbau von beiden Seiten bis zum Schließen des unteren Überbauteiles fortgesetzt. Mittels Derricks soll dann der Stabbogen aufgebaut und dabei auf Stahlgerüsten abgestützt werden. Das Schließen des Stabbogens ist in spannungslosem Zustand mittels Paßstück vorgesehen. Daraufhin kann die Brücke bei den Hilfspfeilern abgesetzt werden. Während der Aufstellung ist vorgesehen, die Spannungszustände rechnerisch genau zu erfassen und zugunsten ausgeglichener Biegemomente auszunützen.

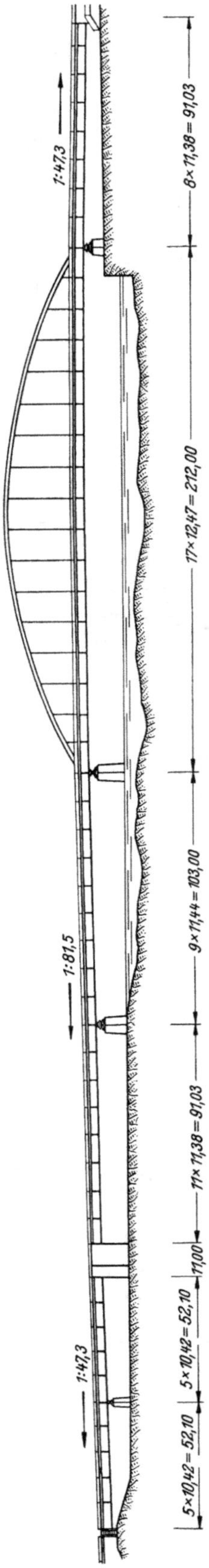

Abb. 161. „Neue Wege", Übersicht.

„Neue Wege".

Verfasser: Dortmunder Union Brückenbau AG., Dortmund, Polensky & Zöllner, Bauunternehmung, Köln. Architekten: Reg.-Baumstr. a. D. Karl Haberaecker, Iserlohn und Baurat a. D. J. T. Hover, Wuppertal.

Der Entwurf zeigt einen über vier Öffnungen in unveränderter Höhe durchlaufenden Balken mit einer Verstärkung durch Stabbögen über der Schiffahrtsöffnung (Abb. 161). Die Stabbögen mit 7,60 m Abstand sind dicht neben den Straßenbahngleisen angeordnet. Damit wurden nach Angabe der Verfasser drei Vorteile erzielt:

1. Trennung der Verkehrsrichtungen und der Verkehrsarten,
2. Blendschutz für den Gegenverkehr,
3. Freie Sicht nach außen.

Bei den Schnellverkehrsstraßen und Autobahnen hat sich die Trennung der Richtungsfahrbahnen immer mehr durchgesetzt. So besitzt z. B. die große, im Bau befindliche Hängebrücke über den Severn bei Bristol (Großbritannien) zwei getrennte Fahrbahnen, und bei dem neuesten internationalen Wettbewerb für die Österleden-Brücke in Stockholm sind zwei voneinander getrennte Fahrbahnen vorgeschrieben. Für die Straßenbahn ist ein besonderer Bahnkörper vorgesehen. Die Verfasser gründen ihren Vorschlag darauf, daß die Straße auf der Mülheimer Seite kurz vor der Brücke schon jetzt durch zwei Verkehrsinseln in zwei Richtungsfahrbahnen und einen Straßenbahnkörper unterteilt ist.

Von beteiligter Seite wird gegen diesen neuartigen Vorschlag das Bedenken erhoben, daß der Gleisbereich als Überholungsmöglichkeit für Kraftfahrzeuge entfällt. Auf den reichlich doppelspurigen beiden Fahrbahnen sind schon Überholungsmöglichkeiten gegeben, und ein lebhafter Straßenbahnverkehr dürfte auch in andern Fällen Überholungsmöglichkeiten an sich schon einschränken. Zudem braucht ein Brückenbauwerk keine Rennstrecke für Kraftfahrzeuge abzugeben, zumal wenn es zum Städtebereich zu rechnen ist, wo schon die Rücksicht auf andere Verkehrsteilnehmer oder gar Verkehrsvorschriften verminderte Fahrgeschwindigkeiten fordern. Schließlich reizt auch das lebhafte Verkehrsbild des Rheinstroms, die niederrheinische Landschaft und das nahe gelegene Domviertel Kölns zum langsamen Überfahren der Brücke.

Das über 4 Öffnungen durchlaufende Haupttragwerk besteht aus zwei 6,95 m breiten und 4,50 m hohen Kasten, welche in 12,50 m Abstand durch Querscheiben verbunden sind (Abb. 162). Über der Schiffahrtsöffnung ist dieses Tragwerk durch zwei Stabbögen verstärkt, welche in den Ebenen der inneren Kastenwände liegen und über der Fahrbahn durch einen kreuzförmigen Strebenverband und Portalriegel verbunden sind. Für die ständige Last sowie für symmetrisch über die ganze Brückenbreite sich erstreckende Vollbelastung wirkt das Tragsystem wie eine Stabbogenbrücke bisheriger Bauart. Bei einseitiger Verkehrslast wird das auftretende Kippmoment bis zu 70% durch den unter der Fahrbahn liegenden Kasten aufgenommen. Die Belastung der einzelnen Bögen bei einseitiger Verkehrslast ist nicht größer als bei symmetrischer Vollbelastung der Brücke. Die größte Durchbiegung in der Mitte der Stromöffnung beträgt 10,2 cm bei Vollbelastung mit 400 kg/m², bei einseitiger Belastung einschließlich Querneigung der Fahrbahn 11,6 cm. Die Querneigung selbst wurde zu 1:168 ermittelt.

Der Ansatzpunkt der Bogen ist aus statischen Gründen so gelegt, daß die Bogenachse die Auflagersenkrechte über den Pfeilern im oberen Viertelpunkt der Stegbleche des Versteifungsträgers schneidet. Der Bogenanschluß an den Versteifungsträger ist aus den Abb. 163 und 164 ersichtlich. In Abständen von rund 25 m von den Auflagerpunkten sind senkrechte Portale angeordnet, wodurch sich die Knicklänge des Bogens in waagerechter Richtung auf 162 m verringert. Die Einspannung der Bögen an den Portalen ist zugunsten der Sicherheit und zur Vereinfachung der Rechnung vernachlässigt. Trotz der Schlankheit des oberen Windverbands ist nicht das Knicken des Gesamtbogens in waagerechter Richtung maßgebend, sondern das Knicken der Einzelbögen in senkrechter Richtung in Verbindung mit den Zusatzmomenten infolge der stetigen Bogenkrümmung. Die Bogenschübe werden an den Lagern durch das Fahrbahndeckblech, sowie eine in der Untergurtebene über die ganze Brückenbreite durchgehende Stahlplatte auf die 4 Tragwände des Kastens gleichmäßig verteilt.

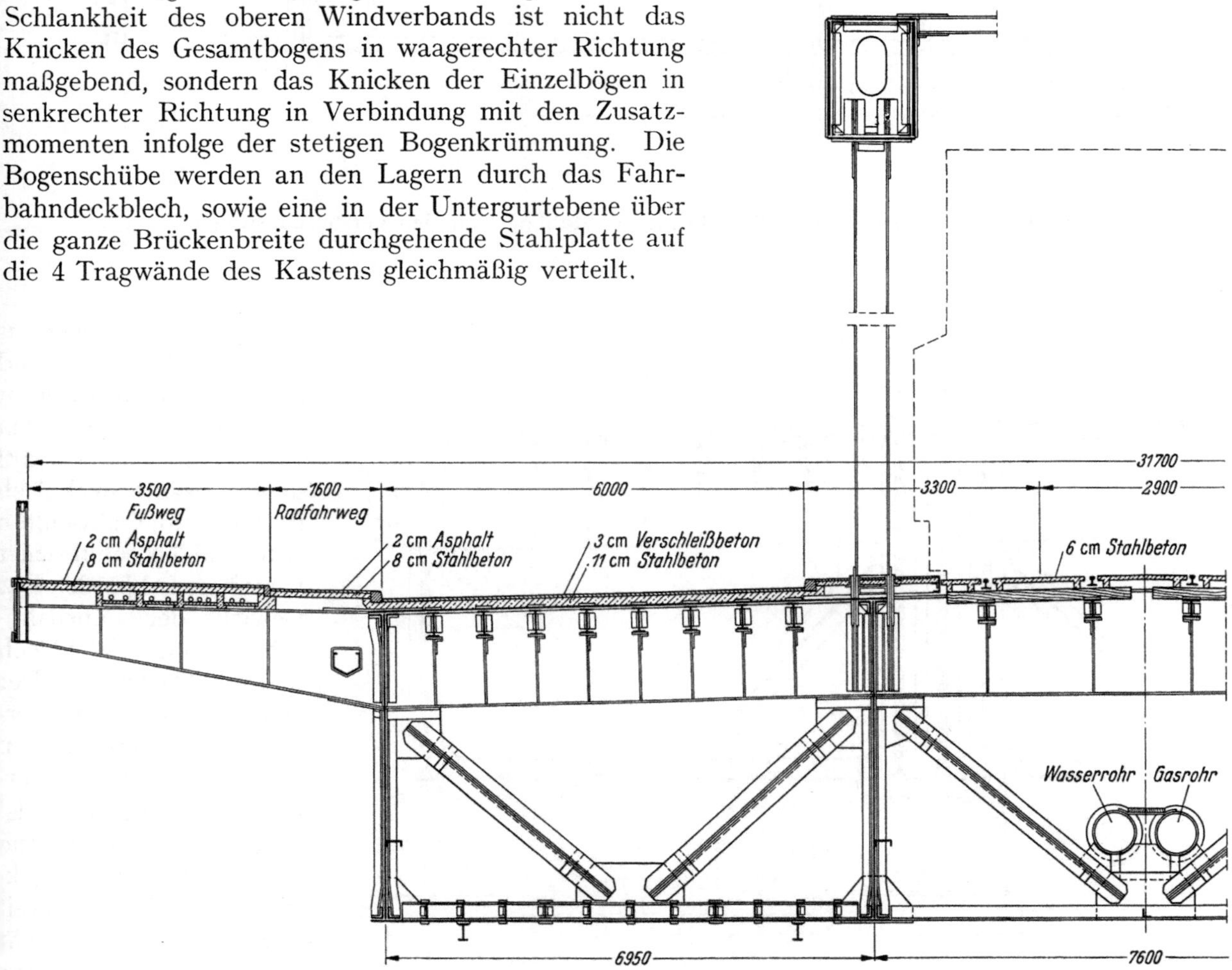

Abb. 162. „Neue Wege“, Querschnitt.

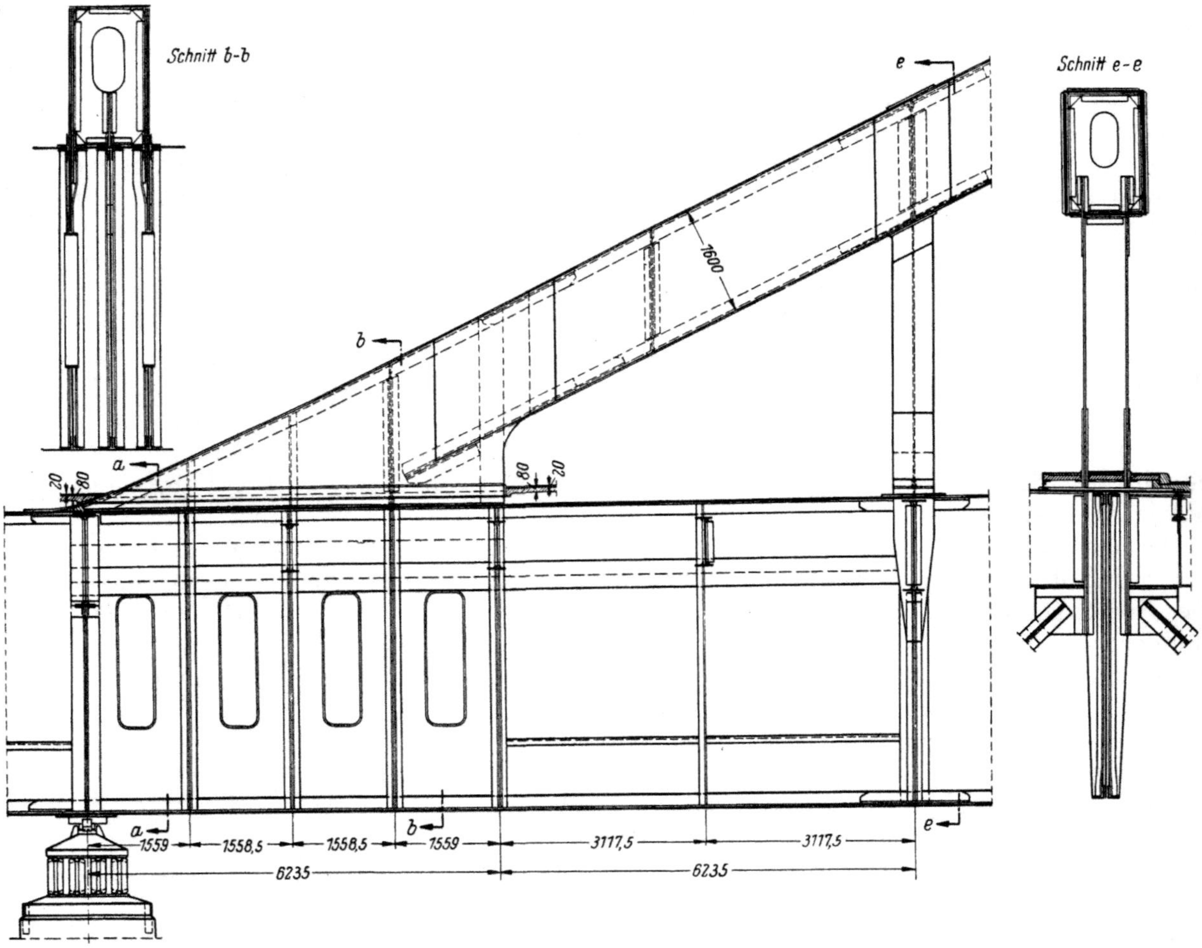

Abb. 163. „Neue Wege“, Einführung des Stabbogens in den Versteifungsträger.

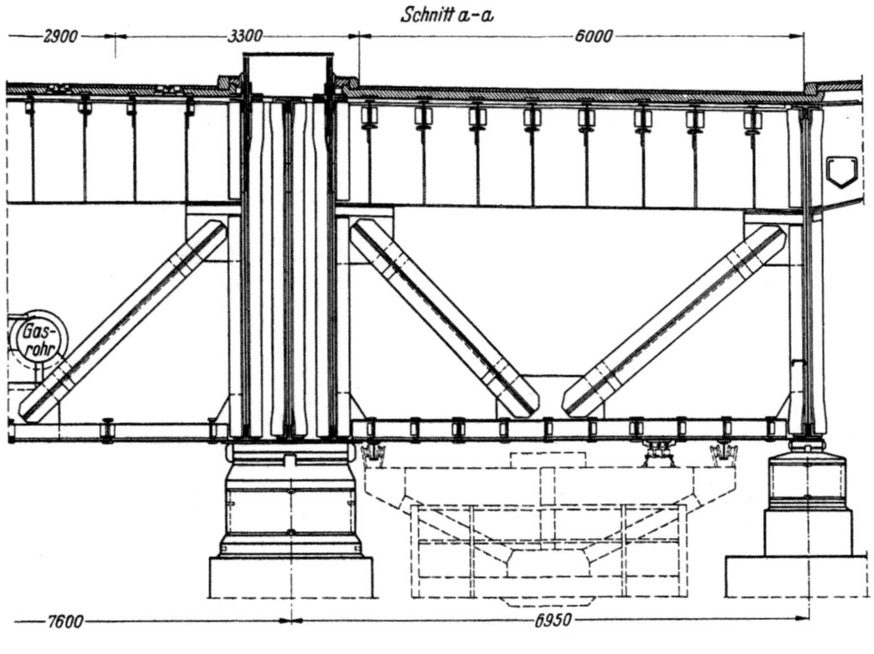

Abb. 164. „Neue Wege“, Querschnitt am Stabbogenanschluß.

Die Fahrbahndecke aus 11,5 cm Stahlbeton und 3 cm Verschleißbeton ist ähnlich wie bei der neuen Köln-Deutzer Brücke auf dem Kastendeckblech mittels aufgeschweißten Rundstählen schubsicher verankert (Abb. 162). Das Gewicht der Fahrbahndecke ohne Flachblech beträgt 336 kg/cm². Der geschlossene Kastenquerschnitt des sich 28,8 m über die Fahrbahn erhebenden Stabbogens ist etwa 1,20 m breit und 1,60 m hoch. Mit Rücksicht auf Begehbarkeit werden in den senkrecht gestellten Querschotten Mannlöcher ausgespart.

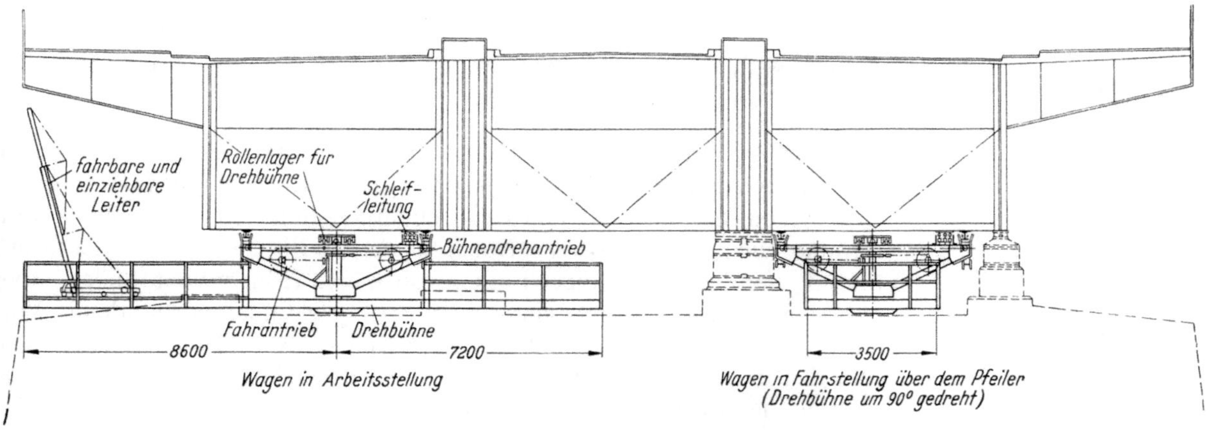

Abb. 165. „Neue Wege“, Besichtigungswagen.

Unter der Brücke sind zwei Besichtigungswagen vorgesehen (Abb. 165), welche unabhängig voneinander auf vier Laufbahnen über die ganze Länge der Brücke fahren können. Die Besonderheit der vorgeschlagenen Wagenkonstruktion besteht darin, daß die Arbeitsbühne um eine senkrechte Achse drehbar ist, wodurch seitlich aus- und einschiebbare Arbeitsbühnen entbehrlich werden. Die Arbeitsbühne muß vor dem Überfahren der Pfeiler in die Längsachse der Brücke gedreht werden (Abb. 165).

Die Rohrleitungen für das Gas und Wasser sind im unten offenen Mittelfeld untergebracht.

Das Gesamtkonstruktionsgewicht des Überbaus beträgt 6815 t.

Der neue Strompfeiler soll, mittels eines auf einer Schüttinsel hergestellten Senkkastens gegründet werden. Die Oberkante des Zellenfahrdamms liegt rd. 1 m über Mittelwasser auf Kote + 39 NN. Der Senkkasten wird nach der Fertigstellung bis auf die vorgesehene Gründungstiefe + 22,8 abgesenkt.

Die alten Pylonenpfeiler müssen um etwa 5 m aufgehöht werden. Die Baustoffe, Geräte und Konstruktionsteile werden auf dem Wasserwege zur Baustelle gebracht. Die Stahlkonstruktion wird von beiden Ufern aus aufgestellt, in den Seitenöffnungen auf festen Gerüsten, in der Stromöffnung in Freivorbau über mehrere Pfahljoche. Nachdem das Kastentragwerk geschlossen ist, werden die Bogen mittels zwei Montagemasten aufgestellt, die Hänger eingebaut und beim Schließen der Stabbogen durch Pressen dafür gesorgt, daß sie die rechnungsmäßige Spannung erhalten.

Das Schaubild 166 vermittelt einen Blick über die Brücke.

Abb. 166. „Neue Wege“, Schaubild.

„Arcus".

Verfasser: Demag AG., Duisburg, Philipp Holzmann AG., Köln.
Architekt Dipl.-Ing. Hein Noecker, Köln.

Unter Ausnützung der vorhandenen Pfeiler und Widerlager, Einbau eines neuen Strompfeilers, eines weiteren Flutpfeilers auf dem linksrheinischen Vorland und eines Zwischenpfeilers in der Mülheimer Landöffnung wird ein vom Kölner Deich bis zum Mülheimer Rampenbauwerk durchlaufender vollwandiger Balken von 4,40 m Höhe mit Stabbögen über der Stromöffnung vorgeschlagen (Abb. 167). Die noch vorhandenen Vorlandbrücken werden beibehalten. Die geschickte Aufteilung der Öffnungen und das in gleicher Höhe durchlaufende Fahrbahnband ergeben ein ansprechendes Brückenbild mit stark betonter Schiffahrtsöffnung.

Die doppelwandigen Stabbögen mit 30 m Pfeil sind 1,05 m breit, unten offen und mit den einwandigen Versteifungsträgern fest zu einem sog. Langerbalken verbunden (Abb. 168). Die in Abständen von 11,18 m angeordneten Hänger aus Seilen von 80 mm ⌀ sind oben und unten mit Seilköpfen nachstellbar angeschlossen. Der obere Windverband mit gekreuzten Streben leitet die Windkräfte über schrägliegende Portale (Abb. 169) auf die Pfeiler ab. Unter der Fahrbahntafel ist ein K-förmiger Windverband vorgesehen. Der Hauptträgerabstand der Strombrücke ist bei den Flutbrücken auf 19,1 m verringert.

Mit Rücksicht auf die über die Fahrbahn aufsteigenden Stabbögen wurde die Gesamtnutzbreite zwischen den Geländern über der Schiffahrtsöffnung auf 29,30 m vergrößert.

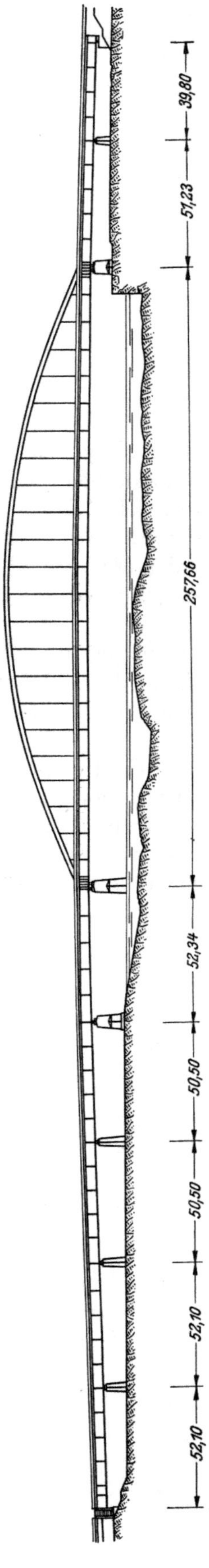

Abb. 167. „Arcus", Übersicht.

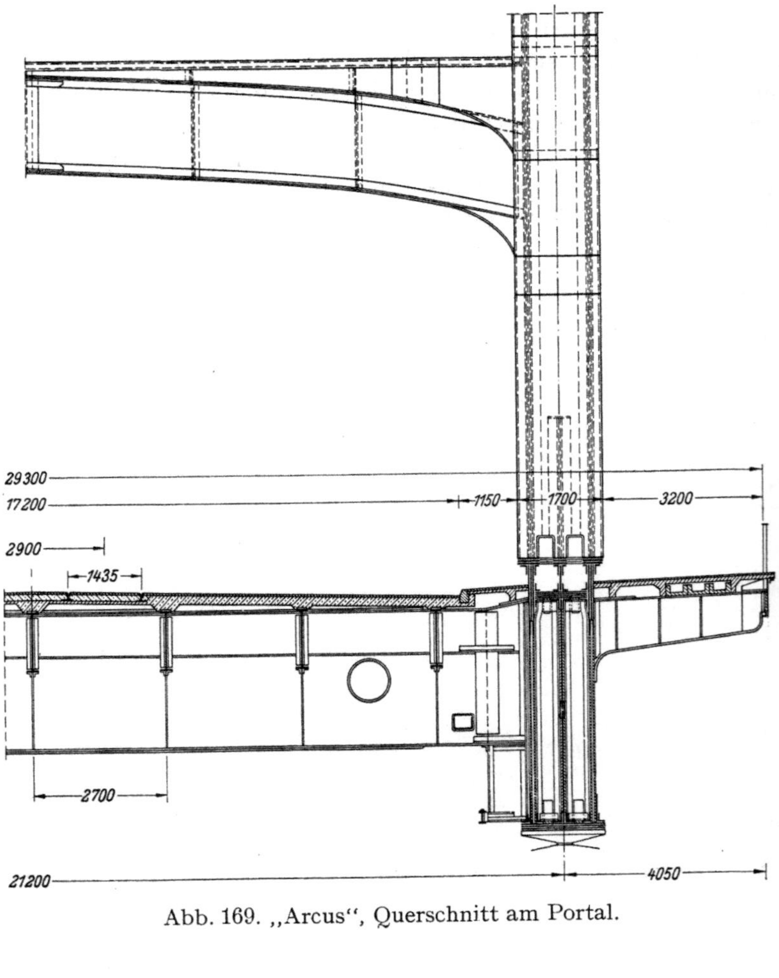

Abb. 169. „Arcus", Querschnitt am Portal.

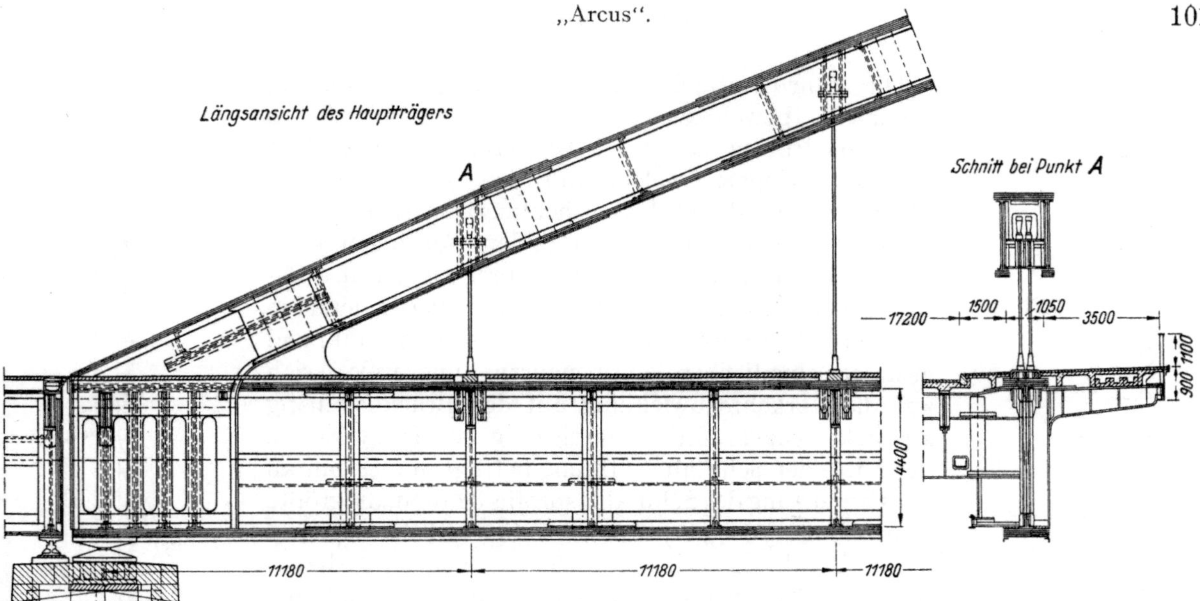

Abb. 168. „Arcus“, Anschluß des Stabbogens an den Versteifungsträger.

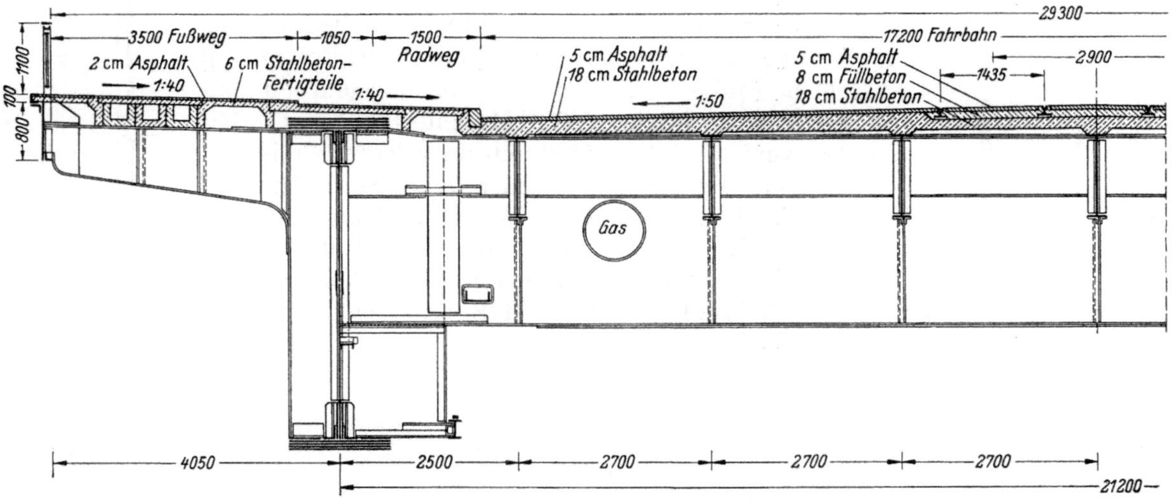

Abb. 170. „Arcus“, Querschnitt.

Abb. 171. „Arcus“, Schaubild.

Die Fahrbahntafel (Abb. 170) aus 18 cm dicken, kreuzweis bewehrten Stahlbetonplatten mit 5 cm Gußasphaltbelag ist auf 7 Längsträgern in 2,70 m Abstand gelagert, welche mit den Querträgern in 11,18 m Abstand und 2 Zwischenquerträgern in jedem Feld einen steifen Trägerrost bilden. An jedem 4. bis 5. Querträger sind Fahrbahnunterbrechungen und Bewegungsfugen vorgesehen. Das die Ufer verbindende in gleicher Höhe durchlaufende, schlanke Fahrbahnband gestattet eine flachere Kuppenausrundung, welche sich auf die Verkehrsabwicklung auf der Brücke günstig auswirkt. Die größte Durchbiegung des Tragwerks in der Mitte der Schiffahrtsöffnung beträgt nur 19 cm, an der Begrenzung des Schiffahrtsprofils 34,0 cm, die größte Fahrbahnquerneigung bei einseitiger Belastung nur 0,8%. Bei dieser geringen Verformung sind Fahrbahnunterbrechungen mit Bewegungsfugen nicht notwendig. Trennfugen mit Fugenverguß genügen, um Betonzugrisse durch Schwinden und Kriechen zu vermeiden. Die aus der einseitigen Lage der Hauptschiffahrtsöffnung am Mülheimer Ufer sich ergebenden Gestaltungsschwierigkeiten sind glücklich gemeistert. Die niedrige Bauhöhe über der Uferstraße läßt das Blickfeld offen und steht in Einklang mit der Uferbebauung und mit der feinen Clemenskirche (Abb. 171, Seite 101).

Der Entwurf „Arcus“ wurde durch einen dritten Preis ausgezeichnet. Der Überbau erfordert 7228 t Stahl. Die Baukosten sind mit 14,7 Mill. RM veranschlagt, wovon 11,4 Mill. RM auf den Stahlbau und 3,3 Mill. RM auf den Tiefbau entfallen. Die Baukosten könnten durch kanzelartige Umfahrung der Bogenschenkel auf rd. 14 Mill. RM gesenkt werden.

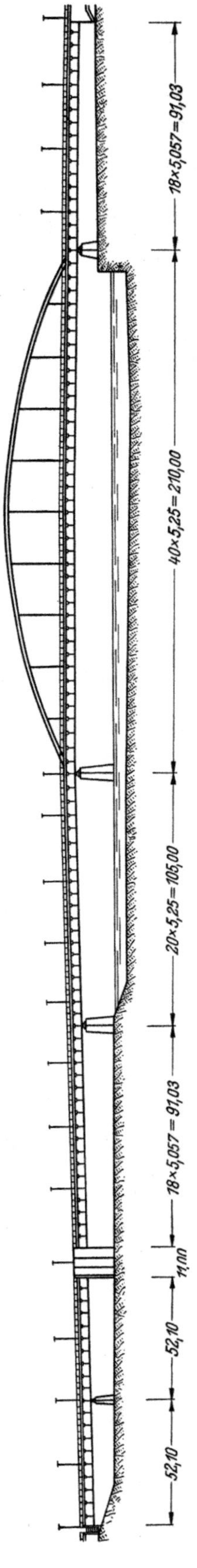

Abb. 172. „Saldo“, Übersicht.

„Saldo“.

Verfasser: Hein, Lehmann & Co., Düsseldorf, Neußer Eisenbau, Neuß, Peter Bauwens, Köln. Arch. Gestaltung: Arch. P. F. Schneider, Essen-Köln.

Der Entwurf zeigt einen, über sämtliche Öffnungen in gleicher Höhe von 4,0 m durchlaufenden Blechbalken mit die Schiffahrtsöffnung überspannenden Stabbögen (Abb. 172). Die Stabbögen mit unten offenem Kastenquerschnitt sind in Hängerabstand durch doppelwandige Querriegel verbunden und knick- und windsteif ausgebildet. Die Hänger aus 155 mm starken Schmiedestahlstangen sind gelenkig an der Querschotte angeschlossen.

Der Versteifungsbalken ist ein geschlossener vierzelliger Kasten mit 5 Tragwänden und Fachwerkquerverbänden in 15 m Abstand (Abb. 173). Das Kastendeckblech ist durch I-Fahrbahn-Längsträger in 0,75 m Abstand, das untere Flachblech durch]-Profile ausgesteift. Die Längssteifen gehören zum tragenden Querschnitt. An den Anschlußstellen der Stabbogen sind die

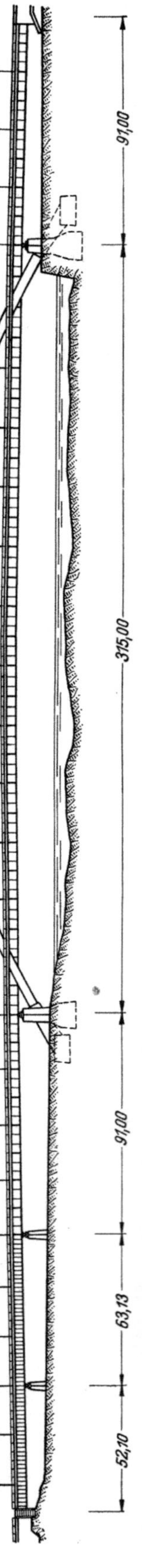

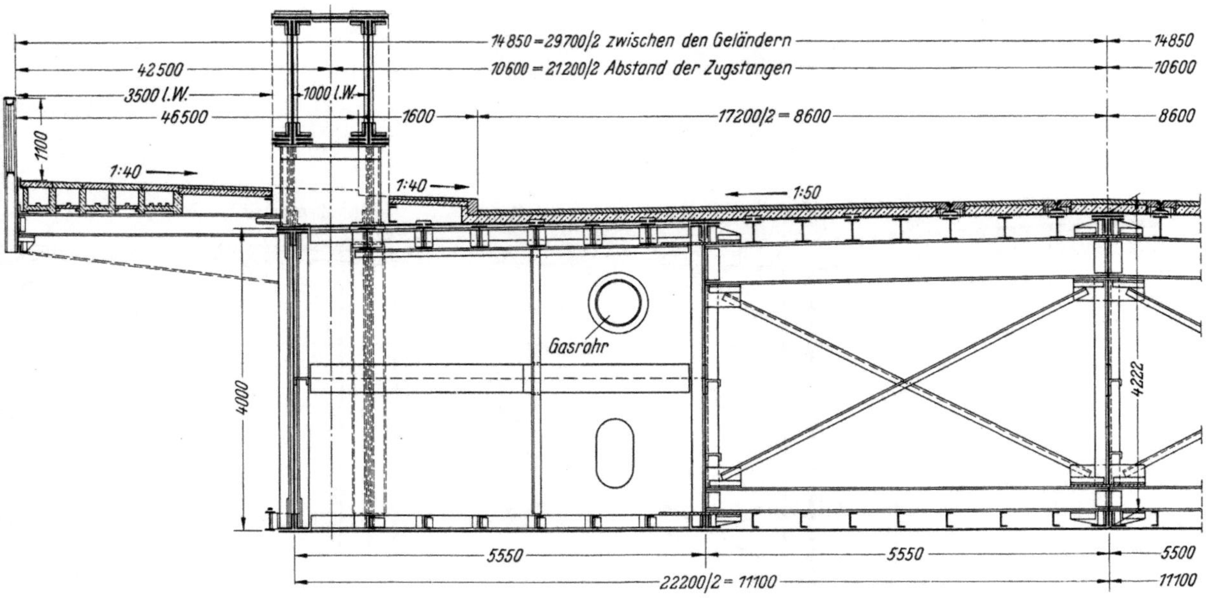

Abb. 173. „Saldo“, Querschnitt.

Blechträger auf 8,4 m Länge doppelwandig ausgebildet. Das Kastentragwerk läuft über vier ungleiche Öffnungen gelenklos durch. Die festen Lager befinden sich auf dem rechtsrheinischen Uferpfeiler. Die Stelzenlager auf den anderen Pfeilern sind in den Pfeilerköpfen versenkt.

Auf dem Kastendeckblech ist die 12 cm dicke Stahlbetonfahrbahn mit 4 cm Asphaltbelag schubsicher verankert. Die Durchbiegung in der Mitte der Hauptöffnung bei ungünstigster Verkehrsbelastung beträgt 0,306 m.

Das Gesamtkonstruktionsgewicht beläuft sich auf 7780 t. Für den neu zu errichtenden Pfeiler wird die Schüttung einer Insel zwischen Larssenspundwänden und Senkkastengründung vorgeschlagen. Die Aufstellung soll im Freivorbau über Behelfsjoche in den seitlichen Öffnungen und zwei Pfahljoche in der Stromöffnung erfolgen. Der bisherige linksrheinische Verankerungspfeiler wird bis zur Geländeoberkante hochgezogen. Man wollte damit die neue Brücke von der noch erhaltenen Flutbrücke trennen und den Höhenunterschied zwischen den benachbarten Blechbalken ausgleichen.

„Stemmbogen“.

Verfasser: Dipl.-Ing. Georg Lewenton, Duisburg, Dipl.-Ing. Arch. Hans Bühmann, Duisburg, Demag Aktiengesellschaft, Duisburg, Philipp Holzmann AG., Zweigniederlassung Köln.

Der Grundgedanke dieses Entwurfs, das Fahrbahnband der erhalten gebliebenen Flutbrücken bis zur Mülheimer Rampe in gleicher Höhe durchzuführen und das Strombett ohne Zwischenpfeiler mit einem Stemmbogen zu überspannen, stammt von Dipl.-Ing. Georg Lewenton (Abb. 174).

Der durchlaufende Versteifungsträger besteht aus zwei geschlossenen Einzelkasten von 4,30 m Höhe, welche unten durch einen Horizontalverband und oben mit dem Deckblech verbunden sind (Abb. 175). Die bis 30 m über die Fahrbahn aufsteigenden Bogen haben ebenfalls Kastenform. Sie stemmen sich gegen Kragarme der Bogenwiderlager, welche die aufgehöhten Pylonenpfeiler mit entsprechenden Ausnehmungen durchdringen und mit Senkkasten hinter den alten Pylonenpfeilern gegründet sind (Abb. 176). Die bescheidenen Abmessungen des Widerlagers sind darauf zurückzuführen, daß der Baugrund durch Druck und Schub wesentlich günstiger beansprucht wird als durch Zug und Schub wie bei Hängebrücken. Die beiden Bogen sind durch vier Portalriegel und den oberen Windverband versteift. Die Knicksicherheit ist nach DIN 4114 nachgewiesen, wobei ein Schlankheitsgrad R = 65 der Rechnung zugrunde gelegt ist. Der Achsabstand der Bogen entspricht dem Hauptträgerabstand der anschließenden Flutbrücken.

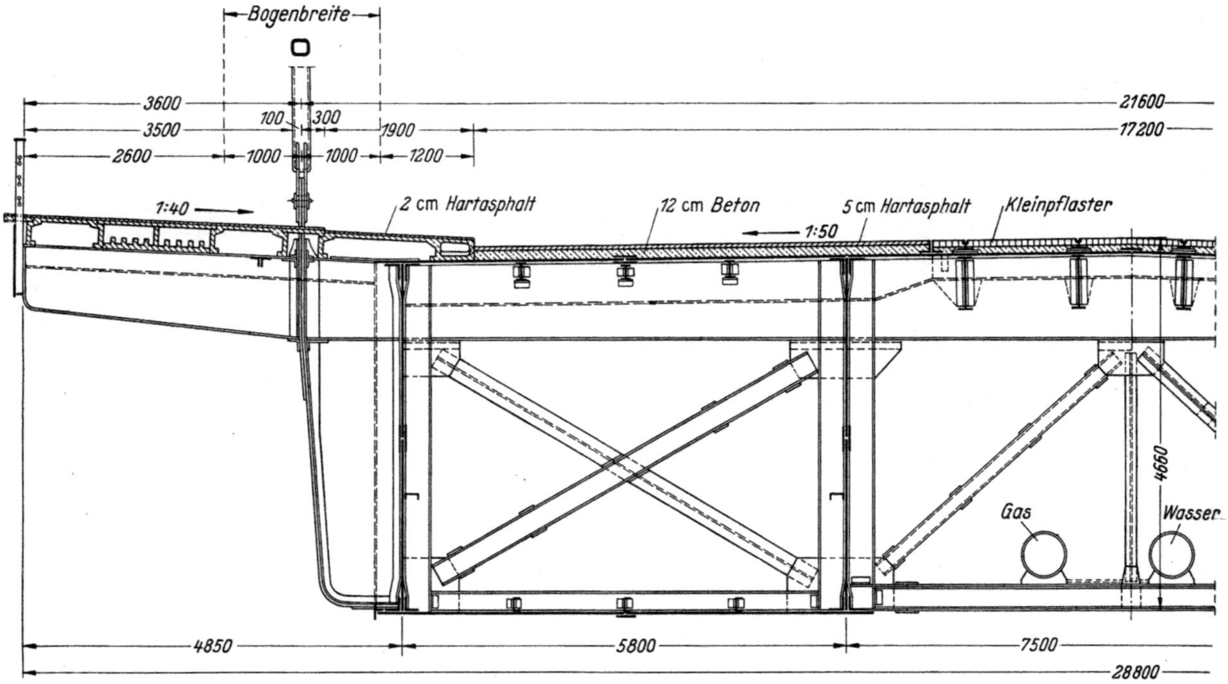

Abb. 175. „Stemmbogen", Querschnitt der Strombrücke.

Mit Rücksicht auf die Bögen wurde die Gesamtnutzbreite zwischen den Geländern in der Hauptöffnung auf 28,80 m vergrößert und in der anschließenden linksrheinischen Flutöffnung allmählich auf 27,20 = 17,20 + 2 × 1,50 + 2 × 3,50 m eingeschnürt.

Im Längenprofil steigt die Fahrbahn auf den Flutbrücken mit 1 : 49,5 auf eine Länge von 75 m an, worauf eine parabolische Ausrundung in der Hauptöffnung folgt. Der Brückenscheitel liegt auf Kote

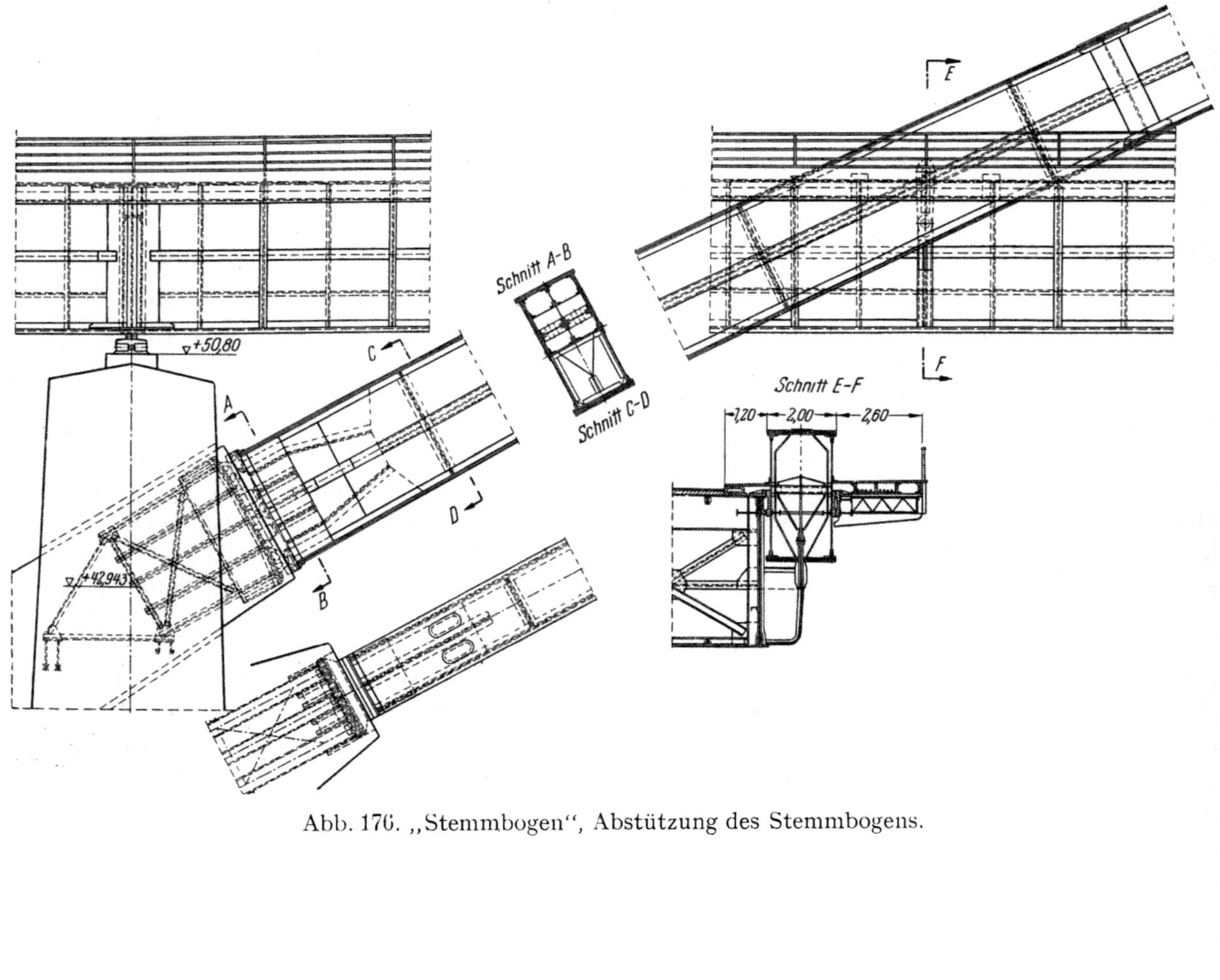

Abb. 176. „Stemmbogen", Abstützung des Stemmbogens.

+ 57,687 NN, die Konstruktionsunterkante 1,08 m über dem freizuhaltenden Schiffahrtsprofil. Die größte Durchbiegung der Brücke bei einer Belastung mit 400 kg/m² beträgt 0,76 m.

Mit dem über die ganze Brückenbreite durchgehenden Kastendeckblech, welches unter den Straßenbahngleisen durch 4 Längsträger ausgesteift ist, wird die Fahrbahndecke aus 12 cm Stahlbeton und 5 cm Gußasphaltbelag schubsicher verbunden. Im Bereich der Straßenbahn ist Granitpflaster mit Fugenverguß vorgesehen. Die Fahrbahnkonstruktion ist an den Kragenden der Querträger mit Hängern aus Rohrquerschnitten von 200 mm ⌀ an die Stabbogen angehängt.

Die Bogenwiderlager sind in Abb. 177 dargestellt. Das Gesamtkonstruktionsgewicht beläuft sich auf rd. 10008 t.

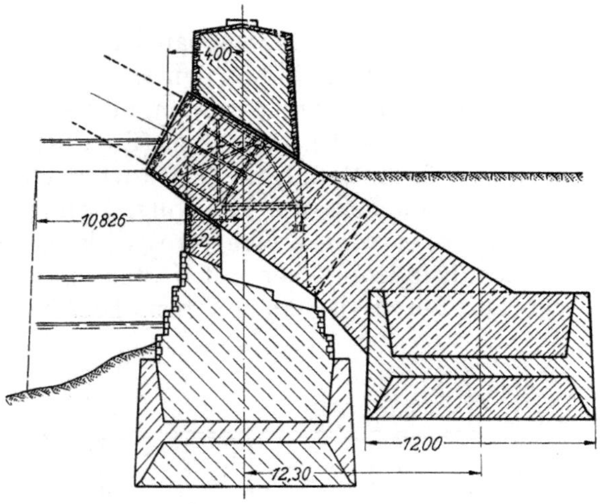

Abb. 177. „Stemmbogen", Widerlager.

Die Aufstellung beginnt mit dem Vorbau der Versteifungsbalken über Pfahljochen in rd. 60 m Abstand. Nach dem Zusammenbau des von zwei Seiten gleichzeitig vorgebauten Kastentragwerks werden die Bögen mit stählernen Hilfsgerüsten aufgestellt und nach dem Freisetzen der Bogenkonstruktion die Hängestangen von der Mitte aus gleichzeitig nach den beiden Enden hin eingebaut.

Der weitgespannte verhältnismäßig leichte Bogen kam den Gestaltungsabsichten der Verfasser entgegen. Sie sprechen dem Bogen eine bekrönte Betonung des Schwerpunktes der Landschaft zu und wollten formal unmotivierte Konstruktionsmassen über der bescheidenen rechtsrheinischen Seitenöffnung vermeiden (Abb. 178). Nach Meinung der Verfasser bildet die gewählte Bogenform einen guten Ausgleich des stark unsymmetrischen Stromprofils.

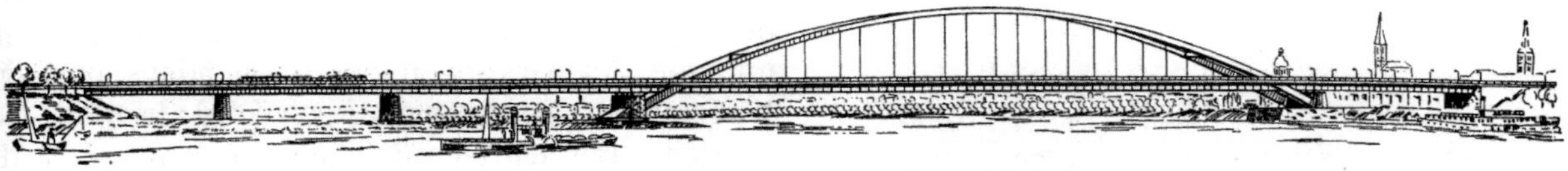
Abb. 178. „Stemmbogen", Schaubild.
Abb. 178. „Stemmbogen", Schaubild.

Schlußbetrachtungen.

Zu dem erfreulichen Ergebnis des Wettbewerbs zum Wiederaufbau der Rheinbrücke Köln-Mülheim und zu den Fortschritten des Brückenbaues sind einige grundsätzliche Ausführungen zu machen.

Wie ist es zu erklären, daß die neue Brücke, welche schwerere Verkehrslasten zu tragen hat als früher, mit dem halben Stahlgewicht gebaut werden kann?

In den Berechnungsgrundlagen für stählerne Straßenbrücken sind Annahmen zur Vereinfachung der Berechnung gemacht worden. Die räumlichen Tragwerke werden in Einzelteile — Hauptträger, Querträger, Längsträger, Verbände und Fahrbahntafel — zergliedert und diese als ebene Gebilde berechnet. Der Zusammenhang und das statische Zusammenwirken wurden bisher zwecks Ermittlung der Zusatz-, Neben- und Zwängungsspannungen nur näherungsweise untersucht. Die nach den amtlichen Vorschriften und Bestimmungen berechneten und bemessenen räumlichen Tragwerke besitzen noch Sicherheitsreserven, welche ausgeschöpft werden können. Um die geforderte Tragfähigkeit mit einem Mindestaufwand an Stahl zu erzielen, muß man von dem Verhalten des Tragwerks als Ganzes ausgehen und das Kräftespiel wirklichkeitsgetreu zu erfassen suchen. „Der Stahlbrückenbau hat nach einem Wort von Prof. Dr.-Ing. Klöppel, Darmstadt, früher darunter gelitten, daß er sich eigentlich nur mit stabförmigen Gebilden abgab." Der Stahlbetonbau arbeitet mit Platten, Schalen und Faltwerken. Die Theorie der Platten und Schalen hat immer mehr an Bedeutung gewonnen. Die größten

Fortschritte sind im Flugzeugbau zu verzeichnen, wo der Schalenbau heute selbstverständlich ist Im Stahlbrückenbau sind in den letzten Jahren mit verwindungssteifen Kasten- und Hohlkasten Tragwerken Erfolge erzielt worden, insbesondere bei den neuen Rheinbrücken Köln-Deutz (Entwur Dr.-Ing. F. Leonhardt), Bonn-Beul (Entwurf Stahlbau Rheinhausen) und bei der neuen Neckarbrücke Friedrichsbrücke Mannheim (Entwurf MAN). Die Hauptträger werden durch lastverteilende Quer scheiben verbunden, um die Nutzlasten quer zu verteilen und annähernd gleichmäßige Durch biegungen zu erzwingen (Trägerrostwirkung, Abb. 179).

Bei den Straßenbrücken mit Kasten- und Hohlkasten-Tragwerken wird neuerdings die Fahrbahn decke aus Beton (B 400) mit dem Deckblech schubfest verbunden, so daß mit Verbundwirkun gerechnet werden darf (Abb. 180). Diese Bauar hat bei Krag- und Durchlaufträgern den Nachteil daß die Stahlbetonfahrbahn im Bereich der nega tiven Stützenmomente in der Zugzone liegt. Wenn es auch durch den Bauvorgang und besonder Maßnahmen gelingt, Betonzugspannungen au Eigengewicht weitgehend auszuschalten, so trete doch unter den Verkehrsbelastungen Betonzug spannungen auf, wozu noch die Spannungen au dem Schwinden und Kriechen des Betons hinzu kommen. Bei fugenlosen Fahrbahnen ist deshal mit Rissen zu rechnen, welche sich auf die Dauer haftigkeit des Bauwerkes ungünstig auswirke können. Derartige Risse konnten bei neuere Bauausführungen schon kurze Zeit nach der In betriebnahme festgestellt werden. Durch ein Druckvorspannung des Betons im Bereich de negativen Momente können Betonzugspannunge bei ungünstigsten Verkehrsbelastungen vermieden und die Auswirkungen des Schwindens und de Kriechens bis zu einem gewissen Grad ausgeschalte werden. Bei Durchlaufträgern besteht noch di Möglichkeit, die Stahlbetonfahrbahnplatte im Be reich der positiven Feldmomente mit den Stahl trägern schubfest zu verbinden und im Bereich de negativen Stützenmomente durch Fugen im Ab stand von 20 bis 30 m zu unterbrechen. Dadurc wird wohl die Rißgefahr herabgesetzt, andererseit treten Spannungsanhäufungen und Kerbwirkungen bei den Fugen auf. Die Einleitung von Druck vorspannungen in die auf den Hauptträgern aufliegenden Stahlbetonplatten bereitet insowei Schwierigkeiten, als beim Vorspannen die Stahlbetonplatte auf dem Stahltragwerk beweglich gelager werden muß. Um die Reibungswiderstände zu verringern, sind auf der Unterseite der Stahlbeton platte mit dieser schubfest verbundene Gleitplatten oder Rollenlager vorzusehen, außerdem Aus sparungen im Beton für die Verbunddübel. Die Fahrbahnplatte darf frühestens 6 bis 8 Wochen nac dem Erhärten des Betons vorgespannt werden.

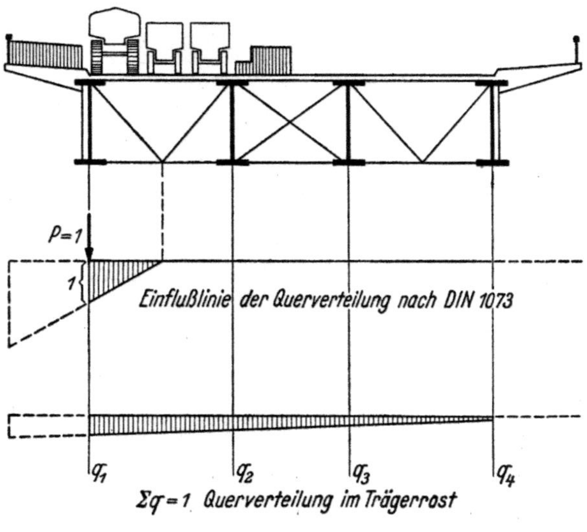

Abb. 179. Querkraftverteilung.

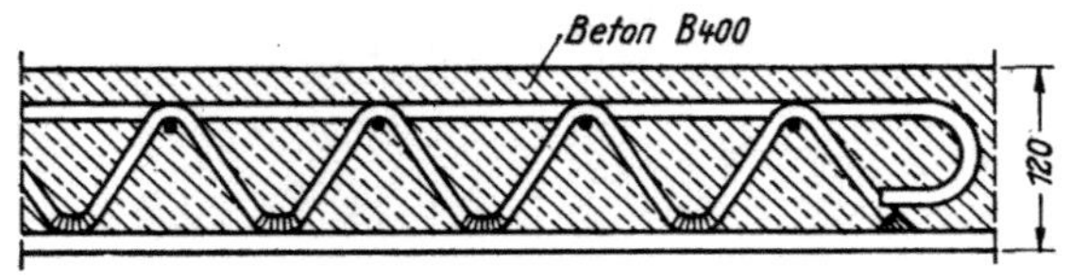

Abb. 180. Schubfeste Verbindung zwischen Fahrbahnplatte und Deckblech.

Bei größeren Vorspannlängen ist ein mehrmaliges Nachspannen erforderlich, bevor die Stahlbeton platte mit der Stahlkonstruktion fest verbunden wird. Mit Rücksicht auf die großen Spannkräft und Längenänderungen der Vorspannseile ist eine zuverlässige Ermittlung der Reibungswiderständ Vorbedingung für das Gelingen des Vorspannverfahrens.

In der Ausbildung der Fahrbahntafel, einem der wichtigsten Teile der Straßenbrücken, sind noc weitere beachtliche Fortschritte zu verzeichnen[5].

Zum Schutz der Hängeranschlüsse und des Fußgängerverkehrs gegen das Anfahren steuerlo gewordener Kraftfahrzeuge haben einzelne Verfasser die Versteifungsträger bei Hängebrücke etwa 50 cm bis 65 cm über die Fahrbahn hinausragend angeordnet. Neben der erwünschte

[5] Bautechnik 1934, S. 479 ff., Bautechnik 1936, S. 245 ff. und S. 626 ff., Bautechnik 1938, S. 306 ff., Der Bau ingenieur 1949, S. 321 ff.

Erschwerung oder Unterbindung des Querverkehrs der Fußgänger wird damit zweifellos eine empfehlenswerte Sicherung des Fußgängerverkehrs und wichtiger Bauwerksteile gegen Zerstörung erreicht.

Die schweren Fahrbahnen solcher Brücken verursachen als Kältespeicher erfahrungsgemäß in kalten Nächten auf der Oberfläche Vereisung und Glätte. Die vereinzelt vorgesehenen Schrammborde von 10 oder 12 cm Höhe bilden kein ausreichendes Hindernis für auffahrende Kraftfahrzeuge, welche infolge Fahrbahnglätte ins Schwimmen geraten sind. Zur Sicherung des gesamten Personenverkehrs, also auch der Radfahrer, sind höhere Schrammborde von etwa 25 cm bei allen derart ausgebildeten Fahrbahnen um so mehr zu empfehlen, als dadurch keinerlei bauliche Schwierigkeiten und Mehrkosten entstehen.

Der Ideenwettbewerb zum Wiederaufbau der zerstörten Straßenbrücke Köln-Mülheim zeitigte einen vollen Erfolg. Neben wertvollen Anregungen zur Lösung der schwierigen und reizvollen Brückenbauaufgabe ergab er bedeutsame Weiterentwicklungen des Großbrückenbaues und eine wertvolle Befruchtung der Brückenbaukunst.

Weniger befriedigend waren die Angebote. Die Einheitspreise des Stahlbaues lagen weit über den Richtpreisen der Vorkriegszeit und die Preisunterschiede im Tiefbau waren auffallend groß und bewegten sich zwischen 3,0 und 8 Mill. RM.

Nach der Währungsreform mußten die Preise auf DM umgestellt werden. Zur Ausnutzung der rückläufigen Preisentwicklung und zur Auswertung der Wettbewerbsergebnisse hat die Stadtverwaltung Köln in einem zweiten anschließenden, auf Hängebrücken beschränkten Wettbewerb die durch Preise, Ankäufe oder Belobigung ausgezeichneten Firmengemeinschaften aufgefordert, neue Entwürfe und Angebote einzureichen. Trotzdem die Balkenbrücke mit neuem Strompfeiler billiger war als eine den Strom frei überspannende Hängebrücke, hat sich die Stadtverwaltung für den Bau einer Hängebrücke entschieden. Da die in sich versteifte Hängebrücke wegen des Stahlbedarfes und der Baukosten ausgeschieden ist, blieb nur die Wahl zwischen einer „erdverankerten" oder einer „teilverankerten" Hängebrücke. Die Gesamtbaukosten sind in beiden Fällen nahezu gleich. Bei der erdverankerten Hängebrücke hat sich die Stahlbetonfahrbahn bewährt.

Die teilverankerte Hängebrücke war mit einer Leichtfahrbahn aus 5 cm Gußasphalt auf einer tragenden Stahlplatte angeboten. Aber auch mit alternativ vorgeschlagenen schweren Fahrbahnen war sie nicht teurer als die erdverankerte Hängebrücke.

Über Erfahrungen mit Leichtfahrbahnen bei stählernen Autobahnbrücken hat Dr.-Ing. Roloff in der Bautechnik 1942, S. 433ff., berichtet. Nach diesem Bericht waren bei 13 Wegeüberführungen nach 5jähriger Benutzung 9 derartige Leichtfahrbahnen vollkommen rissefrei, und bei 4 weiteren hat der Belag bei ungünstigen Plattenstützweiten der Zerreißprobe nicht standgehalten. Bei 2 neuen Großbauten, der Friedrichsbrücke über den Neckar in Mannheim und bei der zur Ausführung bestimmten Köln-Mülheimer Hängebrücke kommen Leichtfahrbahnen, wie sie von der MAN bei dem Entwurf Hängebrücke 48 vorgeschlagen, zur Anwendung.

Für die Tragkabel kommen neben den patentverschlossenen Seilen der Felten & Guilleaume-Werke in Köln-Mülheim auch luftgesponnene Paralleldrahtkabel in Betracht.

Außenstehende Einzelpylone sind teurer als Portalpylone, welche zwischen Geh- und Radwegen angeordnet sind.

Die erdverankerte Hängebrücke erfordert massige Ankerblöcke, um die Zugkräfte der Tragkabel gleit- und kippsicher auf den Baugrund zu übertragen. Mit einer Betonschürze oder einem Sporn zur Aktivierung des passiven Erddrucks und Einschaltung des Erdwiderstandes kann ausreichende Gleit- und Standsicherheit der Ankerpfeiler mit einem Mindestaufwand erreicht werden.

Bei der teilverankerten Hängebrücke kann ein Teil des Kabelzuges durch einen Kippkörper in die Versteifungsträger und in die Fahrbahntafel geleitet und die Betondecke auf Druck vorgespannt werden. Bei dem zweiten engeren Wettbewerb konnte infolge zugelassener Erhöhung des Bodenreibungswertes und infolge Verminderung der geforderten Gleitsicherheit der bodenverankerte Anteil des größten Kabelzuges von ursprünglich 40% auf 74% erhöht werden, während bei voller Verkehrsbelastung nur noch rd. 26% als Druck in die Tragkonstruktion eingeleitet wurden. Damit konnte auch die zwecks Verminderung der waagerechten Biegungsmomente am Kölner Ankerpfeiler zuerst vorgesehene Seilschlinge entfallen.

Die schließliche Entscheidung fiel zugunsten einer bodenverankerten Hängebrücke, weil die Erhöhung der zulässigen waagerechten Belastung des Baugrundes annehmbare Abmessungen des Kölner Verankerungspfeilers ergab.

Nach Ansicht der Verfasser ist aber die teilverankerte Hängebrücke bei kleineren Stützweiten und namentlich bei weniger tragfähigem Baugrund wirtschaftlich überlegen. Außerdem wird hervorgehoben, daß der drehbare Verankerungskörper stark schwingungsdämpfend wirkt und die Schwingungsausschläge erheblich vermindert. Dieser Vorzug ist besonders beachtlich im Hinblick darauf, daß in den Vereinigten Staaten neuerdings zur Schwingungsdämpfung von Hängebrücken sehr viel umständlichere Maßnahmen, zum Beispiel der Einbau hydraulischer Pressen und dergleichen vorgeschlagen werden.

Neben der einfacher und natürlich erscheinenden bodenverankerten Hängebrücke bildet auch die teilverankerte Hängebrücke eine zweckdienliche und wirtschaftliche Lösung der Bauaufgabe, zumal sie hinsichtlich der Entlastungsmöglichkeit des Baugrundes und der Schwingungsdämpfung wesentliche Vorzüge bietet.

Hervorzuheben sind noch die allen reinen Stahlbauentwürfen eigenen beachtlichen Verfeinerungen. Auf die vorteilhaft wirkende Aufhängung der Fahrbahn in den Seitenöffnungen ist bereits hingewiesen. Durch Ausschöpfung neuester Erkenntnisse konnte die Höhe der Versteifungsträger gegen früher erheblich, teilweise bis nahezu auf $\frac{1}{3}$, beschränkt werden. Die dadurch erzielte Schlankheit des Fahrbahnbandes tritt bei diesen Vorschlägen besonders vorteilhaft und gut wirkend in Erscheinung.

Beim Vergleich mit anderen Bauarten sind jedoch die geringere Steifigkeit der Hängebrücke und die Beeinträchtigung ihrer imposanten und dominierenden Wirkung infolge der einseitigen Lage der Hauptstromöffnung und infolge des Überhangs der Seitenöffnung über das rechtsrheinische bebaute Gelände nicht zu übersehen. Wenn schon die Entwürfe von versteiften Stabbogenbrücken diese Nachteile verringern, so zeigen die Vorschläge von Balkenbrücken sowohl in baulicher wie in künstlerischer Hinsicht besonders bemerkenswerte Vorzüge. Ein Vergleich dieser Vorschläge mit den in den Abb. 3 bis 6 wiedergegebenen Balkenbrückenentwürfen des Wettbewerbs von 1926 läßt diese Vorzüge deutlich erkennen.

War nach dem damaligen Stand der Brückenbaukunst die Überbrückung der 180 m großen Stromöffnung nur durch hoch über die Fahrbahn ragende schwere Fachwerke mit hochliegenden Verbänden möglich, so tritt zunächst bei den neuen Entwürfen die Unterordnung der ruhig und flüssig wirkenden Überbauten unter die Fahrbahn sinnfällig hervor. Bei 2 Vorschlägen wurde auch der Nachweis dafür erbracht, daß noch wesentlich größere Stützweiten bis über 300 m in gleichartig ansprechender Form durch vollwandige Balkentragwerke überbrückt werden können. Aber zu diesem schon sehr wesentlichen Vorzug gesellen sich noch weitere. Die Übergänge zu anschließenden Uferbauten und Rampen bilden ohne weiteres glückliche Lösungen und vermeiden zumeist jede Störung angrenzender Städtebilder. Von selbst ergeben sie gute Einpassung in jede Landschaft und sie zeigen in vorliegendem Falle günstig abgestimmte Verhältnisse zwischen den Tragwerkshöhen und dem überbrückten Lichtraum. Sie bieten überaus schlanke und harmonische Gesamtbilder, und allen Verfassern ist es gelungen, die Aufteilung der Brückenzüge in guten zum Teil sehr guten Verhältnissen zu halten. Zu erwähnen wäre noch ihre größere Steifigkeit und die vollkommen freie, von hoch aufsteigenden Konstruktionsmassen nicht bedrückte oder beeinträchtigte Sicht von der Fahrbahn.

Schließlich sei noch betont, daß auch die nicht durch das Preisgericht ausgezeichneten Entwürfe durchweg bauliche und künstlerische Lösungen von hohem Wert verkörpern.

Wie die früheren Wettbewerbe zum Bau der festen Straßenbrücken über den Rhein vom Jahre 1910 für die Köln-Deutzer Brücke und vom Jahre 1926 für die Köln-Mülheimer Brücke, ist auch dieser jüngste Wettbewerb von 1948 kennzeichnend für den hohen Stand des deutschen Brückenbaues.

Die am Wettbewerb beteiligten Firmen haben keine Kosten gescheut, um Bestlösungen herauszuarbeiten. Die geistigen Leistungen der Ingenieure und Architekten verdienen besonders hervorgehoben zu werden.

In zäher Aufbauarbeit hat sich der deutsche Stahlbrückenbau in schwerer Notzeit eine Spitzenstellung neu erkämpft. Heute gilt es, diese Spitzenstellung zu behaupten, denn die Technik und Baukunst kennen keinen Stillstand. Der scharfe Wettbewerb auf allen Gebieten zwingt zur Ausschöpfung aller bautechnischen Möglichkeiten und zur Auswertung aller wissenschaftlichen Erkenntnisse und praktischen Erfahrungen.

GPSR Compliance

The European Union's (EU) General Product Safety Regulation (GPSR) is a set of rules that requires consumer products to be safe and our obligations to ensure this.

If you have any concerns about our products, you can contact us on ProductSafety@springernature.com

In case Publisher is established outside the EU, the EU authorized representative is:

Springer Nature Customer Service Center GmbH
Europaplatz 3
69115 Heidelberg, Germany

Batch number: 10845484

Printed by Printforce, the Netherlands